生命誕生

地球史から読み解く新しい生命像

中沢弘基

講談社現代新書

2262

はじめに

「生命の起源」は誰でも一度は抱く疑問で、その謎への挑戦は科学ロマンの一つです。古来諸説がありますが、科学的な生命起源論は、ソビエト連邦の生化学者アレクサンドル・I・オパーリンの著書『生命の起源』（1924年）に始まります。[*1] 岩石や鉱物だけしかなかった原始地球で、メタンやアンモニアなどの簡単な分子からアミノ酸や核酸塩基など生物をつくる有機分子が生成し、それらがたくさん結合してタンパク質や核酸（DNA）などの高分子、さらには巨大分子になり、一体に組織化されて生命体となった、とするシナリオを提案したのです。

オパーリン以降、生命の起源を探る研究は有機化学の一分野として確立し、タンパク質や核酸がどのような化学反応を経て〝非生物的に〟合成されたか、を探る研究が積み重ねられてきました。生命は〝チキンスープ〟のような、アミノ酸などの有機分子を含む太古の海で発生したと想定されていましたから、化学者たちは〝水溶液中の〟化学合成の研究をもっぱら行ってきました。

彼らは、化合物Aと化合物Bを一定の条件下におけば化合物Cに変わる、という化学合

＊は巻末参考文献の参照番号

成の原理にしたがって、生命の起源となる巨大分子の誕生のメカニズムを探ってきたわけですが、こうした研究では「環境の変化と自然選択」という進化論の重要な視点が希薄でした。

チャールズ・R・ダーウィンが『種の起源』（1859年）でしめしたのは、生物の進化は不作為に生まれる変種の中で、「環境に適応した種が自然選択される」とする原理でした。

部屋の温度を制御して高温や低温の環境で飼うと、〝環境圧力〟を受けたショウジョウバエは120世代で高温や低温に耐える力に差のある一群の変種ができるといわれています。[*2]アブラムシの駆除を目的としたテントウムシの品種改良では、たった30世代の人為的な選択で、同じ場所でアブラムシを食べ続ける〝飛ばないテントウムシ〟の変種ができました。[*3]変種の出現とその選択は進化の本質です。生命の起源を探る研究である以上、こうした視点は重要なものですが、オパーリンをはじめとする化学者たちは、原始地球の研究が進んでいなかったこともあって、有機分子の環境変化に応じた自然選択には重きを置きませんでした。

生命の誕生に不可欠な分子ができて生命の発生にいたるまでの「分子進化」（一般には〝化学進化〟あるいは〝前生物的分子進化〟と表現されています）と、生命が発生した後の「生物進化」は同じ地球上で切れ目なくつながっていると考えるのが自然ですから、生命誕生以前の

「分子進化」のメカニズムも当然、地球環境の変化と自然選択の原理に支配されてきたとみるべきです。こうした視点がないと、「生命の起源」という壮大なドラマを解き明かすことは難しいでしょう。

たとえば、実験室のフラスコ内では起きなくても、開放的でダイナミックに変化する地球環境では起き得る反応メカニズムがあります。A＋B→Cという化学反応を例に考えると、Cは主反応生成物ですが、Cができる過程で、反応中間体のDや、安定でないEなど副生成物も同時に生成するのが普通です。実験室の閉じた系では、こうした副生成物は反応が進めば最終的には消失してCになりますが、ダイナミックに流動する地球環境下ではDやEが反応系外に取り出されてサバイバルし、その後の生物進化の鍵を握る分子になることもあり得ます。環境による自然選択で、実験室の反応とは異なる結果になるのです。これは、わずかな確率で生まれた〝飛ばないテントウムシ〟が選択されるのと同じ理屈です。いわば〝分子進化のダーウィニズム〟です。

生命の起源を探る研究を進めていくと、物理や化学の論理だけでは説明できない、さまざまな謎に直面します。なぜ岩石や鉱物ばかりの原始地球に炭素や水素でできた有機分子が出現したか？　しかも、アミノ酸や糖など生物をつくる基本的な有機分子はみんな、なぜ水溶性で粘土鉱物と親和的なのか？　なぜ、それらがタンパク質やDNAなど高分子に進化したのか？　いずれもよく知られた事実ですが、「なぜそうなのか？」は今の物理や化学では説明できていません。生命の起源や進化に関する〝なぜ？〟には、生物学、物理学、化学など個々の専門分野の常識では答えられない謎がたくさんあるのです。

その最たるものは「なぜ、生命が発生して、生物には進化という現象があるのか？」という根源的な命題です。しかしこの問いには、生命起源や進化論の日本の専門家たちが総力を挙げて執筆した全7巻の叢書『講座・進化』（東京大学出版会、1991年）[*4]でも、まったく触れられていないように、明快に答えた文献は筆者の知るかぎり見当たりません。生命の起源や進化を考える人たちのほとんどが、謎とは認識せずに、「生命は自然に発生して、生物は進化するもの」とア・プリオリに考えてきたからであろうと推測されます。おそらく、読者の多くもそうでしょう。

中学・高校の教科書に出てくる「用不用説」、「突然変異説」、「自然選択説」など、進化論の諸説は個々の生物種が特殊な形態に進化する理由を説明します。しかし、そもそも生物はなぜ進化するのか、の説明はしてくれませんし、できないでしょう。なぜなら生物は、物質的には地球の一部であり、バクテリアからヒトまでの進化を考える場合には、全地球の物質の変化を地球史46億年の時空で考えなければならないからです。生物だけ、ましてや一生物種だけを考えてもわからないのです。

生物進化のみならず物理や化学の諸現象も、反応の場や登場する物質の順番が変わると結果はまったく異なります。地球史46億年の時空とは、ただ単に長い時間という意味ではなく、時間とともに地球が変わることで、環境条件が変わり、結果が異なってくることを意味しています。詳しくは本書の中で説明していきますが、前述した解明困難にも思える根源的ないろいろな疑問も、こうした考え方を導入することによって、きわめて明快に説明できます。

〝生命誕生〟を考えるうえで必要な、地球がダイナミックに流動し、歴史とともに大きく変化した原始地球の姿が明らかになってきたのは20世紀の終わり頃からです。21世紀はいまだ十数年経過したばかりですが、原始地球の見方は大きく変わりました。したがって、地球史に沿った生命の起源に迫る分子進化の研究はいまだ緒《ちょ》についたばかりです。しかし、原始地球の姿は日に日に明らかにされていますので、生命の起源も近々明らかになるでしょう。

本書は、生命の発生と進化の「壮大なドラマ」を、物理的必然性と全地球46億年の時空を見渡す21世紀の新しい自然観を踏まえて解き明かします。生命誕生のシナリオは、普通で当たり前の自然現象の積み重ねであって、それ自体には夢もロマンもありません。論述の根拠は筆者らの研究結果も含めてすべて、権威ある学術誌や学術書に発表された科学論文です。

読者の聞き知った〝常識〟の生命起源論とは大きく異なっていて「異説」と映るかもしれません。しかし、ＲＮＡが〝あれば〟とか火星から来た〝かもしれない〟という〝大胆な仮定〟に基づくものではなく、日常当たり前の物理的必然性と地球史的合理性に基づいて論じますので、読み進めれば読者はむしろ納得されるでしょう。

もちろんすべてがわかったわけではありませんので、未解明な部分はそのままです。科学はつねに前説を覆したり修正して進歩するものですから、本書もまた補強されたり書き替えられたりするはずです。科学ロマンに挑戦する新たな人たちに伝わることを期待しながら、著者が今信ずるところを以下に述べます。

目次

第1章　ダイナミックに流動する地球

世紀末2000年の英国の科学週刊誌『ネイチャー』に、海浜や海底火山や海底熱水噴出孔《ねっすいふんしゅっこう》（チムニー）など海のさまざまな場所を「太古代《たいこだい》のエコロジー、初期生物が栄えたであろう場所」と紹介する解説記事が載っています。[*1] 同誌は米国の科学週刊誌『サイエンス』と並んで権威があり、掲載されれば特段に高い評価を受けますので、世界の研究者が競って論文を投稿します。ですから同誌の解説記事は、そのときの世界の先端の認識をしめしているといえます。

表題中の「太古代」は地質年代の区分で、生命が発生したと推定される40億〜25億年前（表1－0－1）を意味し、〝初期〟生物が栄えたといっていますから、『ネイチャー』誌レベルの研究者も生命が海で発生したとア・プリオリに考えているようです。生命の起源は海の中、「太古の海は生命の母」と考えるのは広く世界の常識になっています。

確かに水がないと生物の体は成り立ちませんし、生きてもいられません。化石に残る原始的な生物はすべて海棲《かいせい》生物で、約5・4億年前のカンブリア紀の海で爆発的に増殖したことも確かです。しかし、だからといって、生物の誕生にいたる有機分子の発生と進化の過程もすべて水の中、海の中であったとする根拠は何もありません。

後で述べますが、化学的には海の中でアミノ酸などの生物有機分子どうしが結合して大きくなると考えるのは不自然なのです。多量の水の中では一般に、結合よりも大きな分子

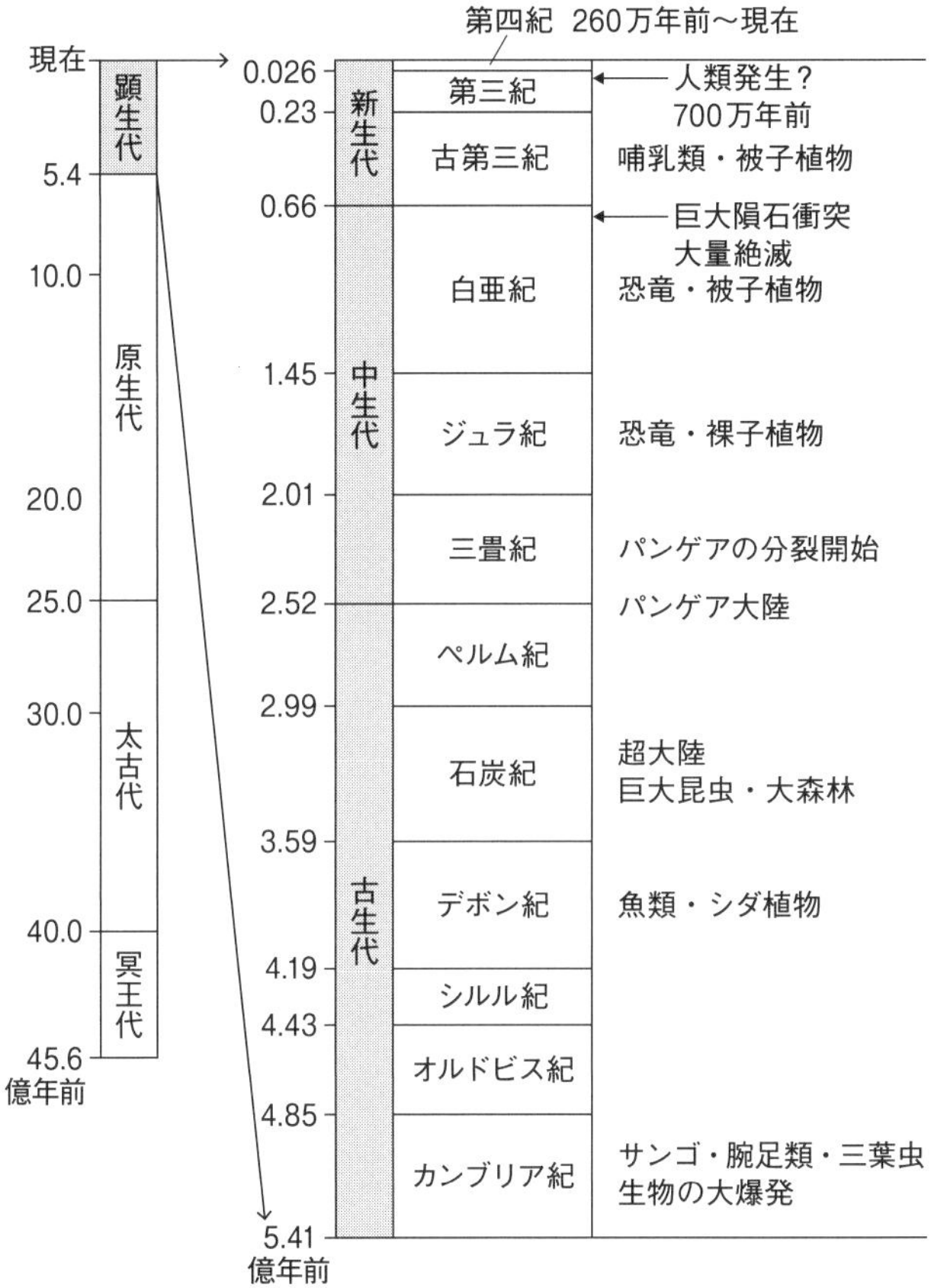

表1-0-1　地球史年表46億年

生命が誕生したのは太古代（40億〜25億年前）と推定されるが、その化石の証拠については現在も研究進展中である（第3章に詳述）。化石の証拠で進化の系譜が明瞭になっているのは、顕生代、カンブリア紀の「生物の大爆発」（5.4億年前）以降である。地質年代と絶対年代の表記は日本地質学会による。

の分解反応が卓越します。比熱の大きな多量の水の中はつねに温暖で、分子が相互に反応しなければならない環境圧力もありません。「太古の海は生命の母」と考えるのは、世界の常識とはいえ、化学的にはおかしな仮定なのです。

にもかかわらず広く信じられているのは、20世紀末から急速に理解が進んだ地球史46億年の「ダイナミックに流動する地球」の姿がいまだ広く世に知られていないからだと考えられます。

オパーリン以降有機化学の一分野として生命の起源の研究が進みましたが、その間、研究者レベルでも地球は固体で、セラミックスの容器が水をたたえるように、陸で囲まれた海はずっと海であり続けてきたと考えられてきました。生命を生み出した冥王代から太古代の地球環境がわからないまま、分子進化の研究が進められてきたからです。アミノ酸に富む〝チキンスープ〟のような太古の海で生命が発生したと、ほとんどの人は考えて、海を模した水溶液中の化学反応の研究を中心にしてきました。

著名な理論物理学者のエルヴィン・シュレーディンガー（Erwin Schrödinger）は量子力学という現代物理学の基礎を築いて1933年にノーベル賞を授与されましたが、その10年後、分子生物学に転進して著書『生命とは何か――物理的にみた生細胞』（1944年）[*2]を著しました。その序文で、科学者はそれぞれの専門分野について「完全な徹底した知識を身につけて」研究することを要求されているので、生命の起源のようにさまざまな専門分野の知識を必要とする「総合科学」は発達しがたいと指摘しています。

専門化が進むとその分野らしい研究が評価されて、ますます深化しますが、他分野と重なる境界領域の研究は専門らしくない研究としてあまり評価されない傾向があります。いわゆる専門〝純化〟です。そうなると他分野の科学者からはますます理解が困難になってしまいます。異なった専門分野の間に、自然と発生する障壁ですが、有機化学を中心とした生命起源の研究分野と地球科学の間にもそんな障壁があって、生命起源を研究する生化学者たちには地球科学の急速な進歩は見えていなかったようです。

本章では、地球科学分野の中にさえあった専門障壁のために、「大陸移動説」（大陸漂移説）という大胆な提案が無視された過程を述べ、その後〝大陸は動かない〟という〝常識の呪縛〟が解かれて見えてきた、〝ダイナミックに流動する地球〟の姿を紹介します。現代の地球観です。

「生命の起源を論ずるのに地球の話？」と意外に思われるかもしれませんが、「地球になぜ生命が発生したか？」の謎を解くには、20世紀の終わり頃から明らかになりつつある地球と地球史の正しい認識が不可欠だからです。また、本書の「物理的、地球史的必然としての生命起源説」が専門障壁や常識の壁などにあって、大陸移動説がたどった立場と一脈通ずるものがあると思われるからです。

１－１　無視された大陸移動説

20世紀の初頭は、それまでの熱学や力学などの古典物理学の上に、人間の五感では捉えがたい原子の構造や電子の性質を明らかにする新しい量子物理学が創出された時代です。日常の「マクロな世界」の根本にある「ミクロな世界」が見えてきた時代であり、電子機器や原水爆を生む基礎を拓いた時代ともいえます。マックス・プランク（１８５８－１９４７）、アルベルト・アインシュタイン（１８７９－１９５５）、ジェイムス・フランク（１８８２－１９６４）、エルヴィン・シュレーディンガー（１８８７－１９６１）、ヴェルナー・ハイゼンベルク（１９０１－１９７６）、などなど、それぞれノーベル賞を得たドイツの科学者が華々しく活躍していました。20世紀中頃、ナチスが台頭するまでは、ドイツ科学の隆盛期でした。

その時代、ドイツのマールブルク大学[#1]で気象学を教えていたアルフレート・ヴェーゲナー（Alfred L. Wegener, １８８０－１９３０）は、「今離れている大陸はみんなもともと一つだった」という〝おかしな〟考えを、１９１２年フランクフルトやマールブルクで発表し、１

915年に著書『大陸と海洋の起源』の第一版を著しました。[*3]
「今、海洋で大きくへだてられている二つの大陸の両方に、同一種の生物の化石が発見されるのは、その生物が生きていた当時、両大陸は一体であって、その後二つに分裂したためである」というのです。たとえば南アメリカ大陸とアフリカ大陸が、あるいは北アメリカ大陸とヨーロッパ大陸が分裂したのは、中生代白亜紀である、と主張しました。白亜紀は絶対年代で今から約1・5億〜0・7億年前、陸には恐竜が、海にはアンモナイトが栄えていた頃のことです。

この考えをヴェーゲナーが最初に思いついたのは、「世界地図を見て、大西洋の両岸の海岸線の凸凹がよく合致するのに気がついた時であった」と『大陸と海洋の起源』の序論で述懐しています。[*4] 彼の専門は地球物理学の中の気象学でしたが、世界地図を見て思いついたアイディアを証明するために、生物学、古生物学、地質学、岩石学、鉱物学、気象学、

＃1 プロテスタント初の大学として1527年開学。フランクフルトの北約100㎞、今でも当時の面影を残す美しい街にある。民族童話収集のグリム兄弟（Brüder Grimm）やノーベル賞学者のE・A・v・ベーリング（Emil Adolf von Behring, 医学）、K・ツィーグラー（Karl Ziegler, 化学）などを輩出した。現在、理系学科は郊外に移転したが、ヴェーゲナーの居た物理学科の建物は旧市街、〝ヴェーゲナー通り（Alfred Wegenar Straße）〟に残っている。著者は1974年から2年間、同大学に客員研究員として在籍した。

測地学などなど、片端から当時の最新の論文を読み漁って読破し、証拠となる事実を探しました[*5]。

そして、南アメリカ大陸とアフリカ大陸のように、現在は離れている両大陸間に、海を渡ることのできないカタツムリや淡水魚、あるいは植物などの同じ種がいることや、両大陸の凸凹がジグソーパズルのように嵌《はま》る両岸に同じ化石や同じ岩石・鉱物が産出して、かつて地層がつながっていたことを見つけました。

それらの事実を証拠として、前出の『大陸と海洋の起源』を出版し、現在の大陸は古生代終わりのペルム紀（約２・９９億〜２・５２億年前）までみんな一つにまとまった巨大大陸「パンゲア」であって、中生代最初の三畳紀（約２・５２億年前頃）から徐々に分裂が進み、白亜紀（約１・４５億〜０・６６億年前）に離れ離れになったと主張しました（図１−１−１）。

『大陸と海洋の起源』は文字どおり地球科学全般にわたるさまざまなデータを用いた、ていねいな論理展開で、出版から約１００年も経った今読んでも痛快な推理小説を読むようです。もちろん、現在の知識からすれば大陸の構造や移動の原因などの考察には誤りもありますが、大陸が移動したことをしめす証拠の論述は合理的で感心するばかりです。

しかし20世紀初頭の発表当時は、あまりにも常識とかけ離れていたため、学界ではほとんど理解されませんでした。「大陸が動くはずはない」とする当時の〝正当的〟な考えでは、二つの大陸に共通する化石の存在は、かつて両大陸が細い〝陸橋《りくきょう》〟でつながっている時代があったからであると説明するのです。陸橋は二つの大陸をつなぐ細長い陸地や潮が引いて現れる島伝いの道のことで、それを伝って海を渡れない生物が移動したと考えるのです。

ヴェーゲナーの少し前に、大陸が動く可能性を唱えた米国の学者（F. B. Taylor, 1910）もいたのですが、アルプスやヒマラヤなど大山脈の形成を説明するための仮説として述べられたものであって、全地球を対象とはしていませんでした。[*6,7]

常識を正面から否定したヴェーゲナーは、米国を中心とする学者の反感を一手に買って論争になりましたが、むしろ「圧倒的多数は彼の論拠をまじめに聞こうとしなかった」といわれています。[*5] 論争になったのも彼の生存中だけで、彼が大陸移動の原因を求めてグリーンランドの探検で1930年に遭難死すると、大陸移動説は学界から完全に消えてしまいました。

あれだけ物理・化学が発展して原子や電子の「ミクロの世界」が明らかにされた20世紀前半でも、地球は「海も大陸も動かない、冷えて固まった地球」の見方のまま残されたわけです。

(a) 古生代、石炭紀後期（3億年前頃）

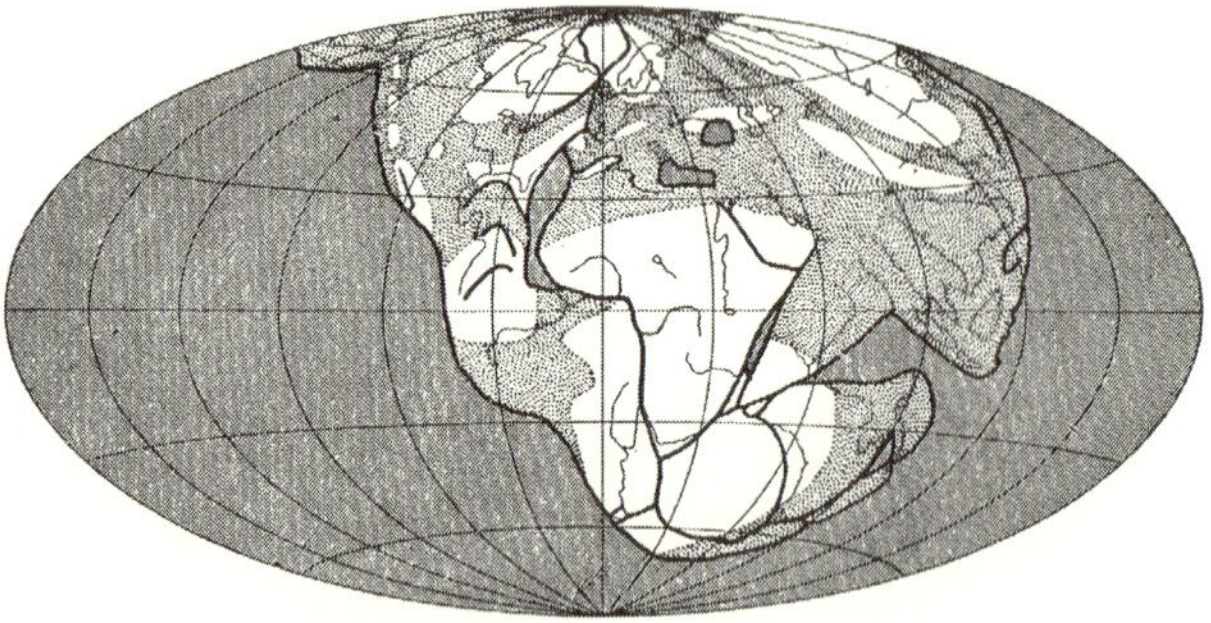

(b) 新生代、古第三紀、始新世（5300万年前頃）

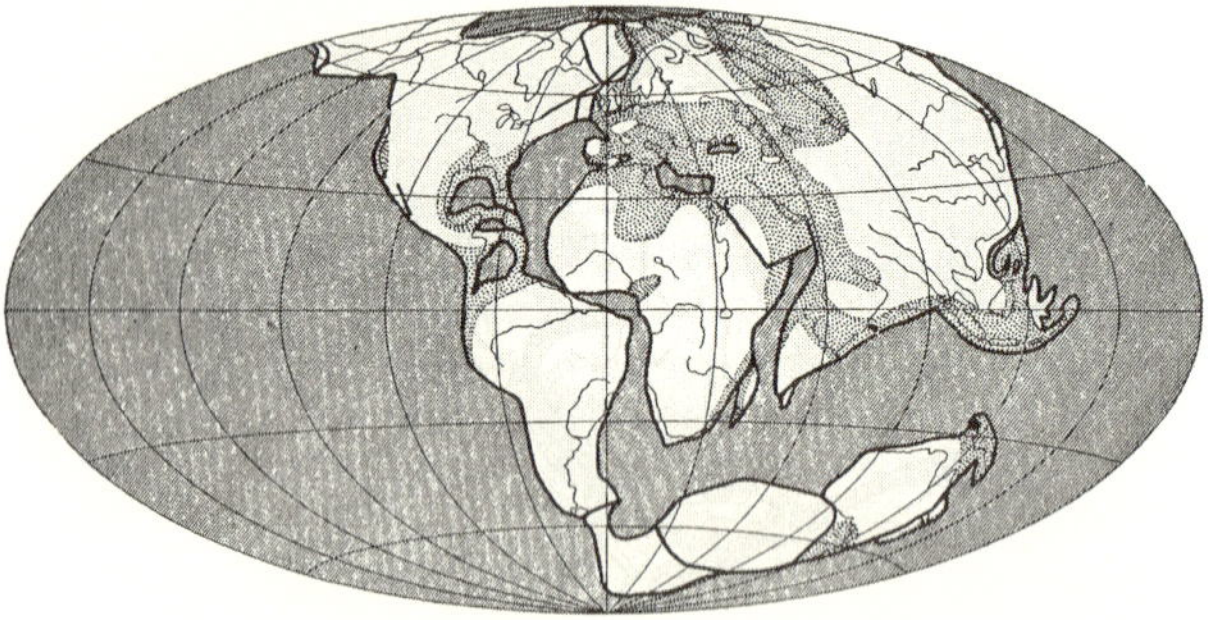

図1-1-1　ヴェーゲナーの大陸移動説による三つの地質時代の大陸分布
図の濃い影の部分は深海、薄い部分は浅海をしめす。ヴェーゲナーはジュラ紀（2.0億年前頃）に始まった大陸の分裂と移動をしめすために、三つの地質時代の大陸分布を図示した。(a)シダ植物や大型昆虫が栄えた古生代石炭紀後期（3.0億年前頃）の〝パンゲア〟と呼ばれる一つの大陸。(b)新生代のはじめ、古第三紀の中頃（5300万年前頃）の分裂した大陸分布、および(c)新生代第四紀前期（200万年前頃）の大陸分布。ただし、絶対年代は今日の知識による値を加筆した。
（Wegener, A., Die Entstehung der Kontinente und Ozeane, 都城秋穂・紫藤文子訳『大陸と海洋の起源』岩波文庫、（1981）から転載）

(c) 新生代、第四紀前期、洪積世（200万年前頃）

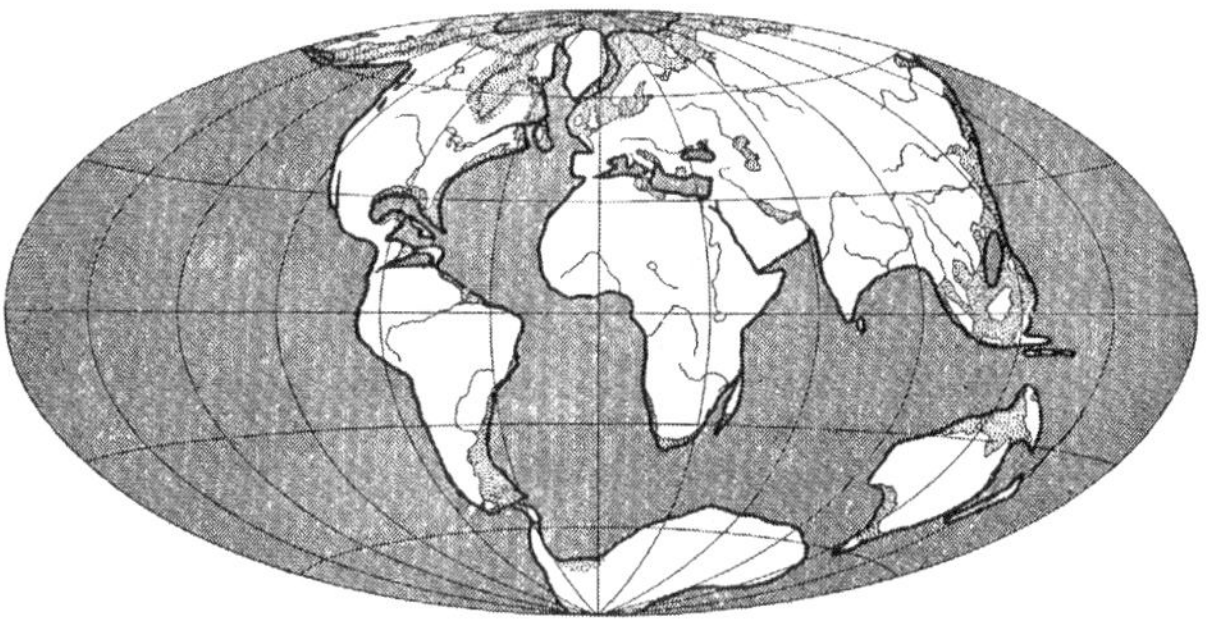

ヴェーゲナーだけが超えられた〝専門障壁〟

異説が常識に裏打ちされた〝正統派〟に理解されないことは、いかにもありそうなことです。専門家は専門領域の中で活躍して実績を積みますから、専門家の常識から抜け出しがたいのです。しかし、そうだとしても、『大陸と海洋の起源』の論理は明快そのもので、論争になるのは理解できますが、なぜ世界のほとんどの科学者に長い間無視されたのか、理解できません。何か分野を越えた共通の理由がありそうです。

化石や動・植物の名前や学術用語などは、専門家にとっては必要で厳密な定義がある反面、業者仲間の隠《いん》語《ご》のようで、分野外の人の理解を困難にします。岩石や鉱物、地層や地質の名前や用語も同じです。他の分野の論文は読むだけでも容易ではありません。専門家になればなるほど、それぞれの領域の言葉や価値基準の中で実績を積みますから、他分野がますます遠くなります。
気象学者のヴェーゲナーが大陸移動説の根拠としたのは、生物や化石や地質など専門の異なる「巨大な量の文献を読破・渉猟《しょうりょう》した」論文でした。[*5] 化石や生物の専門家は個々の化石や動・植物については通暁《つうぎょう》していても、大陸を動かす力を論ずる地球物理学の論文は読めませんし、逆に、地球物理学者は地震・重力など全地球規模の現象を理論的・定量的にあつかいますが、化石や生物のしめす定性的な事実から、何億年もかかって移動する大陸を推定する想像力に欠けていました。
専門家はそれぞれの高い専門性のゆえに、ヴェーゲナーの言をどちらの側からも理解できなかったのです。〝総合科学〟は進歩しがたいといったシュレーディンガーの言葉を借りれば、「その広さにおいても、またその深さにおいてもますます拡が」った科学の専門性が「大陸移動説」を消え去らせた最大の要因といえます。[*2] ヴェーゲナー自身、「地球科学の全分野から提供された情報を総合することによってはじめて、われわれは真実を見出すことを望みうるのである」といっています。[*8]
次節で述べる大陸移動説のみごとな復活は、専門家の弱点と専門障壁の弊害が如何に深刻であったかをしめしています。シュレーディンガーやヴェーゲナーの言は、科学のみならず、〝専門家〟に決定を任せる社会のさまざまな場面への警告としても受け止めなければならないでしょう。
ほとんどの科学者が専門障壁を越えられなかった中で、ヴェーゲナーだけが他分野の「巨大な量の文献を読破・渉猟」することができたのは、ヴェーゲナーは、卓抜な理解力、記憶力、集中力の持ち主であり、「それにヴェーゲナーにそれだけの集中を可能にしたのは、当時の大学の先生が、今どきの先生のようには忙しくなかったのではないか」と、ヴェーゲナーの才能に驚嘆するとともに、日本の大学事情と比較して慨嘆《がいたん》したのは、日本でいち早く「プレートテクトニクス」（後述）を理解した地球物理学者の一人、上田誠也でした。[*5]
別の理由として、「関係したほとんどすべての問題について、当時はドイツ語で書かれた多くの文献があった」からであると、ヴェーゲナーの著書『大陸と海洋の起源』を翻訳した米国在住の岩石学者、都城秋穂が指摘しています。[*9] 英語はもちろん、外国語にきわめて堪能な訳者が指摘する自国語で読める文献の重要性です。
科学立国で、研究者にヴェーゲナーのような独創的な着想を生ませるためには、研究に集中できる身分的・時間的ゆとりと、古典や最新の科学情報をできるだけ早く自国語で読めたり、逆に多国語で世界に発信できるような、研究環境の整備が必要であると、大陸移動説に深くかかわった著名な二人が示唆しています。正規職や年俸を競わせる〝今どき〟の施策とは異なります。

日本の学界では、本当に消えていた大陸移動説

ヴェーゲナーの死後「大陸移動説」は本当に学界から消えていました。著者は1961年当時、大学の3年生で専門課程（地学専攻）に入ってまだ1年目でしたが、その年に刊行された岩波書店の『現代の自然観2　地球の構成』は、日本の地球科学の先端を解説した大書でした。[*10]「第1章　地球の形と構造」以下全12章、地球科学の全分野を網羅し、それぞれの分野で活躍中の著名な教授陣が執筆しました。初心の学生にとっては、アルバイトをしてでも購入しなければならない必読の書でした。

しかし、延べ15人の執筆者を擁した大判300頁余の大書の中で、大陸移動説に関係する記述はわずか4ヵ所、それも簡単に、たとえば、「第1章　地球の形と構造」の章では半行だけ、「ヴェゲナーによって提唱された大陸移動の考えが、ここでまたちらりと顔をだす」（同書26頁）とか、「第3章　大気と水」の章の中では1行半、「ヴェーゲナーは1924年に大陸移動から過去の氷期を説明しようとしたが、これは地質学的にも気象学的にも根拠が薄く余り認める人はいない」（同書73頁）など、どちらかといえば揶揄《やゆ》的あるいは余談的な記述でした。20世紀半ばを10年過ぎた1961年の日本の地球科学界の認識です。

ただし第1章の記述は揶揄的ではありますが、大陸移動説の復活を予感した記述とも読

めます。また「第8章　マグマの起源」の章では、日本列島の火山マグマの発生する深さが太平洋側から日本海側にかけて深くなり、深発地震が頻繁に起こる面と一致することが指摘されています（同書201頁）。現在の認識では、沈み込むプレート（後述）の上面です。日本の火山学者久野久の先駆的な見解でした。

著者が大陸移動説にはじめて接したのはその大著が刊行された翌年、1962年の教室のゼミ（学科内講演会）でした。当時日本は急速な経済成長を始めていましたが、欧米はいまだ〝船で渡航する遠い国々〟の時代でした。敗戦後間もなく、米国の〝占領地域救済・経済復興資金〟（ガリオア・エロア資金）によって米国留学を果たした若手の教授が、米国2名および英国2名の著名な学者を教室のゼミに招いて、学生に英語の講演を直接聴かせる機会をつくってくれたのです。[#1]

米国の2名は鉱物を人工合成して研究する岩石学者たちで、最新の実験の結果を講演しました。優れた研究成果でしたが、しめされたスライドで、彼らが縦横に何台も連ねて使っている実験用電気炉が、わが教室には1台しかなく、彼らが自由に分析に使っているX

＃1　八木健三東北大学教授（後に北海道大学教授）の招聘による。講演者は、米国カーネギー地球物理学研究所のJ. F. SchairerとH. S. Yoder, Jr. 両博士、英国ケンブリッジ大学のC. E. Tilley名誉教授および学位取得後4年目のR. W. Girdler博士（後に英国ダーバン大学教授、八木健彦東京大学名誉教授の資料による）。

線回折装置は理学部全体の共同利用で1台しかないことに、貧乏と米軍の進駐を経験した世代としては、少々の反発とやっかみを感じながら話を聞きました。

大陸移動説に接したのはその次の講演、英国の少壮《しょうそう》学者の岩石磁気（後述、1－2）の話の中でした。「一を聞いて十を推定する」レベルの英語力ですから、話の内容を正確に理解したわけではありませんが、「大陸を移動させると南米とアフリカ大陸の凹凸がぴったり合う」との意外な話に強い感動を覚えました。

50年以上経った今でも、痩《や》せ型で上品な演者の雰囲気を思い出せるほどです。しかし、〝大陸が移動する〟とは、日本の地球科学にない発想なので、〝おもしろい！〟と思う一方で、英国の科学にはいまだ貴族の学問の伝統があるのかな、と浮き世離れした研究のように聞いてしまいました。残念ながら英国ではその頃すでに、大陸移動説の復活が始まっていたのです。

「大陸漂移説」、大正デモクラシーの少年少女たちは知っていた！

大陸移動説は大学や学界で消えていましたので、もちろん世の中一般には知られていないものと思っていましたが、２００６年に出版した拙著[*11、#1]の書評としていただいた手紙の中に、次の一文があって驚きました。

「ヴェーゲナーについては、出会いは小学校の時代にさかのぼるのです。当時『小学生全集』と言うシリーズものがあって（昭和初期の刊行）、その中で、ヴェーゲナーと言う奇矯《ききょう》な学者が『大陸漂移説』を唱えた、と絵入りの説明がありました」と書かれていたのです。「その後、学校の教室でも、地理の時間に、世界地図を前にして〝大陸を移動させると南米とアフリカ大陸の凸凹がぴったり合う、生息していた生物も見事に一致する〟との話をききました」と続いていました。昭和初期生まれの著名な思想家（政治家）の手紙でした。学界の外では大陸移動説は消えていなかったのです。

調べたところ、『小学生全集』は菊池寛と芥川龍之介が指導と編集をして文藝春秋社・興文社から、昭和2年から昭和4年にかけて刊行された児童図書で、「世界の少年少女文学や童話」に加えて「電気、動植物、物理化学、算数、生物学、生理衛生」など、広い範囲の「子供にわかる本」、88巻でした。[*12]

少年少女文学の菊池寛や芥川龍之介に加えて、科学や工学は当時の東京帝国大学の教授たちや牧野富太郎、横山桐郎、鷹司信輔ら植物、昆虫、鳥の権威者がみずから筆を執っています。大正デモクラシー当時の学界指導者たちには、少年少女教育を国家百年の計とす

＃1　本書は中沢弘基『生命の起源　地球が書いたシナリオ』（新日本出版社　２００６年）を改稿した部分を含む。

る見識があり、当時の世相も、学者たちが論文や特許ではない少年少女向けの文を書いている〝ゆとり〟をむしろ好しと認めていたのです。

昭和4年（1929年）は、ヴェーゲナーが遭難死する1年前ですから、刊行されたのは論争の真っ最中です。

辻村太郎は当時東京帝国大学理学部地理学科の助教授でその師の、優れた地理学者の山崎直方は、世界のおおかたが空想として否定していた「ヴェーゲナーの大陸漂移説」を評価して普及に努めていましたので、同説が記述されたのでしょう。大陸移動説が世の一般には知られていないと思っていたのは、専門家の端にいる著者の不見識でした。

いまだ評価の定まらない論争中のドイツの学説が翻訳されて、小学生でも知る機会があったのですから、当時の日本の少年少女教育の程度の高さは驚きです。そして読んだ〝少年少女たち〟の知力も、です。

調べてみると、著名な漫画家の手塚治虫も手紙の主と同世代で、少年時代に読んだ「大陸漂移説」を覚えていた一人でした。まだ〝戦後〟を引きずっていた1950年から1954年にかけて連載された『ジャングル大帝』[#1]は、ロマンと平和と正義感にあふれる名作として今や世界中に知られていますが、その第1話は、アフリカ大地溝帯の説明から始まります。アフリカ大地溝帯は、現在アフリカ大陸が東西に分裂しつつある地域のことです。

そして、大陸を分裂させる力のある「月光石」（話の中の架空の石）を探す学者が登場して、「これはドイツの地質学者アルフレッド・ウェゲナー博士がいい出したことです」といいつつ、大陸移動の図を示します。[*13] 最終話では、「月光石」を探す学者に、「大陸を分裂させた大きな力は何か？　最近ではマントル対流のせいだともいう……」といわせて、大陸移動説の復活を暗示する一コマもあります[*13]（図1－1－2）。『ジャングル大帝』のストーリーの背景はヴェーゲナーの大陸移動説そのものだったのです。

手塚治虫は『ジャングル大帝』を描いた動機を「（ヴェーゲナーの壮大な大陸移動説を）子どものときに読んで夢をふくらませ」て描いたと、NHK文化講演会（1982年）で述懐しています。[*14] 手塚治虫の「子どものとき」は、手紙の主と同じ昭和初期ですから、〝読んだ〟のは同じ「小学生全集（上級用）第60巻」だったのかもしれません。

最近になって（2010年）、地球科学関係の合同学会で、「寺田寅彦は昭和2年に壱岐・対馬など日本海に島ができた理由を説明するために大陸移動説を用いていた」との研究発表がありました。[*15] 日本の学界で大陸移動説は消えていなかった、と主張する発表ですが、今さら改めて「消えていなかった」と、わざわざ学会発表されるところに、むしろ学界で

＃1　『漫画少年』昭和25年11月号から昭和29年4月号まで連載。

図1-1-2　〝大陸漂移説〟を下敷きにしていた『ジャングル大帝』

(a)「ドイツの地質学者アルフレッド・ウェゲナー博士がいい出したことです」

そのころ　世界は
ただひとつの大陸しか
なかった………
それがある力のために
ヒビがはいってわれ
出したのだ……という
話があります
これは　ドイツの地質学者
アルフレッド・ウェゲナー
博士がいい出したことです
大陸はわれた
そしていくつものかたまり
にわかれて……
どんどんひろがり……
六大州は　アフリカを中心
にしてできた
この大陸を動かしたときに
起きた大きな力……
それが月光石にひめられて
いるのではないかというの
です
もう
けっこう
そんな話
一文
にも
ならん
一文にも
ならんだと?
現実主義者め
これからだ
聞きたまえ!
もし　私たちを
そこへつれて行って
石をもっと見つけて
くれれば石のかけら
一つに三千ドルさしあ
げようというのです
え
えっ!!

(講談社、手塚治虫漫画全集　(a)第1巻102頁(1977)から転載)

(b)「月光石」を探す学者「大陸を分裂させた大きな力は何か？」

(講談社、手塚治虫漫画全集　(b)第3巻158頁（1977）から転載)

は消えていたことが表れています。

学界では消えていたにもかかわらず、手塚治虫は「子どものときに読んだ」ヴェーゲナーの大陸漂移説を理解してふくらませて、日本が世界に誇るストーリー漫画『ジャングル大帝』に羽化させました。しかも1950年、同説が日本はもとより世界中の学界で無視されて消えていたときに、です。素直な少年期の〝直観〟で納得していたのでしょう。

〝大正デモクラシー〟といわれる太平洋戦争前の高い自由主義文化に浴した少年少女たちが、戦争を生き延びて、戦後の日本の新しい文化を創出したことを、〝消えなかった〟大陸漂移説がしめしているようです。

次節ではA・L・ヴェーゲナーの大陸移動説がみごとに復活した過程を追います。

1-2 大陸移動説の復活

大陸移動説が復活する契機となったのは、英国のP・M・S・ブラケット（Patrick M. S. Blackett）、S・K・ランコーン（Stanley K. Runcorn）などが始めた、地球にどうして磁場があるかを探る研究の一環で、古い時代の磁極（磁石のしめす地球の北極）が現在と同じかどうか調べたことでした。
陸地の大部分は、マグマが冷えて固まった火成岩と、岩石が風化してバラバラになった鉱物が海や湖の底に沈殿して、再び固まった堆積岩でできています。どちらもいろいろの鉱物が寄り集まった集合体ですが、多くは石英《せきえい》や長石《ちょうせき》など無色透明か白い鉱物で、磁性（鉄系金属を引きつける磁石の性質）はほとんどありません。しかしわずかですが磁性を有する黒色や褐色の鉱物も含んでいます。鉄（Fe）やチタン（Ti）を含んだ鉱物です。それらの磁性鉱物は、火成岩であればマグマが冷却するときに、堆積岩であれば鉱物が沈殿するときに、地球の磁場を感じて南北を指す向きに固定されます。したがって岩石はその時代の磁極の方向をしめす「地球磁場の化石」になります。[#1]
一般の岩石のしめす磁性はきわめて微弱で、その測定は容易ではありません。しかし、

＃1　磁性鉱物はそれぞれ固有の温度（キュリー温度）で、含まれている金属元素の電子状態が変化して、同温度以上で常磁性、以下で強磁性となる。強磁性の状態がいわゆる〝磁石〟である。たとえば磁鉄鉱（Fe_3O_4）のキュリー温度は580℃。1000℃程度で噴出した溶岩の中では常磁性であるが、溶岩が700℃くらいで固化して磁鉄鉱の位置が固定され、さらに冷却されて580℃になった時点で強磁性（磁石）となる。その際、磁石は地球の南極と北極の方向を記録する。一方堆積岩の場合は、すでに磁石となっていた磁性鉱物が、風化によって個々の鉱物となり、沈殿する過程で地球磁場に引かれて一定方向に並んで堆積するので、堆積岩も地球の南極と北極の向きを記録した〝磁極の化石〟となる。

ブラケットの発明した磁力計はきわめて高感度でしたので、英国の古い岩石ができたときの北極が今の北極とどのくらい違うか、水平面内と垂直面内で正確に測定することができました。水平面内の〝ずれ〟は、当時の北極が経度で今とは何度違っていたか、をしめしますし、垂直面内の〝ずれ〟は現在の緯度との差をしめします。ただし、相対関係ですので、北極が動いたのか、あるいは逆に北極は変わらずに大陸が動いたのか、は判定できません。

もともとはなぜ地球に磁場があるかを研究するための調査でしたが、中生代三畳紀（2・52億~2・01億年前）の酸化鉄を含んだ赤色の堆積岩のデータから、かつて英国は暑い低緯度帯にあって、経度で30度も偏った位置にあったのではないかという意外な事実が判明しました。消えた大陸移動説を思い起こせば、その復活を暗示していました。[*16,17]

その後S・K・ランコーンおよびE・アーヴィング（Edward Irving）らを中心とするグループで競うように、英国はもとより北米、カナダ、インド、オーストラリア、ヨーロッパなど世界各地の、各年代の岩石が精力的に調べられ、北極が時代とともに移動していることが判明しました。しかし、北米大陸とヨーロッパ大陸から得られた岩石のデータを比較すると、両大陸から見た北極の位置が異なることも判明しました（図1-2-1上）。

本来はどの時代でも北極は一つであるはずです。時代とともに移動する二つの北極の軌

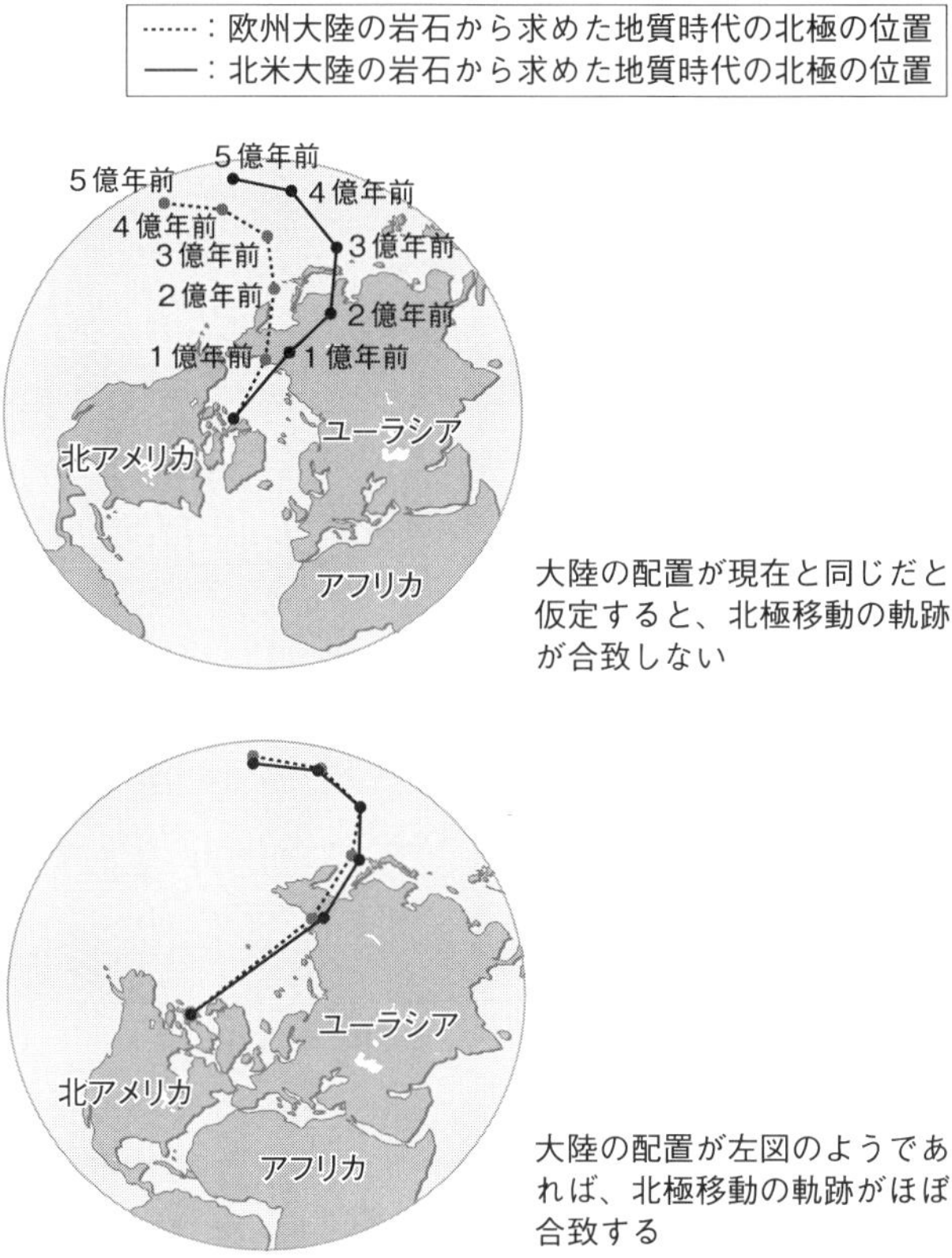

大陸の配置が現在と同じだと仮定すると、北極移動の軌跡が合致しない

大陸の配置が左図のようであれば、北極移動の軌跡がほぼ合致する

図1-2-1　岩石磁気の測定から求めた北極の移動
大陸の配置が現在と同じ（上図）だと仮定すると、カンブリア紀から三畳紀までほぼ平行で、それ以降、徐々に間隔が狭まって現在の北極にいたる。しかし、欧州および北米大陸を相対的に約30度回転して接合すると、磁極の位置をしめす実線と破線は一致する。これよりジュラ紀以降に両大陸が分裂したことがわかった。
「山賀 進のWeb site」（http://www.s-yamaga.jp/index.htm）で掲載されている図を参考にして作成

跡は、カンブリア紀から三畳紀までほぼ平行で、三畳紀以降間隔が徐々に狭まって現在の北極の1点に集束していました。[18] 各時代の北極が一つになるように両大陸を約30度回転させると、二つの軌跡は一つになりました。移動距離を今から三畳紀までの3億年で割ると、1年間に数cm程度の移動速度で動いたことになります。ヴェーゲナーの予言とぴったり一致していました。1957年、大陸移動説の完全な復活です。

ヴェーゲナーの大陸移動説が復活する過程では、日本の学者の寄与はほとんどありませんでした。1945年から1960年、太平洋戦争敗戦後の15年間です。欧米に比べて研究資金や設備が貧弱であったことは否めませんが、それでも日本には戦前からの磁性物理学の優れた伝統があって、古地磁気学では先進国の一つでした。たとえば、次節で登場する地球磁場の逆転現象の発見（兵庫県玄武洞の古い岩石が現在の南北と逆に帯磁している）は京都大学教授の松山基範によるもので、ヴェーゲナー生存中の1929年のことでした。[19]

そんな先進的伝統を引き継いでいる日本の地球物理学者で、後にいち早くプレートテクトニクスを理解した上田誠也でさえ、次々に発表される英国の論文を見て、「どこのどういう地層の自然残留磁化の方向はどっちを向いていたかと、いった」[20]「初歩的内容のものであったので、われわれは何がそんなにおもしろいのかと、ややいぶかった」[21]と述懐していま す。[20、21] 他国での劇的な展開を目の前に見せられた日本の第一人者、上田の優れた解説書を、

大陸移動説を復活させた英国のランコーンやアーヴィングの著書とともに巻末の参考文献に挙げておきます。[22、23、24]

1-3 プレートテクトニクス、流動する地球

大陸が動くはずはない、との〝常識の呪縛〟が解けると、流動する地球の姿が見えてくるまでは一気《いっき》呵成《かせい》でした。それには第二次大戦後、米国を中心とする海底地形のデータの蓄積が大きく寄与しました。海底地形の調査は資金を必要とするので、科学よりもむしろ原子力潜水艦の走行や資源探査など軍事や産業の要請で行われました。大西洋、インド洋、太平洋などの海洋の中央に[#1]〝海嶺《かいれい》〟と呼ばれる巨大な山脈が延々と連なり、その頂上は割れていて地下から熱を放出し、頻繁に小規模地震の震源になっているとか、海底は海溝に向かって急角度で落ちこみ、海底には1・5億年前より古い岩石は見当たらない、など海洋底の詳細が1960年頃にはわかっていました。

＃1　太平洋の場合は例外的に中央ではなく、東側に大きく偏り、一部はカリフォルニア湾から陸上のサンアンドレアス断層につながっている。

これらの不思議な現象を説明するために、「海嶺から新しい海洋底が湧《わ》きだして海底を滑り、海溝にいたってマントル内に沈み込む」のではないかとする「海洋底拡大説」が1961年に提案されました。[*25、26] マントルの熱対流が原動力です。

マントルは固体ですが、無数の結晶の集合体ですから圧力をかけ続けると、個々の結晶が少しずつ変形したり、相互に滑ることで移動して、長い時間をかけて全体では液体のように振る舞います。深部で暖められたマントル物質が上昇して海嶺となり、冷えた海嶺は海洋地殻となって海底を移動し、海溝にいたって再びマントル内部に下降する機構です。こう考えると、海嶺や海溝の成因、大陸が移動する原因、あるいは海底には中生代白亜紀（約1・45億〜0・66億年前）より古い岩石がない、などの不思議な現象も充分説明されます。

この新しい仮説は、それまで海底の〝地磁気異常〟と呼ばれて理由のわからなかった現象も合理的に説明することができて、さらに説得力をもちました。海底の地磁気異常というのは、感度の高い磁力計で海底の磁場を測定したときに見られる、磁場の強弱の縞《しま》模様のことです。海嶺に平行な長さ数百km・幅数km〜数十kmの帯状で強弱の縞模様があるのです。なぜそんな模様ができるか解釈がつかないので〝異常〟と呼ばれていました。

海洋底拡大説にしたがえば、海嶺から玄武岩質のマグマが湧き出して年間1〜5cmの速

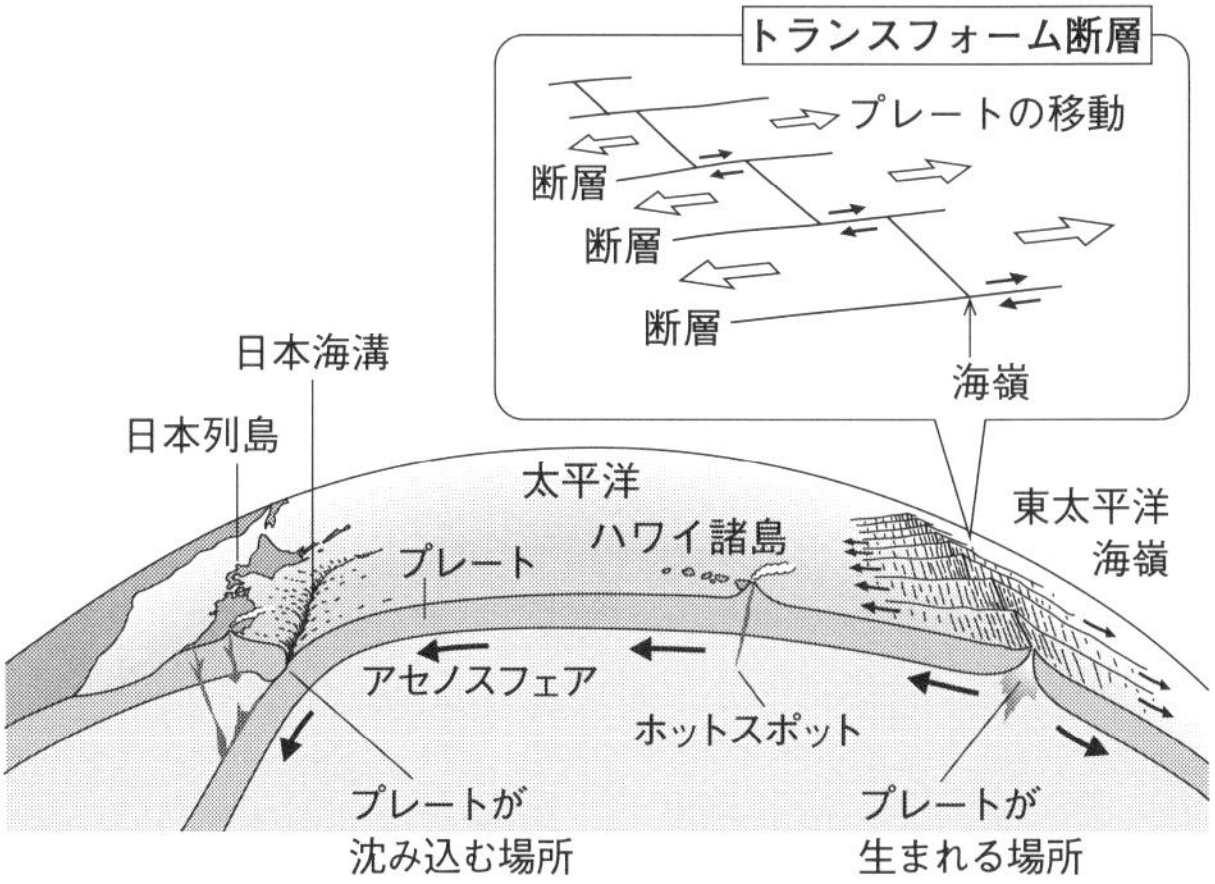

図1-3-1　太平洋の海底地形とその断面
海嶺でプレートが湧き出し、海溝でマントルに沈み込むプレートテクトニクスの視点から太平洋の海底地形を解釈した図。太平洋の場合は特異的に、プレートの湧出する海嶺が海洋の中心ではなく北米大陸側に偏っている。挿入図は、海嶺付近に生ずるトランスフォーム断層をしめす。逆行する小さな矢印⇄は、その部分でプレートが擦れ合って小さな地震を経常的に生じていることをしめす。

度で新しい海底がつくり出されます（図1－3－1）。玄武岩には磁鉄鉱など磁性鉱物が含まれていますので、それらは前節で述べましたように、冷却されてキュリー温度以下になると、地球磁場の南北を指す小さな磁石になります。ところが1929年に松山基範が発見したように、地球の磁極は時に反転して南北が逆転することがあるのです。なぜ反転するかは、わかっていませんが、30万年に1回程度の割合で地球磁場の南北が逆転すると、創出された海底の30万年分に相当する幅数km～数十

kmで、海嶺（長さ数百km）に平行な帯状の区域で、南北逆転した磁場が記録されます。それを磁力計で走査すれば、海嶺に平行な〝磁場の強弱の縞模様〟になります。海底の〝地磁気異常〟は、そう考えれば容易に理解できます。[*27] 理由がわかれば、もはや〝異常〟ではありません。

さらに、大陸が動いている直接的な証拠は地震測定によって得られました。海嶺は地球を取り巻くように延々と続いていますが、その海嶺は直交する無数の断層（トランスフォーム断層）によって寸断されています（図1－3－1）。球状の地球に板状の海底（プレート）が湧《ゆう》出《しゅつ》しますので、湧出口が直線になれずプレートが短冊《たんざく》状になっていると考えられています。紙で球を覆うときに、細長い紙を用いる工夫と似ています。

海嶺の位置がずれているので、海嶺の近傍では隣どうしのプレートが逆向きに動く部分が生じます（図1－3－1上の囲み部分）。その部分が擦れて生ずる〝小規模地震〟を観測して、海洋底が今動いていることが確認されました。[*28] 1965年、大陸移動の動かぬ証拠でした。

これらの成果を整理して1967年、若い地球物理学者たち、X・ル・ピチョン（Xavier Le Pichon）、D・P・マッケンジー（Dan P. McKenzie）、W・J・モーガン（William. J. Morgan）によって「プレートテクトニクス」の概念が確立しました。[*29、30、31]「テクトニクス」とは、どうしてその構造ができるかを研究する〝（地質）構造学〟のことです。したがってプレートテクトニクスとは、全地球の地殻が大小12個のプレート（リソスフェア）に分かれていて、それぞれのプレートはマントル対流を駆動力として、海嶺で湧き出して海溝でマントル内部に沈み込んで消失すると考える、〝考え方〟のことです。そう考えると、大陸の移動、山脈の形成、深発地震の原因など大局的現象から、エベレスト山頂に古生代のウミユリや三葉虫《さんようちゅう》の化石が出る理由など局地的現象まで、ほとんどすべての地殻に関する現象が理解できます。

しかし、残念ながら日本の学界はこのプレートテクトニクスの概念の成立にもほとんど寄与できず、欧米の新概念を一方的に受け入れる立場になりました。しかも受け入れた時期は地球科学の中の専門分野によって大きく異なり、地震や古地磁気を専門とする地球物理学の分野では比較的早く１９７０年頃でしたが、[*32] 地質学の分野ではずっと遅れて１９８０年頃になりました。[*33] 科学はつねに国際的な競争状態で日進月歩していますから、競争にも参加できず10年も20年も遅れるのは、きわめて異常な状態でした。

日本が遅れた理由には、戦後の社会的・政治的事情もありますが、日本の地球科学界が大学の講座制に支えられた〝象牙の塔〟で、専門分野ごとに分野固有の価値観で活動していたことに主因があると思われます。その反省に立って20世紀の終わり頃から、分野の壁を越えた、より総合的な研究活動が活発になり、大学間や分野間の人事交流も行われるようになりました。次節に述べる〝ダイナミックに流動する全地球〟の地球観の構築には、そんな学際的になった日本の研究者が大きく寄与しています。21世紀の新しい地球観です。

1－4 プルームテクトニクス、全地球流動

大陸も海洋底もつねに動いている、というプレートテクトニクスの見方はわれわれの地球観を大きく変えました。大陸の移動や山脈の形成など世界規模の現象、地震や個々の山の成因など局地的現象まで、地殻に関するほとんどすべての現象はプレートテクトニクスの考え方でみごとに理解できます。地震や津波など防災に直接関係しますので、最近では日本付近のプレートの構造は新聞やTVでも頻繁に図解され、一般にもよく理解されています。

4つのプレートが押し合っている上にある日本列島は、北も南もつねに地震や津波のリスクがあります。無数の断層は地表に現れたかつての地震の傷跡であり、治ることのない傷跡でもあります。しかしまだ、地震や津波がいつ起こるかを予告できるほどわれわれの理解が進んでいるわけではありません。

プレートの厚さはおよそ100kmくらいであろうと推定されていますが、海洋地殻の厚さはたった6km、大陸地殻でもたかだか35kmです。地球の半径6400kmと比べると、推定されたプレートの厚さで64分の1、地殻の厚さでは1000分の1から200分の1、地球のほんの表皮にすぎません。いわばプレートは、対流を生じている熱いマントルが冷やされて生じた〝地球の皮〟です。プレートテクトニクスによって理解できるのは、そんな薄いプレートが海嶺で湧き出して海溝でマントルに落ち込むまでのたかだか2億年間の事件です。

かつてマントルに沈み込んだプレートは、再び高温のマントルに同化されて、マントル内は均質である、と理解されていました。ところが1977年、安芸敬一（南カリフォルニア大）は〝地震波トモグラフィー〟によって、マントル内部が均質ではなく、地震波の伝わる速さの異なる領域のあることを発見しました。[34、35] 地震波トモグラフィーとは、地震波のたくさんの測定データを使い、計算によって地球の内部構造を3次元画像化する手法です。

医療で広く使われているX線CTと似た原理です。X線CTの場合は、検査対象を中心にX線源と検出器を回転させ、検査対象の全方向を透過するX線強度を測定し、そのデータから〝計算によって内部構造を画像化〟しています。

地震が発生すると、震源から出た地震波は地球内部を通って世界各地の観測点に届きます。地震波の伝わる速度は岩石の温度や密度の違いによって変わりますが、たとえば、温度が高いところでは遅く、低いところでは速くなります。各地でたくさんの地震波を観測してそのデータを電算機処理すると、温度が高いところや低いところ、また岩石の種類が変わるところなど、地球の内部構造を3次元画像として描き出すことができます。観測地点や観測データが多ければ多いほど緻密な3次元画像が描けます。

1992年、名古屋大学の深尾良夫はこの方法で、マントル全体の地震波速度の三次元分布図（地震波トモグラフ）を描出するとともに、観測点が多く地震も多くてたくさんのデータがある日本列島付近について、従来よりずっと緻密な画像を描出することに成功しました。*36、37

その詳細画像では、日本海溝から沈み込んだ冷たいプレートが、高温のマントルに同化されず、そのまま沈み込むこともなく、深さ660kmでいったん滞留している〝ように〟見えました。日本海から中国大陸の下にかけて、深さ660kmに、長さ2000km以上にわたって「地震波速度の速い部分」すなわち、周辺より相対的に温度が〝低い〟部分があったのです。深さ660kmは、マントルを構成する鉱物（カンラン石）が高温・高圧でより密度の高い構造に変化する深さで、深さ2900kmまであるマントルを上部マントルと下部マントルに分ける境界の深さです（図1－4－1）。

当時名古屋大学では熊澤峰夫を中心に、地球物理学と地質学を融合して「全地球史解読

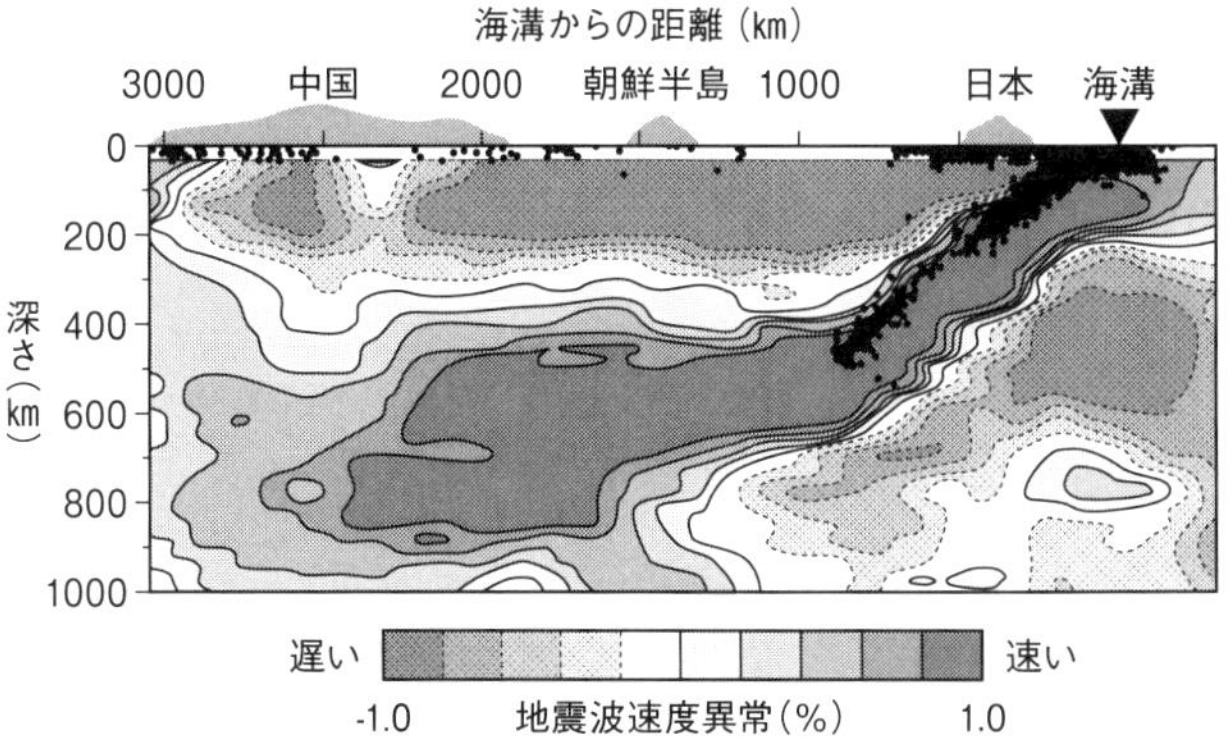

図1-4-1　マントル内部（日本海溝から中国大陸下）の地震波速度分布（地震波トモグラフ）

等高線はそれぞれ地震波速度の遅い部分（破線）および速い部分（実線）をしめす。図の点は観測に用いた地震の発生位置である。地震波速度の速い部分（実線）は周辺よりわずかに低温であることを意味し、日本海溝からマントルに引きこまれた〝冷えた〟プレートが、中国大陸下660km付近にそのまま滞留していることを明瞭にしめしている。

（Fukao, Y., Science 258, 625-630（1992）（＊36）から一部の図を拡大し、モノクロ化した）

プログラム」が進められていました。その中で、冥王代・太古代の古い地質現象を研究していた丸山茂徳は、深尾らの地震波トモグラフを見て、「地球変動の主体は下部マントルを落ち込んでいく巨大なコールドプルーム（冷たい下降流）にある」と喝破《かっぱ》して「プルームテクトニクス」を提案しました。[*38、39、40]

「テクトニクス」は前述のように、どうしてその構造ができるかという考え方のことです。海溝から沈み込んだ冷たくて重いプレートは、マントルの密度が変わる深さ660kmの上部マントルと下部マントルの境界まで沈んで、それ

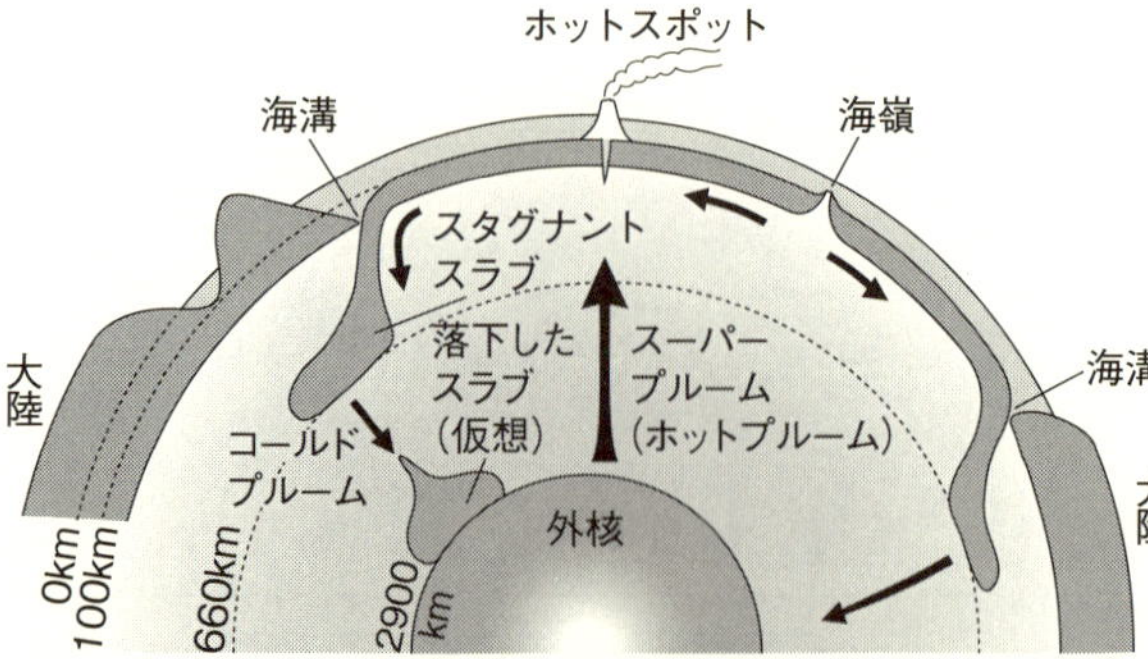

図1-4-2　プルームテクトニクスのモデル図
海溝から沈み込んだ冷えた重いプレートは、マントルの密度が変わる深さ660㎞まで沈んでいったん滞留し、1億年ほど溜まったところでコールドプルームとなってマントル最下部まで落下する。その反動で、上昇のホットプルームが生ずる、とマントル全体の構造や動きを説明する考え方。南太平洋に上昇するスーパープルームはホットスポットとしてハワイ諸島や天皇海山列を生じ、アフリカ大陸に上昇してアフリカ大陸の分裂を生じていると解釈されているが、ホットスポットとスーパープルームの位置関係には異説がある。
(本図は Maruyama (＊38) および Kumazawa & Maruyama (＊39) をもとに作図した)

以上は沈まずにいったん滞留し、1億年ほど溜まったところでコールドプルームとなって〝ドン〟とマントル/核の境界まで落下する。その反動で、上昇流がホットプルームとなって、海底に大量の玄武岩マグマを放出して海山となると考えて、マントル全体の構造や動きを説明する考え方です。

この視点に立って、地震波トモグラフを見ると、太平洋の地下には、熱いホットプルームが南太平洋の直下にあることが見えてきました(図1-4-2)。

プレートテクトニクスでは、湧いては消えるプレートの寿命がたかだか2億年でしたので、白亜紀以前の地球史に現れた大きな事件の因果関係は説明できませんでしたが、プルームテクトニクスなら数十億年のタイムスケールで起こる現象ですから、冥王代や太古代の地球史にさかのぼることができます。「プルームテクトニクス」は今や世界をリードする日本発の壮大な仮説になりました。[*38]

プルームテクトニクスは、地球物理学と地質学の優れた特徴が融合して成立しました。前者は数値的な観測に基づいて地球の現在の諸現象を定量的に議論する厳密性に優れ、後者は化石や岩石の観察に基づいて何億年というスケールの変化を推定する想像力に優れています。その両者の融合でした。

地震が多く、地震波の観測データが多い日本の利点を巧みに利用して地震波トモグラフィーで、地下660kmに沈み込んだプレートが滞留する〝ように見える〟温度の低い部分を発見したのは前者であり、それを見て〝沈み込んだプレートが数億年分溜まった後に、マントル最下部まで下降するコールドプルームがある〟と想像したのは同僚の地質学者でした。異なる専門分野の知恵や発想が融合することで果たせた新たなパラダイムの構築でした。

その後、マントル内に滞留した部分は「スタグナント・スラブ」と呼ばれ、たとえば超高圧研究者や結晶学者など、さらに広い専門分野の学者たちを加えて、そこで物質はどんな状態になっているか調べるなど、日本全体で研究が進められています。深さ2900㎞のマントルが数十億年かかって対流するダイナミックな動きを繰り返している地球の、46億年の全地球史が明らかにされることが期待されます。

第2章

なぜ生命が発生したのか、なぜ生物は進化するのか？

「生命の起源」の謎に迫るうえで、そもそも「生命はなぜ発生して、なぜ進化し続けるのか？」の物理的必然性は、まず明らかにされなければならない最も基本的な問いです。無機界の地球に有機分子が出現して進化した結果、生命が発生し、その続きに生物の進化があります。それら一連の「進化しなければならない物理的必然性はなにか？」を知ることは、謎を解くための最初の一歩です。〃なぜ（why）〃がわかれば、それに応じて〃何が（what）〃〃どこで（where）〃〃いつ（when）〃〃いかに（how）〃して生命になったか、を推論や実験によって順次突き詰めてゆくことができます。それが科学の方法です。〃なぜ（why）〃がわからなければ、謎に迫る道筋が見えません。

「ＲＮＡが〃あれば〃生命は自然に発生した」（ＲＮＡワールド説）とか、「土星の衛星、タイタンやエンセラダスに生命がいる〃かもしれない〃」（宇宙起源説）など、ちゃんとした学者が唱える〃大胆な仮説〃もありますが、そうなる物理的必然性がなければ〃空想〃に過ぎません。「あれば」とか「あるかもしれない」現象や「あり得る」反応を取り上げて、生命の起源の仮説を立てることは容易ですが、そんな〃可能性〃だけなら無限に考えられます。

しかしそれでは、生命が発生するまでに有機分子が経なければならない、いろいろの過程の中で、なぜそうなるのか？　どうしてそうなったのか？　その先どうなるのか？　の説明ができません。ＲＮＡでいえば、なぜＲＮＡができたのか？　ＲＮＡができたとしてどうやって細胞の中に入ったのか？
翻《ひるがえ》ってそもそも、なぜ生物には遺伝現象があるのか？「ＲＮＡがあれば」というだけではそれらの疑問に何一つ説明がつきません。「あれば」とか「あるかもしれない」だけでは、謎に迫る道筋が見えず〝大胆な仮説〟というより、下手な部類のＳＦ小説になってしまいます。

前章で、地球がダイナミックに流動し、その力の源泉が核やマントルの「対流」であることを述べました。対流はすなわち、地球内部にある熱を外部に放出するメカニズムです。地球はその創生以来46億年間、熱を宇宙空間に放出し続けているのです。この事実は、生命の発生や進化とまったく関係がなさそうに見えますが、実はむしろその原因になっているのです。地球が冷却し続けるかぎり、バクテリアからヒト、あるいはその先まで、生物（および生物界）は進化し続けなければならないのです。本章でその理由を述べます。

２−１　生命の発生や生物の進化は物理の大原則に反する？

「生物はなぜ、進化するのか？」の問いに、これまでのよく知られた進化論は答えてくれていません。中学や高校の教科書に載っている「ラマルクの用不用説」、「ダーウィンの自然選択説」、「ド・フリースの突然変異説」、いずれも同じです（図2－1－1）。

ラマルクの唱えた「用不用説」では、キリンの首が長い理由は、その祖先が高い木の葉を食べるように努力していくうちに、その形質が遺伝したからだと説明します。一方、ダーウィンの唱えた「自然選択説」では、ガラパゴス諸島に棲息《せいそく》するヒワ（ダーウィン・フィンチ）では、それぞれの島にある餌の事情に最も適合した種が生き残ったと説明します。いずれの説もそれぞれが特別な形態に進化した理由は説明していますが、バクテリアから哺乳類にいたるまで、そもそも生物はなぜ進化したか？　進化しなければならなかったのか？の答えにはなりません。「生物とは進化するもの」とア・プリオリに考えて、生物の中のある種、たとえばキリンやダーウィン・フィンチの首やくちばしが、なぜ？　どのように？進化したか、を論じてきたのです。

しかし、地球上に有機分子が出現して進化した帰結として生命の発生があり、生物の誕生後に生物の進化があるのですから、「分子や生物の進化」にも進化しなければならない必然性、それも共通の必然性があるはずです。生物進化の必然性がわかれば、有機分子の進化すなわち生命発生の理由も推測できます。そこで本節では、〝マクロな〟生物体を〝ミクロな〟視点から見て、生物進化の物理的必然性を考察します。

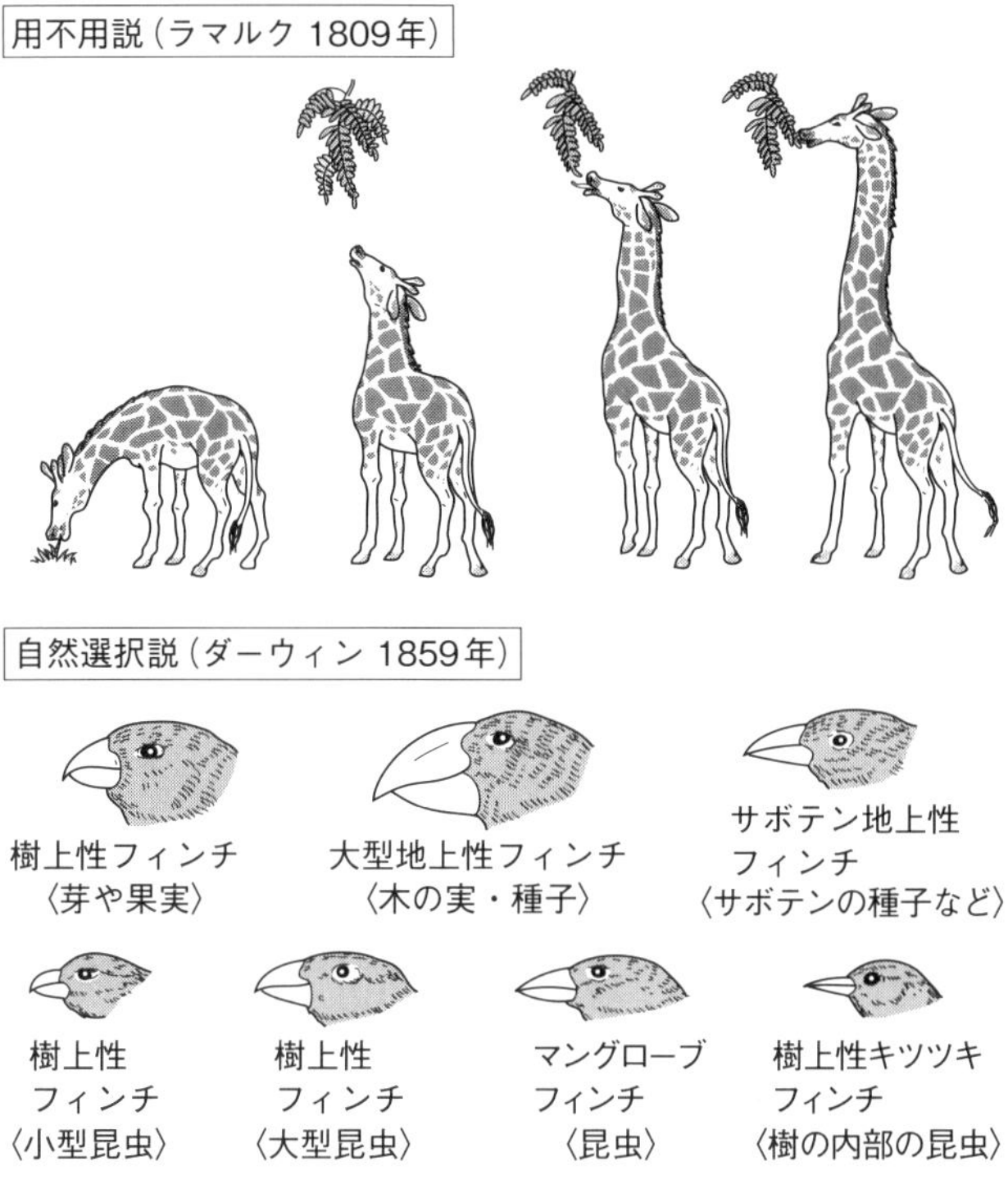

図2-1-1　ラマルクの用不用説とダーウィンの自然選択説
ラマルクは、個体が頻繁に使って発達した器官や逆に不使用の器官など、後天的に獲得した形質が遺伝する、とする用不用説を『動物哲学』（1809年）で説いた（上図）。ダーウィンは、ガラパゴス諸島で島による餌の事情の違いで、フィンチ（ヒワの仲間）のくちばしや体形などが異なることを発見し、遺伝的に異なった形質を持つ種のうち、環境に最も適合した種が生き残ることで進化するとする、自然選択説を『種の起源』（1859年）で説いた（下図）。その後、ド・フリースは、遺伝的に異なった形質は突然変異によって現れるとする、『突然変異論』（1901年）を説いた。

『視覚でとらえるフォトサイエンス 生物図録』（数研出版） 190頁Ⓐ 用不用説と自然選択説（図版）／ZOOM UP ダーヴィンとガラパゴス諸島（図版）をもとに作成

化石に見られる進化の法則、「巨大化し特殊化して絶滅する」

生物を分子レベルで見ると、小さな分子（たとえばアミノ酸）が結合して高分子（たとえばタンパク質）となり、さらに、さまざまな高分子が細胞内に集まって、それぞれが生命活動に必要な反応を分担して、組織として機能しています。

タンパク質の場合はたった20種のアミノ酸が数百から数千個、それぞれ異なった順番で結合することによって異なった構造のタンパク質になります。生体内で合成されるタンパク質には、さまざまな化学反応を触媒《しょくばい》する酵素になるものもあれば、生物体を構成したり、ホルモンになったりするものもあります。DNAの場合にはわずか4種（RNAの場合を加えれば5種）の核酸塩基の配列で、生物種や個体の違いを表しています。

このように生命体は、アミノ酸や核酸塩基など水溶液中に溶けて自由に動いていた有機分子を捉えて、さまざまな順番で結合し、組織の一部に取り込んで固定しているのです。生物が生まれて成長することは、たくさんの有機分子を身体の組織の中に取り込んで自由度を失わせることです。同様に、有機分子が生命体になるまでの〝分子の進化〟も、自由な有機分子が相互に結合して組織化し、自由度を奪う過程です（図2－1－2）。

生命が発生した後の〝生物の進化〟も、化石の証拠から、よりたくさんの有機分子を取

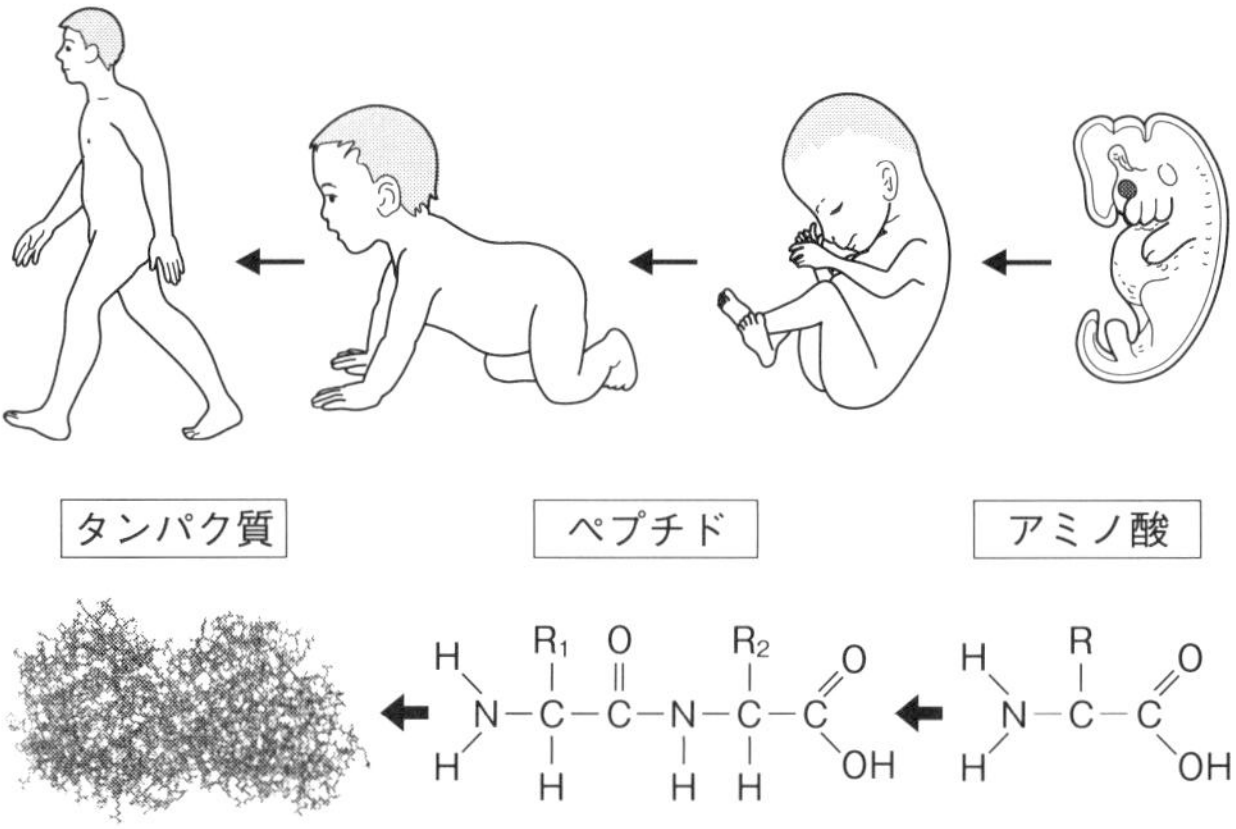

図2-1-2　ヒトの成長と分子進化
生物の成長は、小さな有機分子、あるいはすでに他の生物によって高分子化された有機分子を多量に取り込んで身体組織の一部に固定することにほかならない。一方、生命誕生にいたる分子の進化も、水の中で自由であった小さな有機分子（たとえばアミノ酸）が結合して組織化する過程である。

り込み、より複雑な組織の中に固定する方向に働いたといえます。三葉虫、アンモナイト、恐竜、あるいは馬や象など、ほとんどすべての種は、最初は小型で出現しても、時代とともにより大型で、より特殊な（あるいはより高度な）組織体に進化しています。それらの進化の系譜は、多くの理科の教科書や資料集に図入りで載っていますから、読者も見たことがあるでしょう。一例として、馬の進化の系譜をまとめた図2－1－3をしめします。

ある種が「巨大化し特殊化して絶滅する」ように進化するのは化石に見られる進化の一般則で、「種の定

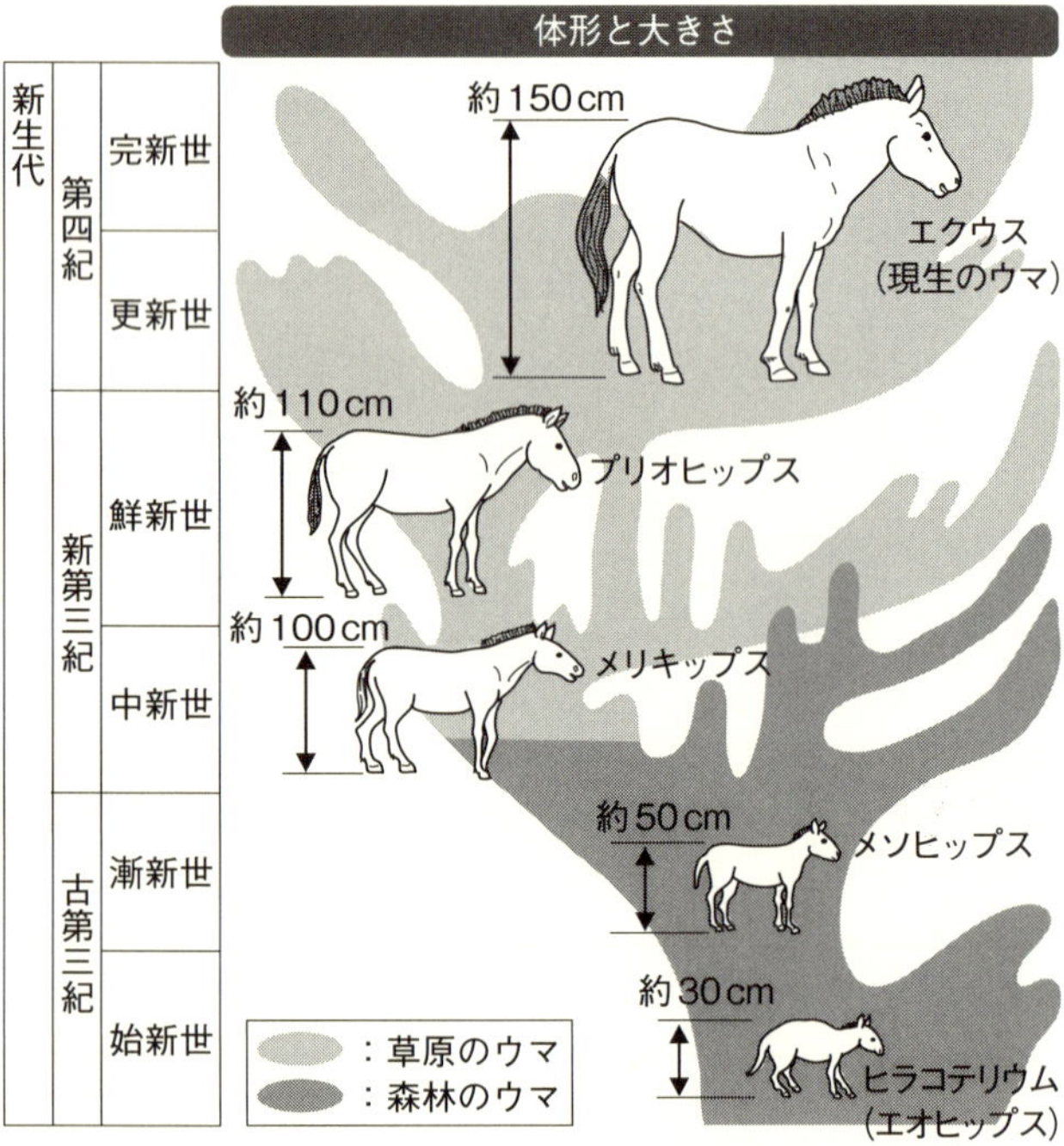

図2-1-3　馬に見る種の定向進化則「巨大化し特殊化して（絶滅する）」
北米の新生代（約6600万年前～現在）の地層で発見された化石によって比較した体形と大きさをしめした。時代とともに、大型化し、部位は馬として特殊化している。新生代に進化した馬の場合はまだ〝絶滅〟していないが、絶滅した事例は、三葉虫、恐竜、アンモナイトをはじめ古生代、中生代のほとんどの化石に見られる。「種の定向進化則」という。

『視覚でとらえるフォトサイエンス 生物図録』（数研出版）
187頁　Ⓐ 化石から見たウマの進化（図版）をもとに作成

向進化則」といわれています。[*1]

巨大化して特殊化するという「進化の法則」は、個々の種については化石を比較すると明らかですが、生物界全体を見たときには当てはまらないように見えます。たとえば、巨大化して特殊化した恐竜が、中生代末に起こった巨大隕石の衝突による地球環境の激変に適応できずに絶滅しましたが、その後はむしろ小型の哺乳類が繁茂しましたので、そんな印象を受けます。

しかし、ある生物種の〝絶滅〟は、より高度な組織を有する種へ飛躍的に進化するための前段階なのです。小型でも、ずっと優れた環境適応機能を有する哺乳類が、新生代になると大型化しました。

生物界全体としては、種を切り替えながら時代とともに巨大化していることがわかります。生命は、単細胞生物のバクテリアから多細胞生物へと進化し、巨大化と組織化のプロセスを積み重ねて、ゾウのような巨大な生物やヒトのような高度な知能を持った生物へと進化してきました。しかも、こうした進化の歩みは個々の種のみならず、新しい種を生み出すことで生物界を多様化させ、多様化した生物群が相互に影響する階層的でより複雑な組織化を果たしています。

巨大化を強調すると、ヒトとゴリラではゴリラのほうが、あるいは鯨《くじら》のほうがより進化していると誤解されそうですが、定向進化則には巨大化とともに〃より特殊化する〃の要素があります。すなわち、より高度な機能を果たすための〃より高度な組織化〃も定向進化の要素です。こうした観点に立てば、ゴリラよりヒト、鯨よりヒトがより進化した態様です。

しかし、〃より高度な組織化〃の程度は定量化が難しいので、巨大化の程度との優劣を説明できません。ヒトと象や鯨の機能を比較して、ヒトの優位性を、ここでは直感でいちおう納得することにしましょう。次節で述べる熱力学的説明を理解した後になると、両者の関係を納得できるでしょう。〃巨大化し、より高度に組織化する〃のは、個々の種のみならず、生物界全体のたどる進化史の一般則なのです。

この生物進化史を分子の側から見ると、より多くの分子が、より高度な組織の中に固定されて自由度が奪われる歴史であることがわかります。

原生代から現在まで、生物の「巨大化の程度」については、少々乱暴ですが数値化することは容易です。最初はバクテリア状の小さな生命体（直径約10μm[#1]）が、ヒトや象のような大型の生物まで進化しましたので、ヒトは大略100kgだとして両者を構成する分子の数の比（重量比）を計算すると、ざっと100兆倍（10^{14}倍）になります。象だと1桁上です。生物の出現から約三十数億年、より大型に進化してきた結果です。

一方「高度な組織化の程度」については、前述のように、ここで定量化して表現するのは困難ですが、バクテリアとヒトの組織の複雑さの比が膨大であることから、明らかです。

生物の進化は熱力学第二法則に反する?

生物は、その誕生以来、巨大化し、特殊化するという進化の歩みを続けてきたわけですが、だとすると、生命の発生やその後の生物進化は、重大な物理原則に反することになります。自然界を支配する最も基本的な物理法則の一つ、熱力学第二法則に、です。すなわち、「巨大化して特殊化する」生物の進化は、自由で無秩序に動いていた分子をより多量に、より複雑な組織の中に取り込んで秩序化することですから、「自然現象はつねに、最も無秩序になるように変化する」という熱力学第二法則に、完全に反するのです。

(〝物理〟とか〝熱力学〟と聞いただけで耳に栓をする読者もいそうですが、物理とは物の道理のことです。そして、〝話せばわかる〟のが道理です。以下を読み続けてみてください)。

熱力学第一法則および同第二法則は自然界を支配する最も基本的な法則の一つで、「宇宙のエネルギーの総和は一定不変であり(第一法則)、宇宙のエントロピーはつねに極大に向かって増加する(第二法則)」と表現されます。

#1 ㎛はマイクロメートル。1㎜の1000分の1。一昔前までは「ミクロン」と呼ばれていた。

今問題にしているのは第二法則ですが、後で必要になりますので、先に第一法則を説明します。ここでいう「宇宙」は、もちろん広大な全宇宙のことですが、A＋B→Cの反応を考える場合には、A、B、Cを含む空間（反応系）だけに限定しても適応できます。なぜなら、その反応を考える際には、全宇宙空間を考えても、A、B、C以外はエネルギー収支に変化がないので、ほかをすべて無視できるからです。したがって、「宇宙のエネルギーの総和」といっても、今考えている現象の及ぶ範囲（反応系）のエネルギーの総和のことです。

Aを熱い湯、Bを冷たい水、そしてCをその混合物とすれば、第一法則は、日常経験からも容易に理解できます。熱がほかに逃げないとして、A＋Bの熱量は混合後のCの熱量と同じです。熱がコップに伝わって逃げる場合は、逃げる熱量をDとして混合の前後を比べれば、A＋BとC＋Dは同じになります。仕事や反応の前後でエネルギーの総和は変わらないのです。日常経験で体得した直感でも充分理解できるでしょう。現象や反応によっては、熱が光や電気や運動など、あるいはその逆に変わる場合もありますが、単位を替えて換算すれば、エネルギーの総和は反応の前後で同じです。第一法則はそういっているのです。

自然現象はより〝でたらめ〟（無秩序）になるように変化する！

熱力学第二法則は、〝エントロピー〟という聞き慣れない用語が入っているので、難解そう

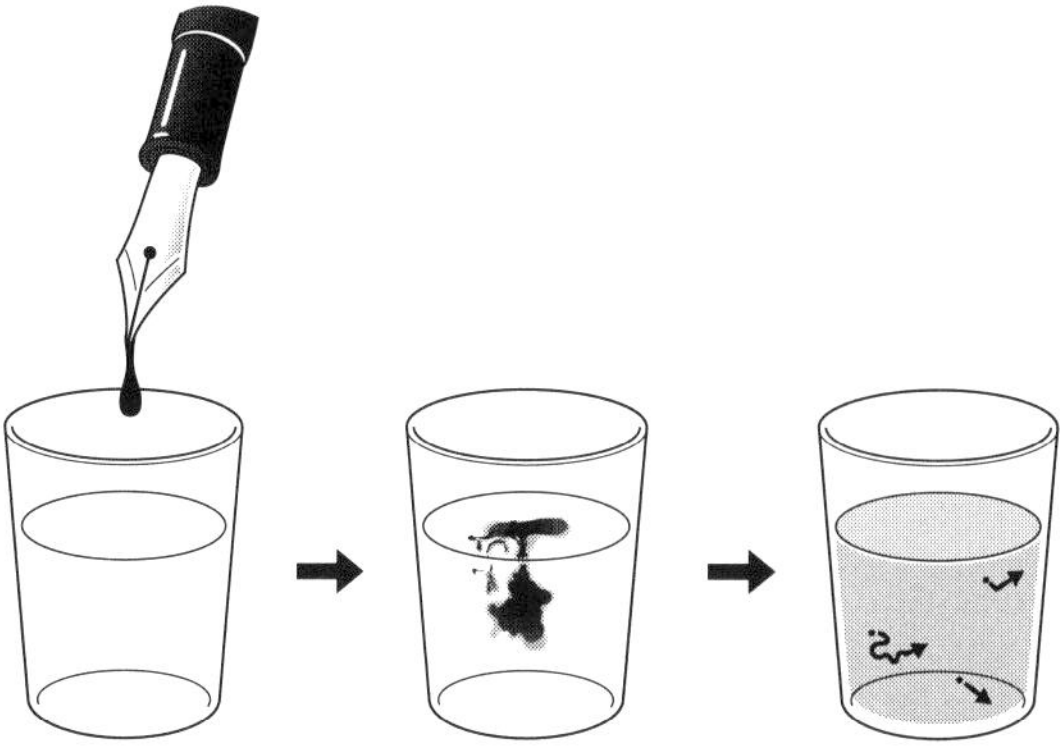

図2-1-4　熱力学第二法則
「宇宙のエントロピーはつねに極大に向かって増加する」
水の中に落ちたインクは、コップの水を着色して、いったん濃淡を生ずるものの、時間が経つにつれて濃淡が薄れて、最終的には水全体が均一に淡く着色してそれ以上変化しない。色素分子は宇宙（コップの中の水）で最大限自由（でたらめ、無秩序）になる。熱力学法則でいう「宇宙」は全宇宙の意味であるが、インクがコップの水に分散する現象を考えるとき、ほかのいっさいのエネルギーもエントロピーも変化がないので無視できる。法則はインクとコップの水だけを「宇宙」と考えても成立する。

に見えます。しかし、日常で経験する以下の事例を考えればこれも容易に理解できるでしょう。

インクを1滴、コップの水に落とす場合を考えます（図2－1－4）。1滴のインクの中には色素分子が凝集しています。インクが水に落ちると、コップの水の一部が着色していったん濃淡を生じますが、時間とともに濃淡が消えて、最終的には水全体が均一に淡く着色してそれ以上変化しません。一滴に凝集していた色素分子がバラバラになって水の中で自由になったのです。自然には、この逆反応は絶対に起こりません。また、インクが水に落ちた直後の、〝墨流し〟のような濃淡がそのまま残って固定されることもあり得ません。時間の経過とともに必ず分散して、淡く均一に着色するところまで進みます。

氷砂糖を水に入れた場合も同じです。氷砂糖は、砂糖の分子が3次元にきちんと並んだ〝結晶〟です。分子をバラバラにするにはエネルギー（溶解熱）が要るのですが、氷砂糖をコップの水に入れるとだんだんに溶けて、最終的には甘味の均一な砂糖水になります。いずれの場合も分子が水中でバラバラになって均一に分散したのです。その後熱の出入りがなければ、未来永劫《えいごう》そのままです。

このように、自然現象は必ず「秩序が崩れて無秩序になるように」変化します（自分の机の上と同じだ、と言った科学者もいました）。これを熱力学第二法則は「宇宙のエントロピーはつねに極大に向かって増加する」と表現しているのです。

エントロピーは、物質の無秩序の程度

ではエントロピーとは何か？　エントロピーとは、もともと、高温と低温の物体を接触させると、〝必ず〟高温の物体から低温の物体に熱が流れて両者の温度は等しくなる、という熱拡散の非可逆性（逆は生じないこと）を論理化するために、19世紀に導入された概念でした。

「与えられた熱量」／「温度」＝「エントロピーの変化」と定義して、同じ熱量でも高温と低温では質的に差のあることをしめしたのです（R・クラウジウス、1865年）。たとえば高温の水の場合は、蒸気機関のように仕事をして低温になりますが、低温の水が大量にあって熱量としては同じでも、何も仕事ができない、という差です。[#1]

この概念によって、熱のかかわる物理現象を定量的に取り扱うことができるようになりました。しかし、熱量も温度も日常生活にあって五感で捉えられる「マクロな量」ですから、わかりやすいのですが、「与えられた熱量」／「温度」も、「エントロピーの変化」も、直接エントロピーを意味しませんので、このままではエントロピーを直感で理解するのは困難です。

そこで直感的に理解するために、20世紀の「ミクロな世界」の知識を用います。現代のわれわれは、物質が分子や原子など多数の「ミクロな粒子」でできていることを知っていますから、熱量や温度など物質の「マクロな量」は、統計的に充分な数の「ミクロな状態」

#1　高温T_1と低温T_2の二つの物体を接触させると、熱は高温から低温側に流れて両者の温度は等しくなる。流れた熱エネルギーをΔQとすると、低温側のエントロピーは$\Delta Q/T_1$増加し、高温側は$\Delta Q/T_2$減少する。両者を合わせた全系のエントロピー変化は、$\Delta S=\Delta Q/T_1-\Delta Q/T_2$となって、$T_2>T_1$となるので、高温から低温側への熱の移動によって、「全系のエントロピーは必ず増加」する。

のしめす平均値であると理解できます。たとえば、コップの水の熱量や温度はそれぞれ、水分子がつねに動きまわって相互に位置を変えている「ミクロな状態」の平均値です。そこで、コップの水のような、ある「マクロな状態」には区別のできないW個の「ミクロな状態」があるとして、Wを用いてマクロな状態のエントロピーを表現したのが、L・ボルツマン（1844－1906）です。

すなわち、エントロピー（S）は「ミクロな粒子の区別のできない状態の数（W）の対数に定数kを乗じた値」と定義し直したのです。

ミクロな状態の数（W）が大きいことは、区別のできないミクロな状態がたくさん混ざった、より混沌《こんとん》とした状態を意味します。

したがって、エントロピー（S）とは、マクロな状態を〝ミクロな視点〟で見たときの、物質の「無秩序の程度」のことだったのです。これなら、直感で〝エントロピー〟が理解できます。kは、マクロな世界とミクロな世界をつなぐための定数です[#1]。

たとえば、水18gが氷（結晶）である場合、水分子は3次元にきちんと並んだ構造です。絶対零度で水分子がまったく動けないとすると、ミクロな状態はその状態しかありませんから、状態の数は1です（すなわち$W=1$）。1の対数はゼロですから、エントロピー（S）はゼロ、すなわち「無秩序の程度」はゼロになります。〝完全な〟秩序状態ということです。

　一方、その水が液体であれば、温度によって程度に違いがありますが、分子が個々に勝手に動けますので区別のできないミクロな状態の数Wは急に大きくなります。気体であれば広い空間を自由に動けますので、さらに大きくなります。物質の〝ミクロな状態〟はすなわち原子や分子の世界ですから、その世界を対象とする量子力学の手続きを踏めば、Wは正確に勘定できます。

　勘定の仕方は複雑ですので、ここで簡単にしめすことはできませんが、たった18gの水の分子の数はアボガドロ数（6.022141×10^{23}）であり、それらが個々に3次元に自由に動きますので、水の「区別のできないミクロな状態の数（W）」が膨大な数になることは容易に想像できます。

　Wの勘定の途中を省いて結果をしめすと、標準状態（25℃、1気圧＝10^5パスカル）の水18g（液体）のエントロピー（S）は69・91ジュール／温度（K）で、その水が気体になると、

＃1　kは$k=1.3806488 \times 10^{-23}$（ジュール／K）エントロピー（$S$）を式で表現すると$S = k \log W$だが、$k$を乗ずることで、単位が「熱量」／「温度」となり、比熱などマクロの量とつながる。kは、ボルツマン定数と呼ばれ、マクロな世界とミクロの世界をつなぐ重要な定数である。オーストリア、ウィーンの中央墓地にある彼の墓には、胸像とともに墓碑銘には名誉を称える多言を弄せずに、単に「$S = k. \log W$」が刻まれている。

188・825ジュール／温度（K）になります。絶対零度の氷のエントロピーがゼロで、液体、気体と、「無秩序の程度」が急激に増大することは数値的にも直感的にも明瞭です。

エントロピーの実体はこの「区別のできないミクロな状態の数（W）」をもとにした「無秩序の程度（S）」のことで、熱力学第二法則「宇宙のエントロピーはつねに極大に向かって増加する」は、自然現象をミクロな状態で見ると「必ず最大限に無秩序になる方向に変化する」といっているのです。

一般に、結晶や個々のタンパク質などのエントロピー（S）は、統計的な手法を使って厳密な値を算出できます。しかし、個々の生き物のエントロピーを厳密に算出することは困難です。それでも生物のエントロピーが小さいことの、定性的な理解なら容易です。一定数のアミノ酸分子がバラバラに水に溶けて自由に動きまわれる無秩序状態と、同数のアミノ酸分子が体内のタンパク質の一部になって一定の位置に固定されている秩序状態とでは、後者のエントロピー（無秩序の程度）が格段に小さくなることは明らかだからです。

生物は熱力学第二法則に反して進化してきた？

生物の場合はさらに、タンパク質がいくつも複合化して生体の一部を構成していますから、アミノ酸の自由度は個々のタンパク質分子の中に取り込まれる場合より、さらに小さくなります。生物が進化して巨大化し、複雑化すればするほど、多量のアミノ酸がより高度に秩序化された高次の組織体の中に固定されますので、生物のエントロピーはどんどん小さくなります。

ヒトもバクテリアもアミノ酸や核酸塩基などの分子でできていますから、バクテリアとヒトのエントロピーを定性的に比べることができます。ヒト（1個体）に組み込まれた分子の数はバクテリア1個体に比べて10^{14}（100兆）倍も多いので、同じ分子量でバクテリアなら10^{14}倍の個体ができます。したがって、ヒトに組み込まれた分子の「区別のできないミクロな状態の数（W）」は、バクテリアに取り込まれた分子の場合に比べて、100兆分の1以下になります。

さらにバクテリアに比べてヒトははるかに複雑に組織化され、社会を形成していますので、人体を構成する分子にとっては超・超・超高次組織の中に組み込まれ、その分自由度が制限されます。その複雑さや階層性を考慮すると、ヒトのエントロピーは単なる分子数の比の100兆分の1よりさらにずっとずっと小さくなっているはずです。

そしてヒトを含む多様な生物相互にも関係がありますから、生物も生物界も、バクテリアだけの時代に比べて、はるかに〝エントロピーのより小さな状態に進化〟してきたのです。

ここで話はまた、エントロピーの説明をする前の、本節最初の指摘にもどりました。分子が組織化される生命の発生も、その後の生物進化も、自然界を支配する最も基本的な物理法則、「宇宙のエントロピー（無秩序の程度）はつねに極大に向かって増加する」（熱力学第二法則）に反するという重大な矛盾です。熱力学第一、第二法則は、自然界を記述する、覆《くつがえ》ったことのない基本的な物理法則です。矛盾に遭遇するのは、どこかに論理的な誤りがあるはずです。

この論理矛盾を次節で解きほどきます。すべての科学がそうであるように、〝矛盾〟や〝異常〟が理解できたところに新しい世界が開けます。次節ではこの矛盾が解けて、地球になぜ生命が発生して、その後もなぜ生物は進化し続けなければならないのか、の理由が明らかになるでしょう。次節は、本章の最初の問い、「生物はなぜ、発生して進化するのか？」への答えです。

2-2　生命の発生と進化の必然性

「生物体は〝負エントロピー〟を食べて生きている」（E・シュレーディンガー）

生命の発生や生物の進化ではありませんが、生物が成長したり「生きる」という生命現象そのものが、熱力学第二法則に反する、と矛盾を指摘したのは、量子物理学者で後に生物物理学に転進したシュレーディンガーでした。ウィーン生まれのオーストリア人でしたが、第二次世界大戦の勃発後は中立国アイルランドのダブリンに渡り、〝終戦直前の〟１９４４年に、「身体にぴったり合った着物のような」母国語（ドイツ語）ではないが、と序文で断りながら、英語の著書〝What is Life? – The Physical Aspect of the Living Cell〟『生命とは何か――物理的にみた生細胞』を著しました。[*2]

遺伝子は量子力学の支配する「分子でなければならない」と喝破した同書は、多くの人に影響して、10年後にはＪ・Ｄ・ワトソン（J. D. Watson）とＦ・Ｈ・Ｃ・クリック（F. H. C. Crick）が、ＤＮＡは二重らせん構造の〝高分子〟であることを明らかにするなど、分子生物学の基礎となりました。

この小著の中でシュレーディンガーは、「生命をもっているものは崩壊して平衡状態になることを免れている」と、「生きる」という生命現象そのものが「宇宙のエントロピーはつねに極大に向かって増加する」という熱力学第二法則に矛盾することを指摘しました。生物は死んでバラバラに分解するときだけ、第二法則に合致するというのです。

そしてこの矛盾を、「生物体は〝負エントロピー〟を食べて生きている」と、解き明かしました。動物は他の生物（またはその一部、生物体なのでエントロピーは小さい）を摂取して、エ

図2-2-1　「生物体は〝負エントロピー〟を食べて生きている」
E. シュレーディンガーは「生きていること」の物理的意味を明快に解説した。動物は、他の生物またはその一部（高度な秩序体であるのでエントロピーが小さい）を摂取して、秩序の壊れた物（エントロピーが大きい）を排泄し、差額の「負エントロピー」を摂取することで、自らのエントロピーを小さく保つ。植物は、超高温で発生した（したがってエントロピーの小さな）光子（太陽光）を摂取して生き、その軀体や種子をヒトおよび動物に供している。

ントロピーの大きな排泄《はいせつ》物に変えて排出し、その差額で自分自身のエントロピーを小さく保ち、生命を維持している、と解釈したわけです。生物は「エントロピーの代謝」によって生きているのです。そして「成長」は負エントロピーの蓄積です（図2－2－1）。

植物は太陽の光エネルギー（超高温で生成した光＝〝ミクロな世界〟では光子、のエントロピーはきわめて小さい）を摂取して生育し、アミノ酸や糖を秩序化した余剰の〝小さなエントロピー〟を実や葉に蓄えて、動物の餌に供しています。したがって、生物はみんなエントロピーの小さなものを摂取して、大きなものに変えて排出しますから、小から大を差し引いた「負エントロピーを食べる」とシュレーディンガーは表現したのです。

動物であれ植物であれ、〝負エントロピー〟を摂取できなくなるときが〝死〟です。分解してエントロピー極大の無秩序状態になります。ほとんどは、水、二酸化炭素、メタン、アンモニアなどの気体で、無常の〝徒野《あだしの》の煙〟となり、残りは若干の灰（金属酸化物）になって土に還ります。食物（他の生物またはその一部）の摂取と排泄を繰り返すことによって自分自身のエントロピーを小さく保つのが「生きる」ことなのです。〝不殺生戒《ふせつしょうかい》〟、人は他の生物の命をいただいて生きていることの明快な物理的解釈でした。

生物進化、熱力学第二法則に反するように見えるトリック

「生きる」あるいは「成長する」ことの物理は理解できましたが、しかし、有機分子が生命となり、バクテリアから人類まで進化とともに大型化・組織化してエントロピーのより小さな状態に進化することは、シュレーディンガーのいう、他の生物体の摂取と排泄（エントロピー代謝）では説明できません。生物進化は相変わらず、熱力学第二法則「宇宙のエントロピーはつねに極大に向かって増加する」に反したままです。

さすがのシュレーディンガーも、生物進化と熱力学第二法則の矛盾には気がつきませんでしたが、仮に気づいたとしても彼の時代の地球観では、解は得られなかったでしょう。答えるには第1章で述べた20世紀末以降に確立した〝ダイナミックに流動する地球観〟が

必要だからです。

　生物進化が熱力学第二法則に反するように見えるのにはトリックがありました。それは自然が仕組んだわけではなく、われわれが生物の進化を考えるときに、有機分子や生物だけを考えたことにより、勝手に落ち込んだ幻想のトリックだったのです。

　地球創生から現在まで、有機分子を形成し生物となって進化した原子や分子など「ミクロな粒子」はすべて地球の一部であり、現在も濃淡はあっても地球全体に存在して流動しています。また、これまで生物が進化した場も地球です。これに気がつくと、幻想のトリックは消えます。

　すなわち、有機分子や生物の進化は、地球を構成するH、C、N、O、P、Sなどの原子（「ミクロな粒子」）が流動しながら、全地球時間をかけて起こした現象ですから、熱力学第二法則でいう〝宇宙〟すなわち反応系は有機分子や生物だけでなく全地球を考えなければならなかったのです。

　全地球を〝宇宙（反応系）〟と考えれば、地球は熱を放出し続けてきましたので、トリックは熱の移動を無視したことだとわかります。熱力学第一法則で「宇宙のエネルギーの総和は一定不変であり」と規定し、そういう熱の出入りのない「〝宇宙〟のエントロピーはつねに極大に向かって増大する」というのが第二法則です。〝宇宙（反応系）〟に熱が加わればその宇宙のエントロピーは増大し、熱が逃げればエントロピーは減少するのです。

　簡単な例では、一定量のコップの水（この場合の〝宇宙〟）に熱を加えれば、水分子は相互に動いてエントロピーは増大し、さらに熱を加えれば気体となって無秩序に動きまわります。熱を取って冷やせばエントロピーは減少し、水分子は氷になって3次元にきちんと秩序化します。

　そして、今考えている生物進化の〝宇宙〟（反応系）は全地球で、次節で詳述するように、地球はその創生以来46億年間、熱を放出し続けてきたのです。

　地球が熱を放出してきた証拠は第1章で詳しく述べました。地球の中心にある主として鉄とニッケルでできた核は対流して地球に磁場を生ずるとともに、熱を外側のマントルに伝え、マントルは対流してプレートを生じ、冷えたプレートはマントルに沈み込んで深さ660km程度のところに数億年間滞留し、その後コールドプルームとなって2900kmまで下降し、その反作用でホットプルームを生じます。実は、これらの現象はみんな地球内部の熱を地表に移すメカニズムの一環です。

　それらの一連の熱対流の最後は海洋や大気の対流と〝水の惑星〟ならではの降雨現象です。地表で熱を得て気体となった水が上空で結氷して雲となることで、結晶化熱を宇宙空間に放出するわけです。

降雨現象をはじめ、地球表層の海洋や大気を動かす主たる熱源（99・97%）は太陽からの輻射熱《ふくしゃねつ》ですが、その熱は年単位の短い時間内で使われたり逆に放射されて、収支は打ち消し合ってゼロになります。しかし、地球内部の熱エネルギーは宇宙空間に向かって一方的に、地球創生直後は急激に、そしてその後は徐々に46億年間ずっと海洋や大気の対流と降雨現象を経由して放出し続けられてきました。

地球内部の熱エネルギーの大半は、地球誕生時に微惑星や隕石が衝突して、それらが凝集することによって得た重力エネルギーです。地球を融解するほど膨大だった熱エネルギー（〜10^{31}ジュール）はいったん地球内部に蓄えられて、その後現在まで「固体地球は一方的に冷却している」と考えられています。[*3]

現在、どのくらいの熱エネルギーが地球表層から放出されているか（地殻熱流量）は、太陽輻射の影響を受けない地下300m以深で、地温勾配（深さと温度の関係）を測定し、その値と岩石の熱伝導率から計算して求めることができます。その結果、太陽からくる熱の影響を除いた、地球から宇宙へ放出される総熱流量は、44・2兆ワットと算出されています。1ワットは1時間に0・862kcalの熱を使う単位ですから、単位を変えて表現すれば、1時間あたり38兆kcalの熱が今でも宇宙に放出され続けているわけです。太陽からくる熱の授受を除いて、です。地球は創生期から46億年、熱を放出し続けてきた結果、マグマオーシャンの状態から海ができて、今の穏やかな地球になったわけです。

　今でも、地球が膨大な熱エネルギーを保有していることは、地下から湧く温泉に浸かっても、火山活動を見ても想像できますが、鉄やニッケルでできた地球の核（水素や炭素など軽元素も10％程度含まれています）が400ギガパスカルという超高圧であるにもかかわらず、対流して地球磁場を生ずるような融体であって、およそ4700〜7700℃の超高温であることを考えれば、納得できます。[*3]

　しかし、宇宙に放出されている44・2兆ワットの熱源がすべて地球創生期に得たものではありません。地球内部にはウラン（U）やトリウム（Th）などの放射性元素があり、大陸地殻を構成する花《か》崗岩《こうがん》には特に多く含まれています。それらが核崩壊するときに発生する熱もあるのです。

　地球から宇宙空間に放出されている熱量のうち、地球誕生時に得た熱と放射性元素の崩壊によって生ずる熱の比率はこれまで不明でしたが、2011年、地球ニュートリノの観測から明らかになりました。[*4] これも日本の誇る先端的で学際的な研究の成果です。

　測定装置は岐阜県神岡鉱山跡の地下1000mに東北大学が建設した大きな放射線検出器ですが、さまざまな工夫を凝らして特に、〝地球内部の〟放射性元素、ウラン、トリウム、カリウム（^{238}U, ^{232}Th, ^{40}K）などから発生する弱い〝地球（反電子）ニュートリノ〟を検出するように特化されています。装置は「カムランド」と名付けられていますが、超新星爆発のニュートリノを捉えて小柴昌俊教授がノーベル賞を得たことで有名な「カミオカンデ」の跡地に建てられて、２００２年から観測を始めていました。

その間得られたデータから、ニュートリノを発生する放射性元素の核崩壊による熱量を逆算して、地球全体で約21兆ワットのエネルギーが生じていることがわかりました。この値は、現在地球から放出されている全熱流量（約44・2兆ワット）のほぼ半分です。したがって残りの半分は、46億年前に得た熱エネルギーを現在でも宇宙空間に放出して、地球は冷却し続けていることがはっきりしました。

生命の発生と生物進化は、地球エントロピーの減少に応じた地球軽元素の秩序化

熱を放出して地球が冷却すると、地球全体のエントロピーは減少します。その分、地球はだんだんに複雑な構造に秩序化（組織化）しなければなりません。熱力学第二法則のしめすところです。

大まかにいえば、創生期の衝突エネルギーでいったん熔けて均質になった地球は、熱の放出にともなって温度が下がり、重い金属元素は核に、軽いアルミニウムやケイ素の鉱物はマントルに、そしてもっと軽い水素（H）、炭素（C）、窒素（N）、酸素（O）などの軽元

素は水や大気となって地表に濃集する、そういう層構造に〝秩序化〟したのです。

熱の放出が続くかぎり、地球の構造はますます複雑になるはずです。陸をつくり離合集散させるプレートテクトニクスやプルームテクトニクスは、内部の熱を地表に運んで熱を放出するメカニズムでもあり、地球を秩序化するメカニズムでもあるのです。陸地や海の形状は時代とともに複雑になり、核・マントルの層構造もさらに細分化するとともに3次元的に複雑になるでしょう。地球の進化とは、熱の放出によるエントロピーの低下による構造の秩序化なのです。

地球にあるH、C、N、Oなどの軽元素、〝地球軽元素〟もエントロピーの減少によって秩序化します。その結果が有機分子の生成であり、生命の発生、さらにはその進化なのです（図2－2－2）。

すなわち、「生命の発生と生物進化は、地球のエントロピーの減少に応じた、地球軽元素の秩序化（組織化・複雑化）である」といえるでしょう。本章冒頭の問い、「分子や生物はなぜ、進化するのか？」への答えです。

地球創生期の混沌とした熔融状態の全地球に均質に分布していたエントロピーの高い状態の〝地球軽元素〟は、地球の冷却にともなって表層に濃集して海洋や大気を構成しました。濃集はしていますが、今でも地球内部と行き来しています。[#1] 前にも述べましたが、最

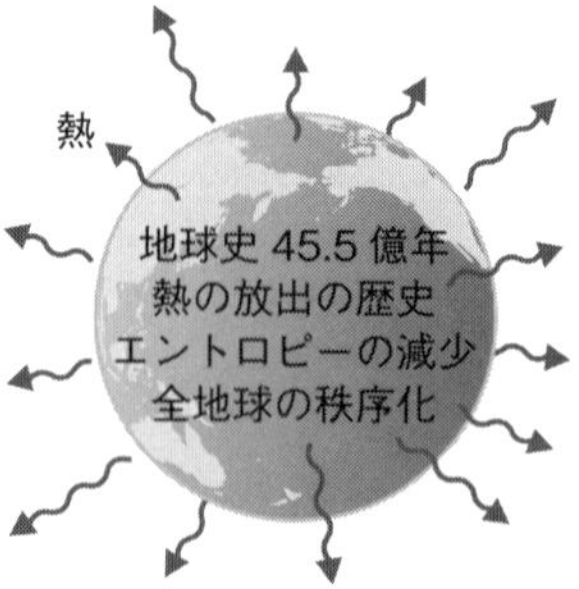

熱力学第二法則の示すところ

地球の冷却＝エントロピー減少
→固体地球の“秩序化”
核・マントル・地殻・水圏・気圏
三次元複雑構造→さらに複雑に

→地球軽元素の“秩序化”
H、C、N、O、P、S
分子化、高分子化、組織化
生命の発生と進化

図2-2-2　地球の冷却と地球の秩序化

深部の核にも鉄、ニッケルに加えて軽元素が含まれています。もちろんマントルにも、です。地球の冷却にともなう、地球軽元素の秩序化は、全地球を〝宇宙（反応系）〟として考えなければならないのです。

地球軽元素の秩序化の結果として誕生した地球の生命は、その後も進化し続けています。このまま地球の熱放出が続いて、地球のエントロピーが減少し続ければ、今後も地球の構造はより秩序化して複雑になり、生物も生物系もさらに複雑に進化するはずです。そして万物の進化は、地球創生期に得た熱量が放出し尽くされて、それ以上温度が下がらなくなるまで、すなわち、放射性崩壊で発生する熱量と等しくなるまで続くはずです。

そうだとすると、「生命の起源」は明らかに地球史的必然で、有機分子の出現や生命の発生は、原始地球が熱を放出するさまざまの事件にともなって進行したはずです。したがって、〝地球の〟生命は原始地球の歴史の産物で、地球系外にその素がある可能性は限りなく小さいものと考えられます。本書では、第4章以降に、地球表層の軽元素、H、C、N、O、P、Sなどが原始地球に生じたであろう環境変化の中で、いかに有機分子になり、サバイバルして自然選択されたか、そして生命を発生させたか、を論じます。

地球外生物の存在可能性

本書を執筆中に米国航空宇宙局（NASA）から、火星探査機「キュリオシティ」が「火星に水が流れていた痕跡を見つけた」との発表があり、TV報道や新聞各紙に掲載されました（2012年9月27日）。これまでも、火星には水があったらしいと推定されていましたが、発表された火星探査機の写真には、乾いた河床や礫岩《れきがん》らしいものが写っていて、水が長い距離を流れる〝川〟があったことを想像させます。一般には、「水があれば生物がいるかもしれない」と考えられていますので、多くの人は火星にも生物がいる、あるいは生物はいたかもしれない、と想像をふくらませています。

＃1　本書校正中に、超高圧・高温実験によってマントル／核境界の温度が、3570±200Kと従来の想定より低温で、同境界の内側の核（FeNi合金）が液体であるためには、多量の水素が混入しているはずであるとの論文が、米国サイエンス誌の電子版に発表されました（＊5）。

しかし、地球外天体に水があればすなわち生物がいる、あるいは〝いた〟と考えるのは、短絡した思考です。水がなければ生物は生存できませんが、逆に水があっても、それだけでアミノ酸分子1個も生成されませんし、仮にアミノ酸分子が多量に溶けていても、それだけでより高度に秩序化した有機分子や生物ができないことは、本章のエントロピーの考察で明らかです。生命の発生やその進化には、火星の冷却の歴史が決定的に重要になります。

火星も地球と同じ太陽系の惑星であり、かつ〝地球型惑星〟ですから、46億年前に微惑星の集積で創造され、いったん高温になり、その後冷却して現在にいたっている点では同じです。しかし、地球型とはいえ地球と火星では、構成する物質の組成など化学的にも、大きさや太陽からの距離など物理的にも大きく異なります。したがって、冷却によってさまざまに変化した地球と同じ歴史（海陸の形成など）はたどれなかったでしょう。

本章で論じたように、生命の発生と進化は全地球を〝宇宙〟（反応系）とした中での、軽元素の組織化です。化学的にも物理的にも異なる火星を反応系とした冷却の歴史の中では、地球と同じような生物が生成された可能性は乏しいはずです。火星に水があっても、川が流れた痕跡《こんせき》があっても、あるいは仮にキュリオシティがアミノ酸など小さな有機分子を検出し得たとしても、火星に生物がいる、あるいはいた痕跡を見つけることはできないでし

よう。[#1]

しかし、地球以外の宇宙のどこかに生物がいないとは断定はできません。なぜなら前述のように、生命の発生は地球の熱の放出にともなうエントロピーの減少という物理の一般則の結果であるからです。宇宙空間にできた高温の惑星型天体が冷却するのは、これも熱力学第二法則のしめす当然の過程ですから、それらが〝無数〟であれば、中には偶然、地球と同じような化学組成と冷却の歴史を持った天体がないとは断言できないからです。むしろ逆に、一般則であるがゆえに、ほかにもあり得る現象であるともいえます。[*6]

現在、銀河系内の恒星の数は2000億個、と専門家は推定しています。[*6] その中で、地球型惑星は、厳しい条件設定で2000億分の1の存在確率、すなわち銀河系に1個、そして別の条件設定では、0・0002〜0・01の存在確率で数百万から数億個あるだろうと推定されています。[*6]

この推定では、水があるか、二酸化炭素があるか、磁場があるか、温度が適当かなど、

#1 小さな有機分子が宇宙空間に存在することは電波望遠鏡の観測でよく知られており、また第5章では、生命の素になるアミノ酸やアミンなど小さな有機分子が、隕石の海洋衝突で容易に生成されたことが実験結果を添えて記述されている。その生成反応は、隕石が海洋の代わりに氷に衝突しても生ずるので、火星や小惑星など他の天体にも非生物的に生成されたアミノ酸などが存在する可能性がある。したがって、仮にキュリオシティによってそれらが検出されても、それだけで生物存在の証拠にはならない。

〝現在地球にいる生物が生存し得る条件〟だけを考慮して、それらを満たす星を地球型惑星として存在確率を計算していますので、生物が発生するまでの歴史はまったく顧慮されていません。

しかし、第5章以降で詳しく論じますが、有機分子が出現して、高分子になり、さらに組織化して生命の発生にいたる、さまざまな化学反応が順序良く起こるためには、原料や触媒、あるいは反応の場の温度・圧力など、非常にたくさんの条件があります。しかもすべては都合の良い順番と時間でなければなりませんので、その星の歴史に大きく影響されます。歴史まで地球と同じであることを条件に加えれば、そして恒星の数が天文学者の推定どおり2000億個であるなら、銀河系内の地球外天体に生命がある可能性はさらにずっと小さく、おそらくゼロに近くなるのではないでしょうか。

第3章

〝究極の祖先〟とは？

——化石の証拠と遺伝子分析

前章では、「なぜ地球に生命が発生して、進化したのか」という根源的な命題を取り上げ、進化の物理的必然性を考察して、地球の熱の放出によるエントロピーの減少が原因だ、との結論に到達しました。そこで次は、地球の冷却史に基づいて生命発生のシナリオを論ずるのが順序ですが、その前に、現在入手可能な物的証拠に基づいて〝生命の起源〟に迫ろうとする、異なった二つの研究分野の成果を検証します。

3－1では、化石を根拠にして、どこまで生物進化系統樹をさかのぼって、生命の起源に迫っているかを検証します。3－2では、バクテリアの遺伝子分析の結果から提案された〝生物三界説〟を中心に、遺伝子やタンパク質など分子レベルの分析で〝究極の祖先〟に迫ろうとする研究を紹介します。分子遺伝学の最新の研究成果を紹介するとともに、本当にこのような研究で〝究極の祖先〟に迫れるのか、を検討します。3－3では、遺伝子分析や遺伝子操作で身近になった遺伝子やゲノムが、いずれも物質としてはDNA（デオキシリボ核酸）やRNA（リボ核酸）という〝高分子〟、すなわち〝分子〟であることを再認識して、第4章以降に論ずる生命誕生にいたる分子進化の理解に備えます。

3-1 最古の〝生命の化石〟

地球史46億年は大きく区分すると、冥王代《めいおうだい》（45・6億〜40億年前）、太古代《たいこだい》（40億〜25億年前）、原生代《げんせいだい》（25億〜5・4億年前）、顕生代《けんせいだい》（5・4億〜0億年前〜現在）の4代になります（表1-0-1）。顕生代より前の3代は46億から6億年前までの40億年間ですから、全地球史の90％です。にもかかわらず3代まとめて、最近まで〝先カンブリア時代〟と一括されていました。

〝カンブリア時代〟は、化石[#1]が残っていて歴史がよくわかるようになった顕生代のはじめ、古生代のカンブリア紀（5・41億〜4・85億年前）のことです。3代まとめた〝先カンブリア時代〟という呼称は、歴史でいえばそれより以前の、文字資料のない長い〝有史以前〟という意味だったのです。しかし20世紀後半に世界各地の岩石の絶対年代が測定され、プレートテクトニクスの概念が確立して大陸地塊《ちかい》の生成や離合集散の原理が明らかになってくると、化石のない3代の地球史の研究も急速に進みました。

＃1　地質時代の生物の遺骸およびその跡型（レプリカ）を体化石、足跡、巣穴、糞など生活の痕跡を生痕化石という。

信頼性の高い19億年前の原核生物、シアノバクテリアの化石

原生代の19億年前に原核生物（藍藻および細菌）がいたことをしめす化石が見つかったのは、1965年、カナダ、スペリオル湖の北岸、ガンフリント鉄山（Gunflint Range）の、チャート[#1]と呼ばれる岩石の中でした。〝ガンフリント生物群〟と呼ばれていますが、同岩石中に葉緑素起源の分子やアミノ酸なども検出されて、光合成で酸素（O_2）を発生する〝シアノバクテリア（藍藻）〟の化石と鑑定されました。[*1、2]

シアノバクテリアは光合成によって酸素を生み出すバクテリア（真正細菌）の総称で、藍《らん》藻《そう》または藍色《らんしょく》細菌《さいきん》とも呼ばれます。アオコや赤潮の原因になることで知られている種の仲間です。一時、同岩石中のアミノ酸検出の結果に疑念を持たれたこともありましたが、その後の研究で再確認され、現在では〝原始生物の化石〟として最も信頼性の高い化石と認められています。[*3、4]

その後、グリーンランド、オーストラリア、カナダ、南アフリカの、それぞれの大陸の

＃1　チャート（Chert）は石英微結晶の緻密な集合体。海洋中でSiO_2が化学的に沈殿・堆積したと考えられている。厚さ０・０２㎜程度の薄片にして光学顕微鏡で観察するとほとんど無色透明で、異物は容易に発見できる。

（2002年7月、著者撮影）（より詳細：掛川武、グリーンランド・イスア地域の岩石に刻まれた初期地球の姿、『地質ニュース』596号、60～65頁、2004年）

図3-1-1
38億年前の〝堆積岩〟

太古代（40億～25億年前）の堆積岩はその後、長い間地下深くの圧力と熱を受けて固い変成岩となるが、堆積岩の組織を残している場合もある。そういう〝堆積岩〟に、生物の祖先の化石を求める研究が集中している。図（上）は、大陸氷河によって削られたグリーンランド・イスア地域のなだらかな一景の中にある露頭。38億年前は堆積岩であったことをしめす積層構造（層理）が明瞭に観察され、近くに寄ると、砂岩（灰白色）と頁岩（黒色）の互層であったことがわかる図（中）。図（下）は、同じイスア地域に産する〝世界最古の礫岩〟。扁平な白い礫によって礫岩の様相を残しながら、全体が固く緻密な変成岩になっていることは、研磨面の光沢からわかる。

一部に残る太古代（40億〜25億年前）の〝堆積岩〟（現在は、堆積後の地殻変動で多かれ少なかれ変成された変成岩になっています。図3－1－1）に、初期生物の化石を求める研究が集中し、〝最古〟を競う発見が続きました。以下、バクテリアの化石と報告されて世界を驚かせた研究とその真贋《しんがん》論争を紹介しながら、生命の起源に最も近い化石の研究の到達点を紹介します。

信頼性の高い太古代27・2億年前のストロマトライトの化石

34億〜35億年前の〝最古のストロマトライト〟が発見された、と報告されたのは1980年、西オーストラリア、ピルバラ（Pilbara）地域の堆積岩の中でした。[*5,6]「ストロマトライト」とは生物そのものではなく、シアノバクテリアの多量の死骸と泥が何層も積層してドーム状になったもののことです。現在でも、ストロマトライトは西オーストラリアのハメリンプール湾（Hamelin Pool）など、日光の届く浅い海で生成しています。しかし、この〝最古のストロマトライト〟の化石は、その後の詳しい調査の結果、生物起源ではなくて無機起源の層状構造物であるとの否定論文が1994年に出されて、真贋が不確かになりました。[*7]

現在、確かにストロマトライトの化石であると認められているのは、同じ西オーストラリア、ピルバラ地域（Tumbiana層）産の、27・2億年前のもので、2008年に報告されました。保存状態もよくシンクロトロン放射光を使ったX線の透過像で球胞状の組織が明瞭に観察され、同時にX線による化学分析[#1]によって、バクテリア起源の複数の有機分子が検出されています。[*8]

ストロマトライトは酸素を出すシアノバクテリアが繁茂して大量の死骸の積層したものですから、そのころから地球の大気には酸素が含まれるようになったと推定されます。同地域のボーリング調査を行った日本海洋研究開発機構によると、当時の大気中の酸素濃度は現在の1・5％程度になっていたであろうと推定されています。[*9]

論文に記述されたいくつかの分析結果が矛盾なく化石であることをしめしていますが、さらに、このボーリング調査によって、当時、酸素を出すシアノバクテリアが繁茂していたことがしめされましたので、この〝最古のストロマトライト〟の信頼性は確かになりました。少なくとも、27・2億年前にはシアノバクテリアがいたのです。

〝世界で最も古い化石?〟

〝世界で最も古い化石〟として最初に報告されたのは、1987年、やはり西オーストラ

#1 X線吸収スペクトルの微細構造から分子を推定する方法、吸収端近傍X線吸収微細構造、NEXAFS（Near Edge X-ray Absorption Fine Structure）。

リア、ピルバラ地区の35億年前のチャートの中で、光学顕微鏡で黒い糸のように見える組織でした。鎖状に連なった〝シアノバクテリア〟であると鑑定されて、産地の名前を冠して〝ワラウーナ化石〟と呼ばれました。[*10] ギネスブックにも〝最古の化石〟[#1]として採録されています。[*11] 発見者らは、光学顕微鏡で黒く糸状に見える部分の赤外線分析の結果から、それらが炭素であると、生物起源説を補強する論文も発表しました。[*12] しかし、シアノバクテリアは球状または楕円状の単純な形状ですから、光学顕微鏡下で〝藻類を想起させるような〟形状に連なって見えても、さらに赤外線で炭素らしいと判定できても、それだけでは無機起源である可能性を否定できず、生物起源と断定するのは容易ではありません。

この場合も2002年になって、〝化石〟が発見されたチャートは堆積岩ではなくて、海底火山の噴出物の変成岩であること、さらに、〝バクテリア〟と発表された形状も疑わしいとの異論が出され、[*13] 2003年には、人工的に珪酸《けいさん》や炭酸塩など無機化合物だけからでも、類似の形状を合成できたとする実験的な反論も出て、[*14] 専門家のおおかたはむしろ否定的になりました。[*4]

〝球菌〟のように見える無機起源の組織

同じオーストラリア、ピルバラ地区の、約30億年前のチャート層で、もっとずっと球菌

（球状バクテリア）の化石らしい組織が見つかりましたが、何年もかけた丹念な観察によって結局、バクテリアではなくて無機起源の組織であると鑑定した論文もあります。[*15]

2006年の同論文に掲載された約20枚の顕微鏡写真（図3－1－2）は、バクテリアが細胞分裂で二つになりかかっているように見える組織や、あるいは染色体の減数分裂時の状態に見える組織もあって、いかにもバクテリアらしい形状です。さらに細胞壁が炭化したであろう黒色部分を赤外線で分析して、確かに炭素の粒子であることも確認されています。論争になった前述の〝世界で最も古い化石〟よりはるかに球菌の化石〝らしく〟見えます。

しかし発見者は、採集した約500枚の球菌らしい化石の入った薄片試料を丹念に、3年以上かけて繰り返し観察して、少なくとも一部に球菌状ではあるが無機起源と思われる組織があると鑑定しました。そして、一部でも無機起源のものがある以上、いかに球菌らしく見えても、〝化石〟とはいえないと結論しました。ていねいな研究ゆえに到達できた結論です。

化石ではなく球菌と見間違えるような小胞組織が非生物的に生成することは、むしろ、生命の発生にとって必要な小胞組織が、非生物的にできることを示唆していますので、生

＃1　微小部分赤外線ラマン分光法による。

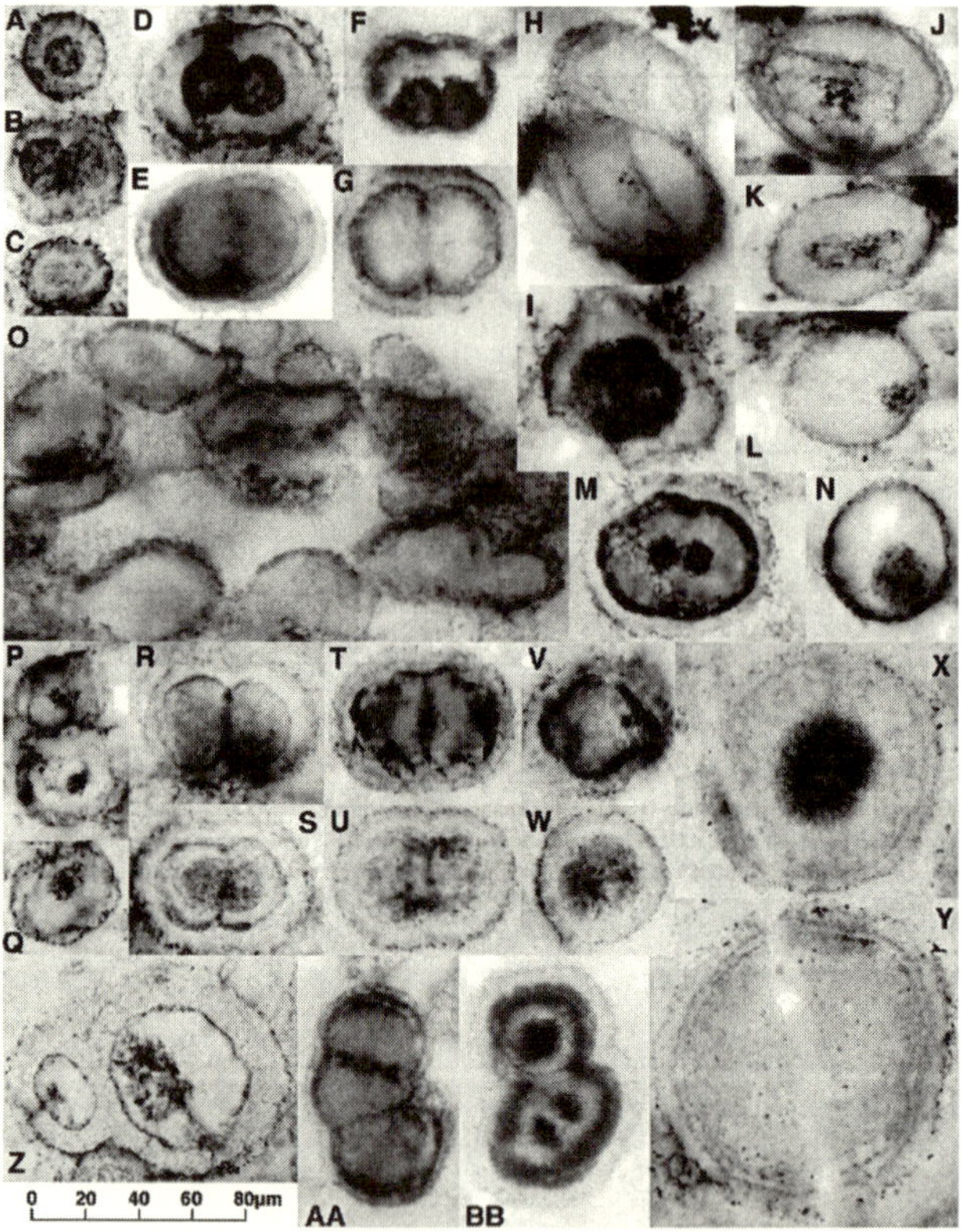

図3-1-2　30億年前のチャートに発見された炭素を含む球胞状組織

球菌が細胞分裂で2つに分かれているように見える組織や、染色体の減数分裂時に酷似した組織も見える。しかし、この〝化石〟の発見者は、採集した約500枚の薄片試料を丹念に3年以上かけて観察し、少なくとも一部に無機起源の組織があると鑑定し、結局、生物（球菌）の化石ではないと結論した。

（Ueno , Y. et al., Inter. Geol. Rev. 48, 78-88頁（2006）による＊15）

命の起源に迫る重要な発見ともいえます。この点は第7章でもう一度論じます。

信頼性の高い太古代30億年前と34億年前のバクテリアの化石

原始地球に存在したであろうバクテリア、あるいはそれ以前の生命体は、堆積した砂や泥の個々の鉱物粒子の大きさと同程度か、むしろ小さく、そのうえほとんどは水ばかりの柔らかい組織だと推定されますので、そもそも化石（遺骸の型）としては残りにくいのです。これまでバクテリアの化石と報告された事例はすべて、真贋はともかく、光学顕微鏡で見ると透明なチャートあるいは珪岩《けいがん》[#1]に埋没して炭化したバクテリアの遺骸そのものでした。石炭と同じ残り方です。

しかしそれらは前項で例示したように、球や楕円体など単純な形状ですので、気泡やミセルなど、非生物的あるいは無機的にも生成し得る形状です。したがって、透明なチャートの中に〝黒い球胞状〟組織が見つかっても、さらに元素分析によってそれが炭素であることがわかっても、容易にはバクテリアの化石と鑑定できないのです。〝最古の化石〟の発表が、その後の観察や周辺の地質調査で否定されて真贋論争になったことはすでに述べま

＃1　珪岩は微細な石英砂（結晶）が圧密されて固まった堆積岩およびその変成岩。

した。

今後の地質調査の進展と新しい分析法の開発によって、さらに多くの30億〜38億年前の〝化石〟が発見され、しばらくは〝最古の化石〟か否か、そもそも〝化石〟か否か？　の論争が続いた後で、生命の起源に迫る化石は確定されるでしょう。現在はその過程にあります。

その認識に立って、現状で信頼性の高い太古代の〝バクテリアの化石〟を2件、以下に紹介します。一つは、プランクトンを思わせる形状の化石で30億年前までさかのぼり、もう一つは34億年前の無酸素状態で生きる硫黄代謝バクテリアの化石の発見です。これらが、化石をたぐって現時点で最も生命の起源に近づいた事例といえるでしょう。

30億年前のプランクトンを思わせる化石

オーストラリア、ピルバラ地域で産出された30億年前の珪岩に、紡錘《ぼうすい》状の〝プランクトン〟を思わせる化石が、２０１３年に発見されました。[*16]
論文に掲載された光学顕微鏡の写真では、無色透明な珪岩中にプランクトンに似た、長さ20〜60㎛の黒色部分や直径約10㎛の球胞様の黒色部分が見られます。〝プランクトンを思わせる〟形状は、これまで発表された〝化石〟のような、単純な球胞状ではなく、生物を想起させる形状です。さらに二次イオン質量分析装置（ＳＩＭＳ）[＃1]によって、光学顕微鏡で黒く見える部分が〝生物起源の軽い炭素〟であると、判定されました。（いきなり〝生物起源の軽い炭素〟だといわれても、〝軽い炭素〟とは何か、なぜ〝生物起源〟といえるのか、などの疑問が生ずるでしょう。この説明には字数を要しますので、後ほど解説します。）新しい分析法の適用により、生物の遺《い》骸《がい》であることが確からしくなり、この事例で、化石の証拠は少なくとも30億年前までさかのぼれました。

34億年前の硫黄代謝バクテリア

形状だけではなく、代謝機構からも、最古のバクテリアの化石であろうと推定される34億年前の〝硫黄を代謝に使うバクテリア〟の化石が発見されたのは、２０１１年でした。[＊4]〝硫黄を代謝に使う〟とは、硫黄の化学反応によって生ずるエネルギーを得て生きる、という意味です。産地はやはり、オーストラリアのピルバラ地域ですが、約34億年前の砂岩の中でした。

＃1　二次イオン質量分析装置（ＳＩＭＳ）は、酸素やセシウムなどをイオン化して加速し、試料に打ち込み、弾き出されるイオンの質量を測定する装置。微化石部分の炭素原子が、周辺の石英に含まれる炭素原子より〝軽い炭素〟であるとの分析結果を根拠に、体化石であると主張している。

光学顕微鏡に加えて、電子顕微鏡による観察、細胞壁に相当する部分の赤外線分光分析および炭素同位体分析による〝軽い炭素〟（次項で解説します）の確認など、いくつもの最新技術による分析結果を総合して、炭化したバクテリアの化石（遺骸）であると鑑定されました。さらに、球胞の内部には1nm[#1]程度の大きさの、硫黄と鉄の化合物である黄鉄鉱（FeS_2）の結晶粒があり、その硫黄は〝軽い硫黄〟[#2]であることが硫黄同位体分析でわかりました。細胞の周辺にも1〜10㎛の黄鉄鉱があるので、それらは〝硫黄を代謝に使うバクテリア〟の排出した、硫黄または硫化水素（H_2S）による生成物であると推定されました。

これまで報告された球胞状の〝バクテリアの化石〟はすべて、シアノバクテリアと鑑定されていましたが、シアノバクテリアは藍藻とも呼ばれるように、クロロフィルなど光合成を行う色素を保有しています。太陽光を代謝に使って生きるバクテリアなのです。いわば植物の元祖です。

一方、〝硫黄を代謝に使うバクテリア〟は、汚泥の中の硫酸還元菌のように、硫酸イオン（SO_4^{2-}）を取り込んで硫黄イオン（S^{2-}）とする化学反応（硫黄の還元）でエネルギーを得ています。排出された硫黄イオンは周辺に高濃度で溶けていた鉄イオン（Fe^{2+}）と結合して黄鉄鉱（FeS_2）を生じます。暗黒の無酸素の世界で化学エネルギーを得て生きる、化学合成バクテリアの仲間です。[#3]

化学合成は光合成に比べてはるかに効率の悪い代謝、エネルギーの獲得方法です。それゆえ生物進化の順番として、効率の悪い化学合成バクテリアが先に存在して、効率のいい光合成バクテリアに進化したと推定するのが合理的です。

この化石の発見以前、２００１年から２０１０年にかけて、地球化学的根拠に基づいて、無酸素および低酸素状態で生きる〝硫酸還元または硫黄を使った代謝〟を行うバクテリアがいたはずである、と主張する多数の報告[*17、18、19、20、21]がありました。本発見はその主張の、化石による証拠となりました。

地球化学的根拠があり、観察や分析で得た事実が相互に矛盾がなく、進化の順序として

＃1　nmはナノメートル。１μmの１０００分の１。

＃2　元素の安定同位体については、１００頁の〝軽い炭素〟の項で詳しく説明する。硫黄の安定同位体は、^{32}S、^{33}S、^{34}S、^{36}Sの４種あり、それぞれ95・02、0・75、4・21、0・02％の比率で存在する。硫酸還元菌は硫酸イオン（SO_4^{2-}）を取り込んで硫黄イオン（S^{2-}）とする還元反応でエネルギーを得るが、その際に、〝軽い硫黄（^{32}S）〟の硫酸イオンを好んで取り込む傾向があり、生成した黄鉄鉱は〝軽い硫黄〟になる。本試料では、〝重い硫黄（^{34}S）〟が１０００分の2～１０００分の46以上も少ないので、炭素の場合と同様、〝軽い硫黄〟は生物の代謝が関与した結果と理解されている。

＃3　硫酸イオン（SO_4^{2-}）を還元する際に、非生物起源の水素を用いる独立栄養化学合成型の硫酸還元バクテリア。現世の汚泥中の硫酸還元バクテリアは、水素源として生物起源の有機物を用いる従属栄養型であるので、生物が出現して有機物が豊富になった後に発達した別種である。

矛盾がないことなどを総合すると、34億年前の「硫黄を代謝に使うバクテリアの化石」は現時点で、最も〝究極の祖先〟に近づいた化石といえるでしょう。

生物起源を示唆する〝軽い炭素〟

これまで報告された〝バクテリアの化石〟はいずれも〝球胞らしさ〟をしめす黒い線が、炭素であると確認されていますので、石炭のような〝炭化した遺骸〟であることはすでに述べました。その炭素に生物起源か否かを判定する手がかりがあります。

植物の光合成では〝軽い炭素〟の二酸化炭素（CO_2）を好んで取り込む性質がありますので、炭素の原子量を調べて〝軽い炭素〟であれば、生物起源と推定できます。ただし、〝軽い炭素〟になるメカニズムは光合成だけではありませんので、決定的ではありません。化石を含む地層の性質など、地球化学的な根拠も加えて判定されます。

〝軽い炭素〟といわれても、読者には少々わかりにくいと思われますので、以下に少し説明を加えます。

原子は原子核（＋）とそれを取り巻く電子（－）で構成され、原子核は陽子（＋）と中性子（±）からなっていますが、化学的性質が等しい〝元素〟を意味する原子番号は陽子の数で決まります。一方原子量は陽子と中性子の重さの和ですから、原子番号が同じ（＝同じ元素）

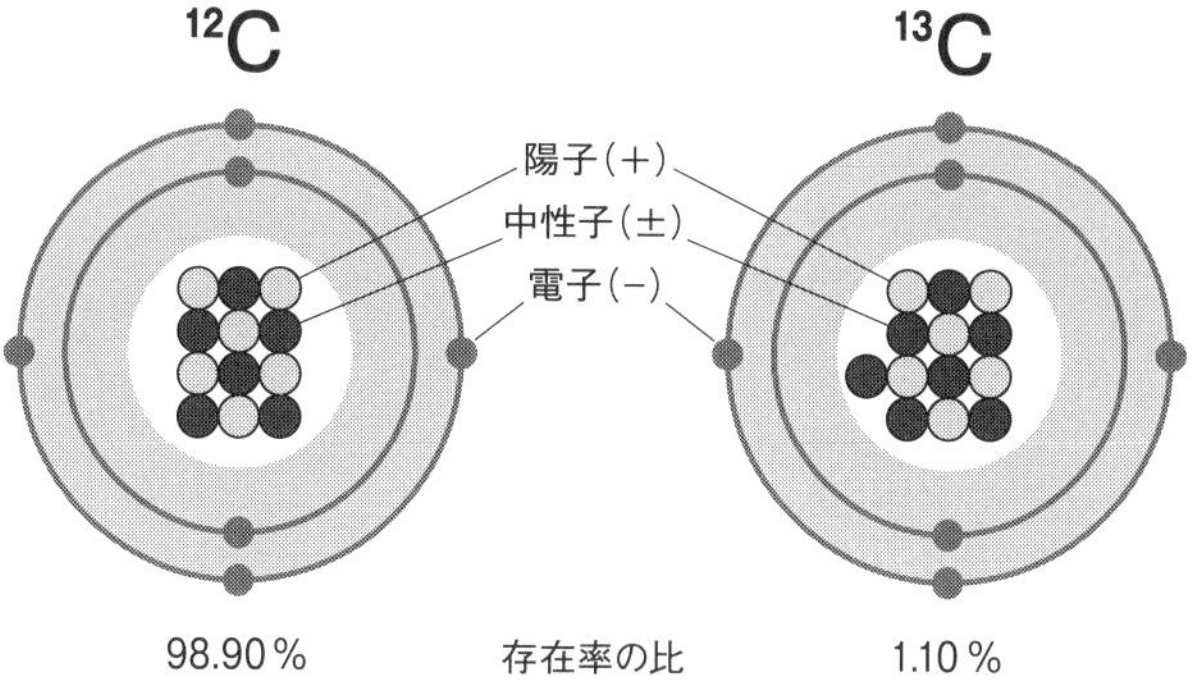

図3-1-3　炭素同位体

でも中性子の数によって重い原子、軽い原子ができます。同位体（核種）といい、元素記号の前に陽子と中性子の数の和を上付きでしめします（図3－1－3）。

炭素の場合、原子番号は6で、中性子6個の核種^{12}Cの原子量は12ですが、同じ炭素でも中性子が一つ多い7個の炭素もあって、その核種^{13}Cの原子量は13です（より正確には13.0033548378）。炭素にはほかにもたとえば中性子8個の^{14}C、あるいは同5個の^{11}Cなど、放射性崩壊[#1]する不安定な放射性同位体もあります。^{12}Cと^{13}Cは放射性崩壊しないで天然に存在し続ける〝安定〟同位体で、存在率の比が

＃1　放射性崩壊は、不安定な元素が放射線を出して別の元素に変わる現象。炭素^{14}Cはβ線を出して、窒素^{14}Nに変わり、その半減期は５７３０年。炭素^{11}Cは陽電子とニュートリノを放出してホウ素^{11}Bに変わる。半減期20分。

98・90：1・10ですから、炭素原子のほとんどは^{12}Cです。したがって〝平均の〟炭素の原子量は12・011になります。

^{12}Cと^{13}Cでは中性子の数が一つ違うので原子量は違いますが、電子数は同じですので化学的性質は同じです。したがって一般の化学反応では反応の前後で両者の存在率は変わらず、物質に含まれる炭素の原子量はたいがいの物質で同じです。ところが、植物の光合成では、空中のCO_2を固定する際に、ほんのわずか（およそ1000分の20程度）ですが軽いほうのCO_2、すなわち^{12}Cの炭素を好んで取り込むことがわかっています。したがって、非晶質炭素やグラファイトの^{12}Cと^{13}Cの比を測定して^{13}Cが平均値より少なければ、それらが生物起源である可能性が高いといえます。最近は質量分析計が普及して、^{12}Cと^{13}Cの量比は比較的容易に測定できるようになりました。

37億年前の鉱物（グラファイト）は生物起源の炭素の結晶化したもの？

この方法で、化石ではなく、鉱物に〝生命の痕跡〟を見つけたとする論文が出たのは1996年でした。[*22] グリーンランド、アキリア島の、38億年前よりさらに古い層状の岩石中に、炭素の微粒子を含む鉱物、アパタイト（燐灰石《りんかいせき》）が発見され、その微粒子の炭素同位体比を測定したところ、1000分の30～1000分の50も軽いほうに偏っていたので、生物が炭化した炭素が、アパタイトの結晶化の際に取り込まれたもので、〝最も古い生命の痕跡〟である、と主張されました。アパタイト結晶に取り込まれた不純物（炭素）がいわば38億年以前に生物がいたことをしめす〝生命の化石〟であるとの主張です。

続いて1999年には、グリーンランド、イスア地域の37億年前の堆積岩（現在は変成岩）中に直径2～5㎛のグラファイト（黒鉛、炭素の結晶）の粒が見つかって、その炭素が1000分の19ほど軽いほうに偏っているので、それらのグラファイト粒も、元は何らかの生物体を構成していた有機物の炭素で、生命の痕跡であるとの論文が発表されました。[23] 生命は38億年前か、むしろそれ以前に誕生していたであろう、と両論文は主張しているのです。

しかし2002年になって、前者のアキリア島については、詳しい地質調査や岩石の分析から、同島は玄武岩など火成岩が変成作用で層状になった片麻《へんま》岩《がん》であるので、その中で結晶化したアパタイト結晶の不純物が〝生命の化石〟である可能性はない、との否定論文が発表されました。[24] 火成岩は熱いマグマが固まったものですから、生物が生きるわけがないのです。アパタイト結晶の不純物が〝軽い炭素〟であるというだけでは説得力に乏しく、おおかたは〝生命の痕跡〟説には疑念を抱いています。

一方、イスア地域のグラファイト粒については、生物の痕跡であるとする先行論文を別の視点から支持する論文が、同じく2013年に発表され、[25] 本書執筆中の2013年の暮れには、同じイスア地域の、37億年前の堆積岩起源変成岩に含まれるグラファイトを電子顕微鏡で観察して、〝生物の痕跡〟があると主張する、論文発表がありました。[*26] しかし、掲載された画像は、ロウソクの煤《すす》などに見られる超微粒子のフラーレンやグラフェン[#1]に大きさも構造も類似していますので、〝生物起源〟だとしたら、なぜそんな構造になったのか、あるいはなぜ厚い堆積層をつくるほど多量に初期生物が濃集したのか、納得するにはさらに説明が必要のようです。したがって、現存する最古の堆積岩（現在は変成岩）の中に生命の痕跡があるか否か、はいまだ結論が出ていないというべきでしょう。

化石の証拠から、生命誕生は34億年前より古いことは確かそうですが、37億年前か、あるいはさらに以前か、太古代の化石や地質の研究に世界中が注目しているところです。

3-2 遺伝子で探る〝究極の祖先〟

「化石」や鉱物など地質学的な証拠によって生命の起源に迫る研究とは別に、現存する生物の遺伝子（DNAおよびRNA）分析で近縁関係を調べ、それを手がかりに歴史をさかのぼって〝究極の祖先〟を求める分子生物学的研究もあります。

現在知られている生物種の総数は約175万種、未知の種の存在を考慮すると生物種は3000万種もあるといわれていますが、[*27]これらは地球上で最初に誕生した生命、〝究極の祖先〟から進化し、分岐していったものだと考えられています。分子生物学的アプローチとは、遺伝子の塩基配列を手がかりにして、生物進化系統樹をさかのぼっていくものです。たとえば、ヒトとチンパンジーの共通の祖先、さらに、それらとゴリラとの共通の祖先、などのように近縁種の共通の祖先→より遠縁種との共通の祖先→さらにその先の……と〝生物進化系統樹〟をさかのぼっていくと、葉から小枝へ、小枝から大枝へ、そして幹へとだんだんに単純な生物になり、全生物種は結局、ある単一の生物、すなわち〝究極の祖先〟に行き着きます（図3-2-1）。

この生物進化系統樹（Phylogenetic tree）は、C・R・ダーウィンの『種の起源』に共鳴した、ドイツの生物学者・医者であったエルンスト・H・ヘッケル（Ernst Heinrich Philipp August Höckel, 1834-1919）が、生物多様性の原理を図に表したもので、ダーウィンの進化論をヨーロッパに普及するのに大きく寄与しました。

同図には、彼の医学的・解剖学的考察に基づいた「個体発生は系統発生の短縮された反

＃1　超微粒子およびフラーレンやグラフェンは179頁の＃1に解説する。

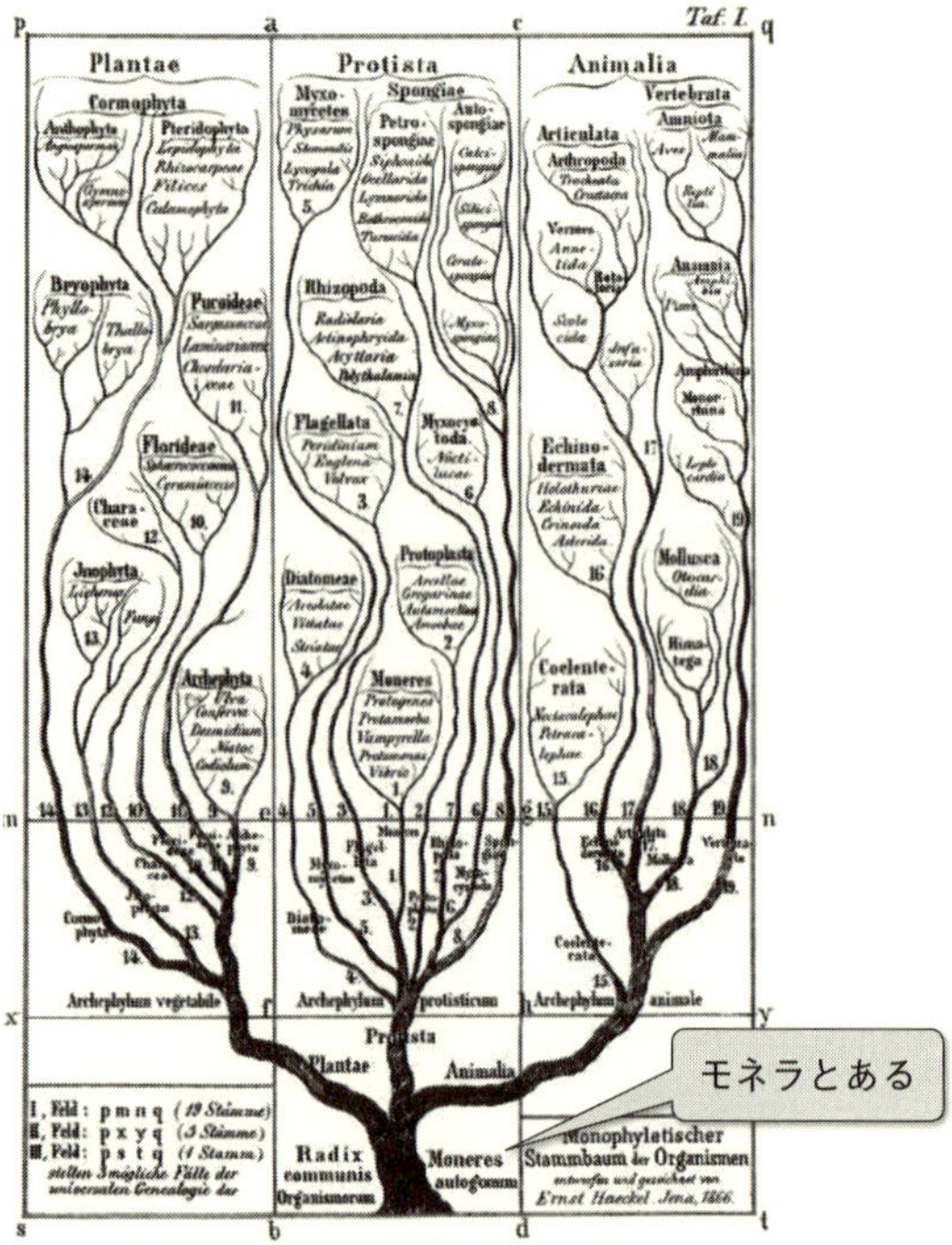

図3-2-1　E. ヘッケルの生物進化系統樹

生物進化系統樹は、ダーウィンの『種の起源』に共鳴した、ドイツの生物学者・医者であったヘッケルが、生物多様性の原理を図に表したもの。ダーウィンの自然選択説の普及に大きく貢献した。生物進化系統樹では、近縁種の共通の祖先→より遠縁種の共通の祖先→その先の祖先、とたどると、葉から枝、幹と順次、より先祖の生物種になるが、結局、無生物と生物をつなぐひとつの〝究極の祖先〟に行き着く。ヘッケルはその架空の祖先を〝モネラ〟と記述している。系統樹の中にも、系統をつなぐための架空の種が含まれている。なお現在、生物を5界、すなわち植物界、動物界、菌界、原生生物界、モネラ界、の５界に大別する分類法では、原核生物（バクテリア）をモネラ界としている。

（『有機体の一般形態学』〔E. Höckel, Generelle Morphorogie der Organismen, Allgemeine Entwickelungsgeschichite, Berlin, 1866）（BIOPRO Baden-Württemberg GmbH〕より転載）

復である」という、「反復説」[#1]の概念が加わって、樹の根元部分に、無生物から自然発生したであろう架空の生物、〝モネラ〟が描かれています（図3－2－1）。彼のいう〝モネラ〟はいわば〝究極の祖先〟です。C・R・ダーウィン自身は、「反復説」も「生命が自然に発生すること」も認めていませんでしたが、[#2]「生物進化系統樹」はダーウィンの説を普及することに大きく寄与するとともに、広く受け入れられて、その概念は現在まで踏襲されています。[*28、29]

現代の生物分子系統学でも、タンパク質（酵素）のアミノ酸配列や遺伝子（DNA、RNA）の塩基配列の類縁関係から、〝近縁種の共通の祖先〟↓〝より遠縁種の共通の祖先〟↓とたどる系統樹が用いられていますが、150年以上も前にE・ヘッケルが案出した概念と同じです。

＃1　反復説は、人体を例にとれば、母親の胎内に宿った受精卵から一人前の大人になるまでの発育過程（個体発生）が、生物が単細胞生物として生を受けて以来、多細胞動物→脊索動物→魚類→両生類→爬虫類→哺乳類→類人猿類→人類と進化した過程（系統発生）を繰り返している、とする説。

＃2　ダーウィンは友人に宛てた手紙の中で、「アンモニアやリン酸塩や光や熱や電気などが存在したある暖かい小さな池で、タンパク質が化学的につくられ、もっと複雑なものへと変化してゆく」と書いているが、「もし、（おお、何とおおきな〝もし〟！）」との挿入があって、「そういうことはありませんでした」との文脈で書かれているので、自然発生説は信じていないといわれている（＊30）。しかし、無生物と生物のつながりを考察していたことは、この手紙文からも確かである。

１９８５年にポリメラーゼ連鎖反応法（ＰＣＲ法）という、ＤＮＡを容易に増幅する方法が発明され、１９８８年に同法が改良されて、塩基配列の決定が容易になると、各種生物のＤＮＡ分析は一気に加速しました。冤罪《えんざい》事件の解決や犯罪捜査、あるいは親子判定など、一般社会でも広く活用されているＤＮＡ鑑定のあの方法です。

現在の生物進化系統樹は同法による分子系統学の知見を加えて飛躍的に精緻になりました。精緻になっただけではなく、球や楕円《だえん》など、構造が単純で形体的な差異が乏しいので、これまで系統樹が描けなかったバクテリアの系統樹も描くことができるようになりました。その結果提案されたのが、新しい生物界の区分法、生物三界説です。

生物三界説：ＲＮＡの差異で生物界を区分する

光学顕微鏡の発明によって細胞の内部構造が明らかにされて以来ずっと、生物界は真核生物と原核生物に二分されると考えられてきました。原核生物は藍藻類と細菌類の総称で、真核生物はそれ以外のすべての生物です。

原核生物は単細胞で小さく、光学顕微鏡で見た内部構造も単純です。ＤＮＡは細胞内に集まっていますが、それらを包む膜はありません。一方真核生物は多細胞生物で大きく、個々の細胞の構造も複雑で、膜で覆われた各種小器官を有し、ＤＮＡも核膜に覆われた小器官となっています。両者は形態的にも構造的にも大きく異なっているのです。顕微鏡で見た細胞の違いが、生物二界説の根拠です。

原核生物を〝藍藻類と細菌類〟の総称と記述すると、藍藻には漢字で〝藻〟の字が使われ、藻類には海藻も含まれますので誤った印象を持ちますが、藍藻類は細菌（バクテリア）の一種です。藍藻はすなわちシアノバクテリアです。原核生物、細菌、バクテリアの三者は同じものを指すいわば同義語なのです。したがって、〝生物二界説〟は、バクテリア（原核生物）とそれ以外のすべての生物（真核生物）に分けているので、よくわかります。

ところが、1987年、米国のC・R・ウーズ（Carl R. Woese）らは生物を形態や細胞の構造の違いではなく、RNAの「塩基配列の違い」によって分類すると、高温の温泉水や濃い塩水など特異な環境に棲息するバクテリアの多くが、他のバクテリアとは大きく異なるRNAを有し、その差は原核生物と真核生物の差よりも大きいので、原核生物を二分して、生物界を三界として理解すべきであると、「生物三界説」を提案しました。[*31]

古細菌（Archaea, アーキア）、真正細菌（Bacteria, バクテリア）に従来の真核生物（Eucarya, ユーカリア）を加えた、〝生物三界（3ドメイン）説〟です。1990年、彼らによって提案された生物進化系統樹を図3－2－2（a）にしめします。[*32]

（ここまで、慣用にしたがって原核生物＝バクテリア＝細菌として記述してきましたが、ウーズらによって

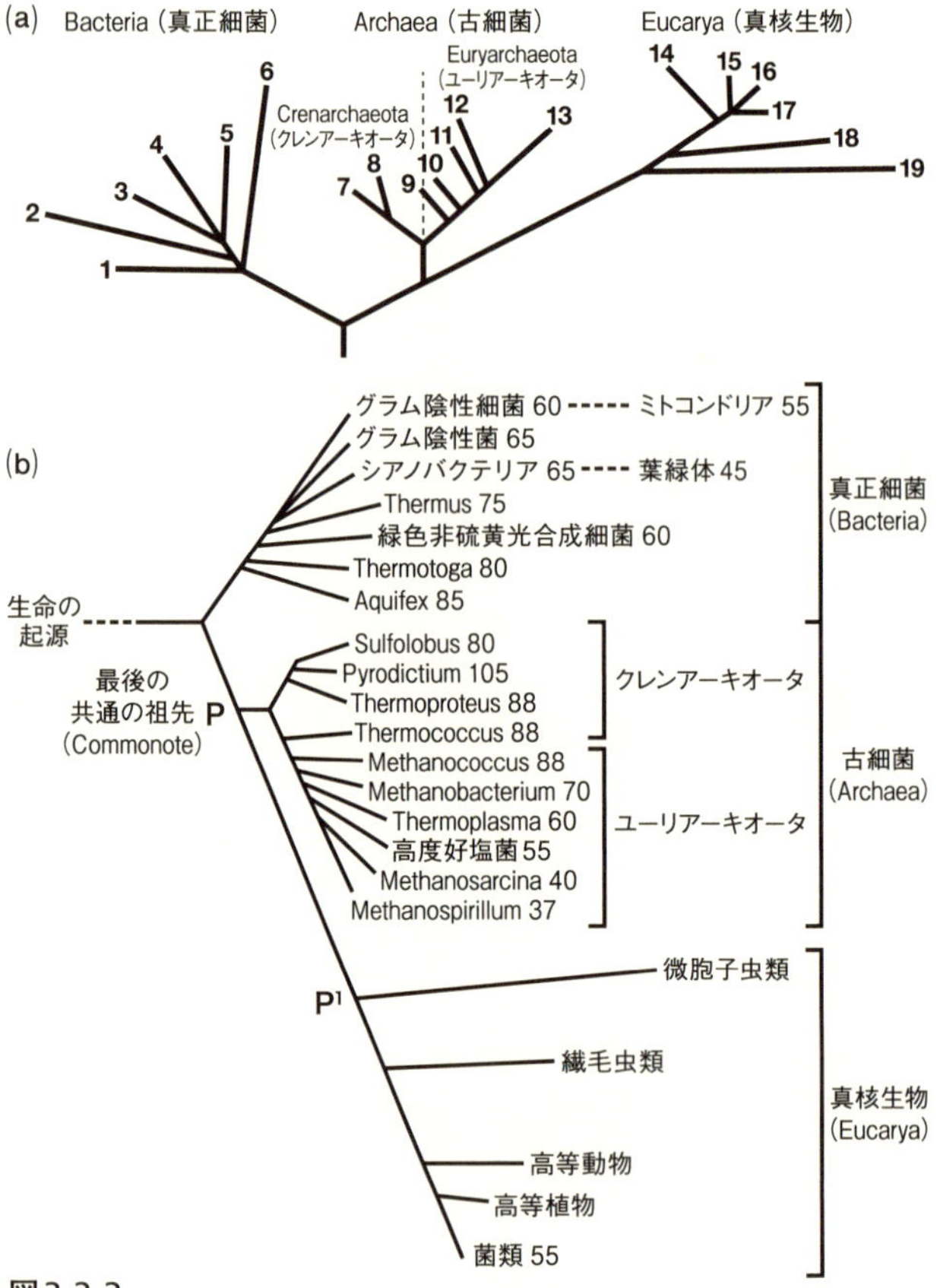

図3-2-2
RNA 分析によって提案された生物三界説に基づく生物進化系統樹
(a) C. R. ウーズによる生物進化系統樹および(b)山岸による加筆修正図
山岸は、〝究極の祖先〟は熱水環境に生きていたであろうことを示唆して、系統樹に古細菌類の生育に好適な温度を加筆している。〝究極の祖先〟は〝コモノート〟(Commonote) と改名されている。

(山岸 Biological Science in Space 19, 268-275 (2005) より転載)

バクテリアが二分され、一方を真正細菌＝バクテリアとする用語が提案されましたので、〃バクテリア〃の意味が二様になりました。区別を明瞭にするために今後は、どちらの意味の〃バクテリア〃か、必要な場合は漢字表記を添えます。すなわち二界説の「バクテリア〔原核生物〕」かまたは三界説の「バクテリア〔真正細菌〕」とします）

ウーズらが調べたＲＮＡはタンパク質をつくる〃リボゾーマルＲＮＡ〃と呼ばれる遺伝子の一部「16SrRNA」ですが、この遺伝子を全生物が持っていて同じ機能を果たしていますので、広い生物種を比較するのに好都合なＲＮＡです。

いろいろな生物の16SrRNAの塩基配列を比べ、それらの類縁関係を調べたところ、嫌気性メタン細菌[＃1]のＲＮＡが、他の細菌とも真核生物とも大きく異なっていることを発見したことが、三界説を唱える契機でした。ＲＮＡ分析では嫌気性メタン細菌が他のバクテリア（真正細菌）より祖先型であるとの根拠は得られませんでしたが、棲息環境が原始地球を想像させますので〃古細菌〃（Archaea, アーキア）と命名されたのです。

その後、高濃度の食塩水に生きる好塩細菌（Halobacteria）、温泉水に棲む好酸好熱硫黄細

＃1　酸素のないところで水素（H_2）と二酸化炭素（CO_2）からメタン（CH_4）を生成して生きる古細菌。

菌（Sulfolobus）、あるいは好酸好熱マイコプラズマ（Thermoplasma）など一般の生物にとっては〝過酷な棲息環境〟に生きる一群の古細菌（アーキア）がこの仲間であることがわかり、「古細菌」の名がいかにも〝究極の祖先〟に近いとの印象を与えています。そしてその先の、〝究極の祖先〟に相当する系統樹の根本の部分は、プロジェノート（Progenote）と名付けられました。

ウーズらの三界説が定着するとそれをもとに、高温を好む古細菌の棲息環境が海底の熱水条件と符合するので、〝究極の祖先〟は好熱細菌のうちでも100℃かそれ以上の熱水環境に棲息する好超高熱細菌であろうとの修正提案がされました。[*33、34、35] ウーズらの系統樹に細菌類の生育に好適な温度を加筆した系統樹がしめされ（図3－2－2b）、〝究極の祖先〟に相当する系統樹の根本は〝コモノート〟（Commonote）と改名されました。[*35]

しかし、生物三界説の考え方で〝究極の祖先〟にたどり着くには、大きな問題があるのです。〝系統樹〟を、近縁種の共通の祖先→より遠縁種の共通の祖先→とさかのぼることができなくなるのです。その理由は次項で詳しく述べますが、バクテリア（原核生物）には、〝非ダーウィン的〟に進化するメカニズムがあって、そこが行き止まりになるのです。分子系統学の分野ではその〝行き止まり〟が認識されていますが、他の分野ではいまだに原始

生物の進化を論ずる際にウーズらの系統樹がそのまま用いられていますので、以下に少し詳しく論じます。[36,37]

〃究極の祖先〃に行き着けない理由：細胞内共生と細胞融合（L・マーグリス）

熱水などに棲息する好高熱細菌が〃究極の祖先〃に近いとする見方には、有機分子が一般に熱に弱いので、化学的な立場から否定する論文があります。[38] また、バクテリア（原核生物）のRNAではなく、タンパク質を比較した研究では、古細菌はむしろ真核生物に近縁で、真正細菌のほうが系統樹の根元に近いという、まったく逆の結果も得られています。[39]

すなわち、好高熱古細菌のような古細菌のグループが、今厳しい環境に生存しているのは、進化の過程で耐熱性を獲得したのだろうと推定するのです。分子系統学の分野では、この考え、すなわち真正細菌のほうが、より〃究極の祖先〃に近いとする見方に傾いているようですが、どちらが正しいか、現在のところ決め手は見つかっていません。[40,41] おそらく将来も、遺伝子分析などの方法では見つからないでしょう。

その理由は、〃生物進化系統樹〃の考え方自体にあります。もともと、ダーウィンの自然選択説によって生物多様性を説明するために考案されたものですから、共通の祖先→その先の共通の祖先 → さらにその先の……とたどれるのは、親から子に遺伝子が引き継がれる

〝ダーウィン的な進化〟しか想定されていないからです。しかし、バクテリア（原核生物）には生物進化の初期だけにある「細胞内共生」という進化の別の機構があって、遺伝子分析の方法ではその先がたどれなくなるのです。

「細胞内共生説」は1970年、米国ボストン大学のL・マーグリス（Lynn Margulis）が、「細菌類の進化には、遺伝子の突然変異によって生ずる進化とはまったく別の経路があり得る」と指摘したことに始まり、今は定説となっています。[*42、43、44]「連続共生説」とも呼ばれています。

すなわち、大型のバクテリア（原核生物）が他のバクテリアを呑《の》み込んで細胞の内部に共生させ、体内の小器官とすることで高度な機能を獲得して進化する、という経路です。DNAやRNAが先にあって、その変異によって形質の異なる子が生じ、それらの自然選択によって進化する、というダーウィン的進化とはまったく異なる進化のメカニズムです（図3－2－3）。

真核生物の細胞の中には、DNAを包有する核以外にも膜に囲まれたいろいろな小器官が含まれています。機能の説明は省きますが、たとえばミトコンドリアやゴルジ体、小胞体、あるいは植物の葉緑体などの小器官です。それらの小器官はもともと独立のバクテリ

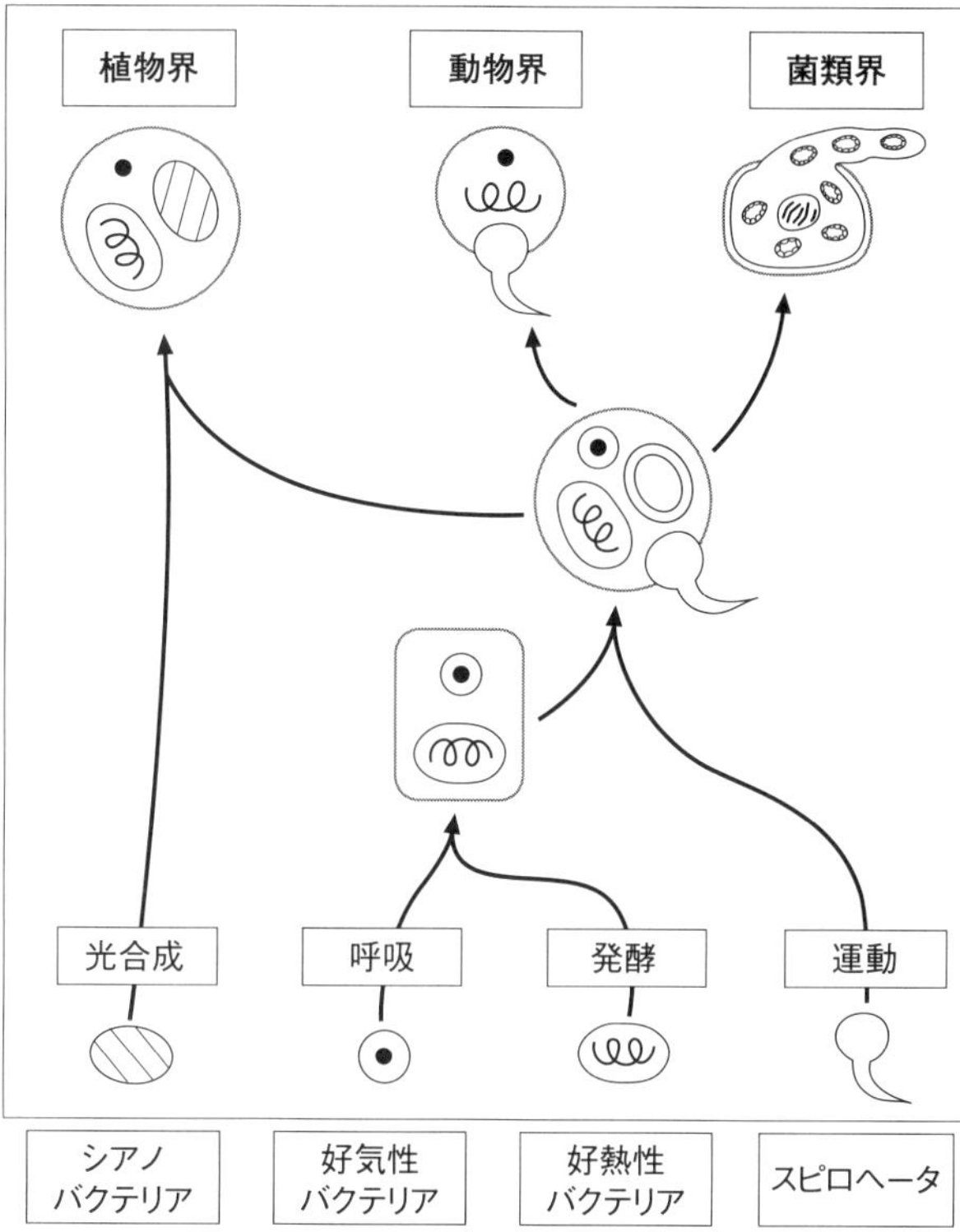

図3-2-3　細胞内共生による進化モデル

細胞を顕微鏡で見ると、原核生物の細胞は単純で小器官がないが、真核生物の細胞は複雑で核膜に囲まれた核をはじめミトコンドリアや葉緑体などさまざまな小器官がある。1970年にL. マーグリスは、光合成、呼吸、発酵あるいは運動機能などの発達したバクテリア（原核生物）を大型のバクテリア（原核生物）が呑み込んで、細胞内部に共生させ、細胞内の小器官とすることで進化した、とする仮説を提案した。動物界、植物界の大きな違いも、一方は光合成をするシアノバクテリア、他方は運動機能のあるスピロヘータを取り込んで進化したと説明できる。

（L. Margulis, 1970）

ア（原核生物）であったものが、呑み込まれて細胞内で共生し、融合したと考えれば、複雑な組織の成立が容易に理解できます。

ミトコンドリアや植物の葉緑体は呑み込まれた代表的な小器官ですが、その証拠にはそれぞれ宿主とは別のＤＮＡを持っているのです。一つの細胞に別々のＤＮＡがあるという不思議な現象も、別々の祖先を持つ２種の細胞が融合したものと考えると容易に理解できます。ミトコンドリアや葉緑体のＤＮＡが宿主の核に比べて小さいことも、融合によってミトコンドリアのＤＮＡの一部が宿主のＤＮＡに移った（転移した）ということで説明できます。ＤＮＡの水平転移（Horizontal gene transfer）と呼ばれています。

動物界、植物界という大きな生物の区分も、好高熱性細菌（テルモプラズマ）が、一方は運動機能のある鞭毛《べんもう》の発達した原核生物（スピロヘータ）を融合し、他方は光合成の機能を有する藍藻（シアノバクテリア）を融合して、その後それぞれが別々に進化したと考えれば、よく理解できます。

２００５年には、筑波大学の岡本勲と井上典子によって、細胞内共生や細胞融合の初期をしめすおもしろい生態の鞭毛虫が見つかり「ハテナ」と命名されています。[*45] 鞭毛虫類は鞭毛を使って動き回る単細胞生物群ですが、ハテナの細胞内には緑色の藍藻が共生していて光合成を行っているのです。植物的生活です。

そのハテナが細胞分裂して増殖する際には、分裂した次世代の一方に藍藻が引き継がれて植物的ハテナとなり、他方は藍藻のない捕食性の動物的ハテナになります。動物的ハテナはその後、新たに藍藻を呑み込んで体内に共生させます。この不完全な〝融合〟は、あたかも細胞融合で進化した原核生物の時代とその後動物界と植物界に大きく分かれて進化した真核生物の時代の中間状態をしめしているようです。

マーグリスの細胞内共生説は、大きな発想の転換でしたが、原核生物と真核生物の構造上の大きな落差や、植物界と動物界の大きな違いの原因を合理的に説明しましたので、多くの納得を得ました。その後、DNA分析やタンパク質分析による分子レベルの研究でも同説は支持され、ミトコンドリアや葉緑体はそれぞれ独立の真正細菌であったものが、初期の進化の段階で別のバクテリア（原核生物）に取り込まれて、細胞内の小器官になったものと考えられています。[*40、41]

細胞内共生と融合は分子進化の〝後遺〟現象

2種あるいはそれ以上の生物の「共生」（Symbiosis）は、卑近《ひきん》にごく普通に見られる現象で、マメ科植物と根粒《こんりゅう》バクテリアやイソギンチャクとヤドカリの共生をはじめ、たくさん知られています。人間と大腸菌など、高度に進化した生物種とバクテリア間にもみられます。相互に利益があったり、なかったり、さまざまな共生の組み合わせがあります。浅い海底や森林など、多数の生物が相互に依存し合っている集合体も、生物学の定義ではありませんが、共生といえるでしょうし、地球総エントロピーの視点（第2章）から見れば、地球上の生物全体が階層的で複雑な共生関係を生じているといえます。

しかし、細胞レベルで融合して一個体になれる共生は、原核生物の時代に限られた現象です。原核生物のＤＮＡは細胞内に自由でいますが、真核生物になると核膜に覆われた細胞小器官に組み込まれていますので、容易に融合できないのです。共生はしても新種ができない理由です。

そして現生の真核生物が、かつて2種あるいはそれ以上の原核生物が繰り返し融合して進化した結果であるとすると、ＤＮＡ／ＲＮＡ分析によって生物進化系統樹をさかのぼって祖先を追及できるのは、最古の真核生物までということになります。そこで行き止まりです。

現に、細胞内に取り込まれてミトコンドリアになった真正細菌と、取り込んだ宿主には、それぞれ別の祖先があります。さらにさかのぼろうとすれば、祖先は幾枝にも分岐してたくさんの祖先に拡散するでしょう。〝究極の祖先〟は一種にならず、むしろ拡散して「祖先の集合」になるはずです。したがって、現生のバクテリアのゲノム分析で〝究極の祖先〟

に到達することは原理的に無理なのです。少なくとも、150年前にヘッケルが考案した〝根の無い生物進化系統樹〟の概念を変えないかぎり、ゲノム分析の結果を整理しても〝究極の祖先〟は見えてこないでしょう。

第4章以降に論じますが、地球に有機分子が生成してから生命が誕生するまで、分子は結合や融合によって大きくなりながら進化しました。〝結合や融合〟は分子進化のメカニズムです。細胞内共生や細胞融合は、生命が誕生して間もないバクテリア（原核生物）の時代に、より古い時代の〝分子進化の様式〟が残存したものとすると、歴史のあり様として納得できます。

分子進化と生物進化の連続性を考えると、マーグリスの細胞内共生説ははなはだ合理的です。そして、一個の〝究極の祖先〟から全生物種が分岐すると仮定しているヘッケル以来の〝根のない〟生物進化系統樹は、分子進化から生物進化につながる進化の本質を表すには適当でないことをしめしています。

〝究極の祖先〟はゲノムの集合体か？

近年、分子系統学の研究者からも、生物進化系統樹の考え方を見直すべきである、という声もあがっています。ＤＮＡ分析やタンパク質分析など分子生物学的手法で、古細菌、真正細菌、真核生物のどれがいちばん原始的か、〝究極の祖先〟は何か、が決定できなかったことを受け止め、「遺伝子の水平転移が無視し得ないほど頻繁であれば、全生物の統一的な系統樹（a universal tree of life）はもともとなかったと考えなければならない」と主張する研究者もいます。1999年、『サイエンス』誌に、系統樹の根元の部分が、複雑に絡《から》みあった「網目状系統樹」（a reticulated tree）が提案されました[*46]（図3－2－4a）。

細胞内共生と遺伝子の水平転移によって、古細菌、真正細菌、真核生物の間の進化関係がわからなくなることを強調するために、系統樹を1本の樹ではなく相互に絡み合った複数の樹で表したのです。ねじれて曲がって相互に絡み合った複数の樹は、それぞれ地上部分だけが描かれ、根は切断されています。

切られた根本の先がどうなるのか、新しい概念の提示はなく分子進化につながらない点では、従来の系統樹の発想と同じです。ゲノム分析やタンパク質分析などで〝究極の祖先〟に行き着けない、分子生物学的な研究の、〝現在の〟限界を図解しているようです。

2004年には『ネイチャー』誌に、真正細菌、古細菌および真核生物のゲノムを数学的に解析して、古細菌も真正細菌も真核生物もすべて同一の「環状ゲノム」の一部から発生したとする論文が掲載されました[*47]。その概念を表した系統樹にはじめて根の部分が付けられ、「生命の環」（The ring of life）と名付けられています（図3－2－4b）。しかし、「生命

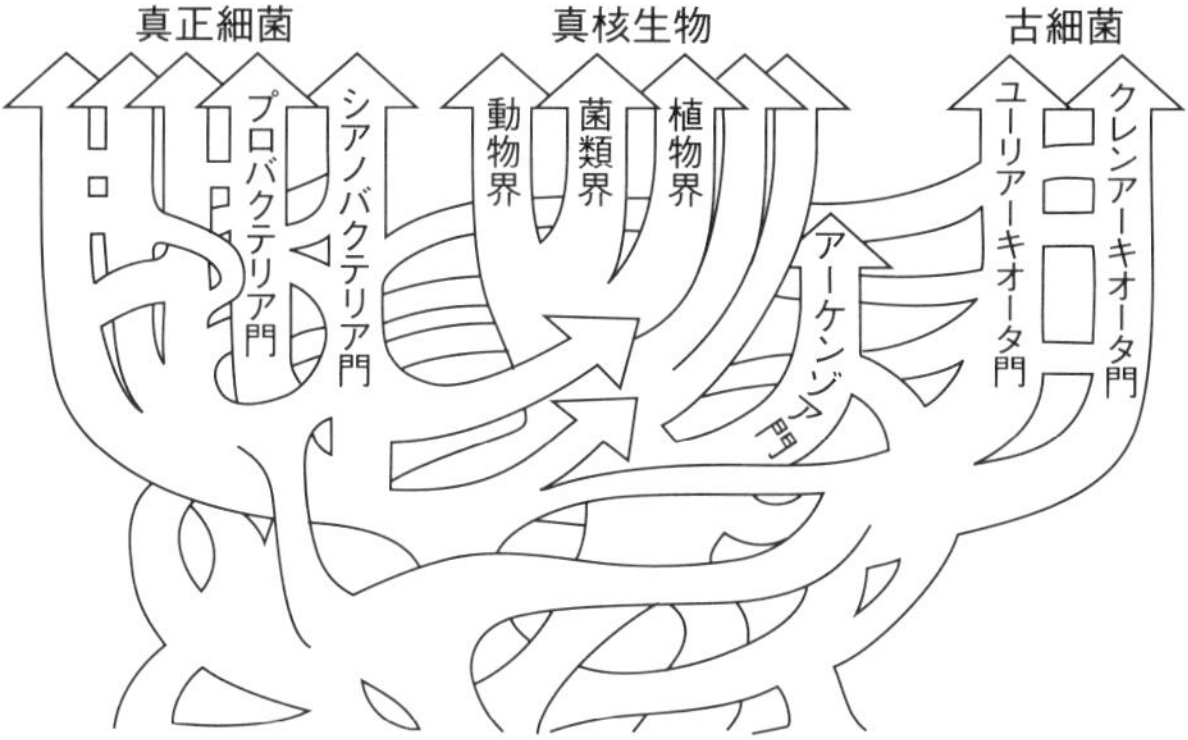

(a)網目状系統樹

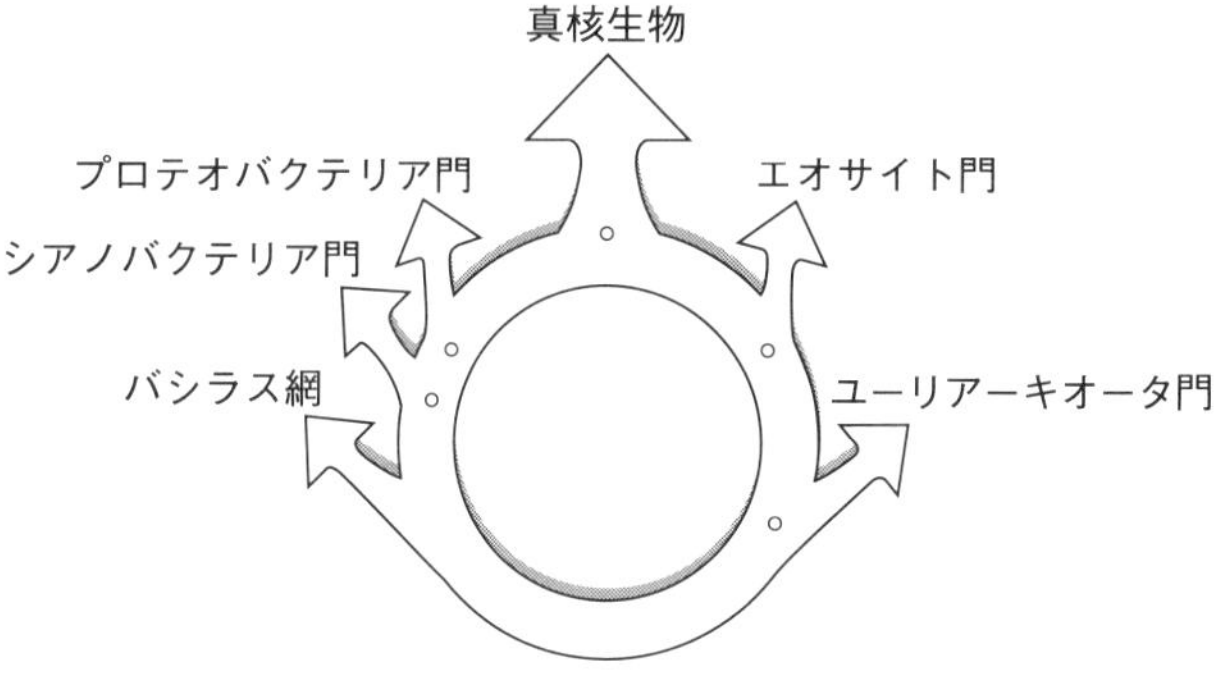

(b)生命の環

図3-2-4　分子系統学による生物進化系統樹の新しい概念

(a)網目状系統樹（Doolittle, W. F., 1999＊46）。(b)生命の環（Rivera, M. C. & Lake, J. A., 2004＊47）いずれも「遺伝子の水平転移が無視し得ないほど頻繁であれば、全生物の統一的な系統樹（a universal tree of life）はもともとなかったと考えなければならない」として提案された分子系統学による生物進化系統樹の新しい概念。邦訳した生物分類名は、界門類目科属種の順に詳細になる従来の標記にしたがっている。両図はどちらも、ゲノムやタンパク質分析など分子系統学的な研究では〝究極の祖先〟に行き着けず、むしろ、〝究極の祖先〟はないという結論に達しつつある分子系統学の現状を図示している。

の環」は〝仮想の〟ゲノムの集合体です。

ゲノム分析やタンパク質分析などで系統樹をさかのぼっても、〝バーチャル〟なゲノムの集合体にしか行き着けないのでは、生命の起源に迫ることはできません。もはやこれまで、です。

しかし、ゲノム分析やバイオテクノロジーの分野は日々新たに進歩していますので、いずれは、「細胞内共生」や「遺伝子の水平転移」の存在を解きほぐして、生命の起源にさかのぼる新たな生物進化系統樹が考え出されるでしょう。そう期待します。

3-3 遺伝子は量子力学の支配する〝分子〟でなければならない！

前節では、〝究極の祖先〟に行き着けるかどうか、ゲノム分析やタンパク質分析など分子レベルの分析結果をもとに検証してきました。その際、「遺伝子」、「ゲノム」、「RNA／DNA」の3語を、文意に応じて使い分けてきました。もちろんそれらは物質としては同じDNA（デオキシリボ核酸）あるいはRNA（リボ核酸）という〝高分子〟のことです。機能に注目して、遺伝子あるいはゲノムと使い分けたのです。

遺伝子分析とか遺伝子組み換え植物とか、あるいは日本の誇るiPS細胞の創出など、遺伝子を操作するバイオテクノロジーが身近になって、DNAやRNAの生体内の機能については、よく知られるようになりました。しかし一方で、DNAやRNAが〝高分子〟（すなわち〝分子〟）であるという物理・化学的側面は忘れられがちになっています。

「遺伝子は古典物理学で記述される物質の集団ではなく、量子力学の支配する分子でなければならない」と喝破したのは、量子物理学者のE・シュレーディンガーでした。１９４４年、遺伝子の実体がDNAという二重らせん（ダブルヘリックス）の高分子であることが明らかになる10年も前のことです。[第2章＊2]

何十代も、親の性質を間違いなく子に伝えることのできる遺伝子は、環境の変化によって変わることのない〝安定な物質〟でなければなりません。そうだとすると遺伝子は、ほんの一部が変化するのにも大きなエネルギーを要する「１個の分子」であるはずだ、と洞察したのです。

有機分子は、H、C、N、O、P、Sなどの軽元素が数個から数百、数万個も強固に〝共有結合〟したものです。〝共有結合〟とは、原子Aと原子Bが電子を出し合って、それらの電子が両原子をつなぐ軌道を高速でまわり続けることでA－Bが一体化される結合の仕方です。電子がどちらの原子にも属さないので〝共有〟というわけです。

原子が何個連なっても分子であるかぎり、それぞれの結合の向きや原子間の距離などは揺るぎなく、シュレーディンガーらの量子方程式によって記述される電子軌道によって定められます。たくさんの原子が結合した大きな分子、あるいは分子どうしがたくさん結合した高分子でも同じです。

高分子の一部の分子基、あるいは原子1個の位置を変えるだけでも、電子軌道の変更をともないますので大きなエネルギーを必要とします。それだけ、分子は変化しにくいのです。分子の特徴であり、シュレーディンガーが「遺伝子は分子でなければならない」と喝破した根拠です。

原子Aと原子Bの一方が、電子(－)を他方に渡して電気的に正(＋)となり、正負(＋)(－)の引力で結合する〝イオン結合〟や電気的に中性の分子が凝集する〝弱い結合〟もありますが、それらの場合は、一定の距離であれば結合の向きは問いませんので、凝集体の中の一部の位置や向きを変えるのは容易です。正負(＋)(－)の電気的なつり合いさえとれれば、他のイオンと交換されることさえ容易です。シュレーディンガーのいう「古典物理学で記述される物質の集団」の例です。これでは容易に変化しますので、世代を越えて引き継がれても変わることのない〝遺伝子〟にはなり得ません。遺伝子、すなわちDNAやRNAは「(1個の)分子でなければならない」という、優れた物理学者の洞察でした。

そもそも生物体のほとんどは、H、C、N、O、P、Sの6種の軽元素がさまざまに共有結合で連なった〝量子力学の支配する分子〟、すなわち有機分子でできています。代謝や増殖や遺伝も有機分子が担います。もちろん、鉄（Fe^{2+}）やカルシウム（Ca^{2+}）、あるいはずっと微量の亜鉛（Zn^{2+}）やモリブデン（Mo^{6+}）などいろいろの金属元素や金属イオンも生存には欠かせませんが、その量はきわめてわずかですし、ほとんどはイオンとして含まれています。

生命体および生命現象は主として6元素からなる〝有機分子〟で成立しているのです。人間の場合、焼かれれば〝徒野の煙〟となる水と有機分子が94〜95％、灰となって土に還る金属の酸化物は5〜6％です。

〝宇宙生物〟の発見？ ヒ素を食うバクテリア

2010年12月のはじめに、筆者はいくつかの新聞社からいきなり電話での質問を受けました。

「米国航空宇宙局（NASA）から、カリフォルニア州の塩水湖で、リン（P）の代わりにヒ素（As）を食べて成長するバクテリアを発見したとの発表があったが、どう思うか」との質問でした。

記者は〝成長〟と言いましたが、菌の培養で成長するということは菌が〝増殖〟することです。増殖のためには細胞分裂の際に遺伝子（DNA）が複製されます。リン（P）はDNAの一部に使われていますから、もし〝成長〟するなら、ヒ素（As）を使ったDNAがあることになります。

NASAの発表はインターネットで予告され、論文は米国の『サイエンス』誌（電子版）に掲載されて、「宇宙の生物か？」と世界中で大騒ぎになっている、とのことでした。[*48] 確かにヒ素は、周期律表でリン（P）と同族で一段下の重い元素です。同族元素は、化学的に似た性質がありますから、ヒ素を食うバクテリアはリンの代わりにヒ素を使っているであろう、と推定されたのです。

取材を受けた時点で、発表された論文[*48]を読んでいませんでしたし、インターネットの世界には疎《うと》くて騒ぎを知りませんでしたが、大略以下のように答えました。シュレーディンガーのいったことを焼き直しただけです。曰く、

「生命体や生命機能は、6種の軽い元素が共有結合でつながった立体構造のしっかりした〝分子〟で成立しています。ヒ素はリンと同族ですが、重い元素ですから結合にはイオン性も混ざって、完全な共有結合の分子にはなれないでしょう。イオン性が加わると立体構造が柔軟になって、DNAが不安定になりますから、リンの代わりにヒ素というのが本当な

のか、化学的には疑問です」と。

翌日の日本経済新聞は、6段抜きの大見出しで、「米で異質細菌発見、生物の常識覆す」とNASAの発表を大きく取り上げました。大きな活字でしたので読者の記憶にあるかもしれません。そして「宇宙の生命、研究に一役」の小見出しを付けて、この方面で活躍中の何人もの専門家のコメントを掲載しました。[*49] 中には生命の起源に関する著書のある研究者も含まれていました。そして、それぞれ曰く（一部抜粋）、

「従来なら生物が存在し得ないと考えられていたような天体にも、異質な生物が生きている可能性が出てくる」

「これまで知られていた生物とは異なる仕組みを持つ生命体が存在しうることを示す」

「宇宙には我々が想像もしないような生命体が存在するかもしれない」

「宇宙に生命が存在できる可能性を大きく広げた」

「はるか昔に地球に隕石（いんせき）が衝突し、微生物が宇宙に飛んでそのまま生きている可能性もある」

「過去の地球には今とは異なるタイプの生物が複数いたが、地球型生命が勝ち残ったと考えられる」

などなど、いずれもNASAの発表をそのまま信じて、想像をふくらませたコメントで

した。

一方、筆者のコメントは、電話で答えたとおりには載っていませんでしたが、それでも唯一の懐疑的コメントとして、「◆首かしげる専門家も」と、わざわざ◆付きの一段見出しを付けてくれて、「生物の体は軽い元素でできているので、重い元素であるヒ素を使って生命の設計図であるDNAが安定するか疑問」とありました。

米国の航空宇宙局NASAの発表で、かつ権威ある米国の科学週刊誌『サイエンス』の審査を経た論文であったという信頼があったからかもしれませんが、中には噴飯もののコメントもあり、「ヒ素が多い惑星があるとは考えにくい」との地球科学者のコメント以外、誰もそれぞれの学識から疑問を感じなかったらしいのは意外でした（ただし、新聞記事が各専門家の話を正確に記述している、としてですが）。第2章の冒頭にも述べましたが、物理・化学・地球史的に根拠のない「……可能性がある」とか「……かもしれない」の想像は、生命起源の謎を科学の問題から〝下手なSF小説〟のストーリーに格下げしてしまいます。

1日遅れて読売新聞も、同趣旨の記事やコメントに加えて、懐疑的な筆者のコメントを掲載しました。[*50] 朝日新聞は、1週間遅れの科学欄で、「〝宇宙生物学上の発見〟というけれど……」、「ヒ素『食べる』細菌、多い謎」という少々皮肉なタイトルを付けて、NASAの発表を紹介しました。比較的冷静な記事で、懐疑的な筆者の言にも多くの字数を割いてくれました。[*51]

「宇宙生物の発見」と騒がれたＮＡＳＡの発表はその後、米国内の研究者からも疑問の声があがり、再検討されて2年後の２０１２年8月には、培養実験や分析に「間違い」があったとする論文が2報、『サイエンス』誌に掲載されました。[*52、53] 再実験で、同バクテリアもリン（P）がなければ生きられないことが判明し、[*52] ＤＮＡの再分析ではヒ素が検出されなかったというわけです。[*53]

化学の常識からＮＡＳＡの発表を鵜呑《うの》みにしなかった筆者の面目は立ちましたが、それはすなわち、シュレーディンガーの喝破した「遺伝子は量子力学の支配する分子でなければならない」という、科学的認識の正しさをしめしています。

生命の起源を現代科学がまだ理解し切れていないために、あれこれの「……かもしれない」や「……あれば」から始まる想像や空想が紛れ込みます。しかし、まだわからないことはたくさんありますが、そもそも〝空想は科学ではない〟のです。物理や地球史の必然性に基づいて〝分子〟の進化を考察し、実験や観測で裏づけて逐次研究を進めれば、〝普通の自然現象の積み重ね〟として、生命の発生は理解できるはずです。地球史46億年をさかのぼる、いわば〝究極の考古学〟です。

第４章　有機分子の起源

——従来説と原始地球史概説

生命が地球に発生した物理的理由は、その後に生物が進化したのと同じく、熱の放出によって地球のエントロピーが減少したことにある、と第2章で論じました。エントロピーが小さくなると、熱力学第二法則にしたがっていろんなものが秩序化します。

地球は均質な全球熔融体から、核、マントル、地殻、海洋、大気の層状構造になり、さらに大陸ができて、マントル内部も3次元に複雑化し続けています（第1章）。そしてH、C、N、O、P、Sなど軽元素の多くは海洋と大気に濃集し、共有結合でつながった有機分子となって秩序化し、さらにその一部は結合や融合を繰り返して巨大な組織体である生命体となり、生物や生物界は今もなお、〝より秩序化〟する進化を続けています。

本章では、まず生命の素材になる有機分子がいかに生成したか、従来説を復習し（4－1）、続いて地球の創生から冥王代を経て太古代にいたる、地球の冷却の歴史を概観します（4－2）。それらの知識を背景に、地球史上の事件によって生ずる地球表層の化学的変化を考察し、太古代初期、40億～38億年前にあった隕石の〝後期重爆撃〟（後述）によって有機分子の生成に必要な化学的条件が整えられたことを（4－3）で論じます。その化学的条件を衝突実験によって模擬し、「岩石鉱物の蒸発」が本当に生じたことを（4－4）で示し、そしてアミノ酸の前駆体であるアンモニアが、その条件で大量に生成したとする「隕石海洋爆撃によるアンモニアの大量生成」説を（4－5）で述べます。これらの考察と隕石海洋衝突模擬実験の結果は、無機界の原始地球に生命の素となる有機分子が多量に生成したメカニズムとして著者の唱える〝有機分子ビッグ・バン説〟（第5章）の根拠です。

4-1　有機分子の起源、従来説

C・R・ダーウィンが『種の起源』を著したのは1859年、L・パスツールが『自然発生説の検討』を著したのは、その2年後の1861年でした。

前者は、親から子、子から孫へと世代交代する中で、環境に適応した種が自然選択されることによって、〝自然に〟生物が多様化するという進化原理を著しています。そうだとすると、逆に子から親、親から祖父母、その先の祖先と、生物進化系統樹をさかのぼって、全生物が最終的に到達する一つの〝究極の祖先〟も、自然に発生したことになり、結果として生物自然発生説になります（第3章）。

一方後者は、生物自然発生説の〝否定実験〟を記述した著作です。この書では、〝パスツール・フラスコ〟の名前で知られている極端に細長いS字形の首をもつフラスコを用いて、空気があってもフラスコの中の肉のスープから生物は自然発生しないことを証明した実験[*1]が紹介され、生物は自然に発生しないことを明確に述べています。相次いで著された、時代を代表する科学者の両書の一方は生物の自然発生を示唆し、他方はその否定説を説いて、どちらも説得力を持っていましたので、両書はまさに「その時代の論理矛盾」になっていました。

この〝時代の論理矛盾〟に答えたのは半世紀後の、1924年、ソ連の生化学者A・I・オパーリンの著書『生命の起源』でした。[*1〜6] 後に前生物的分子進化（Abiotic molecular evolution）あるいは化学進化（Chemical evolution）と呼ばれる、非生物と生物を連続的につなぐ〝有機分子の進化〟を考えた新しい概念でした。

すなわち、岩石や鉱物だけしかなかった原始地球で、メタン（CH_4）、アンモニア（NH_3）、水（H_2O）からなる大気に、紫外線や熱などが作用して生物有機分子が生成し、それらの分子がさらに結合してタンパク質や核酸（DNA）など大きな分子（高分子あるいは巨大分子）になり、組織化されて生命体となった、とするシナリオを提案したのです。

オパーリンは来日したときの講演で、「生命は物質の運動の特殊な形態であります」と述べているように、[*4]ドイツの哲学者F・エンゲルス（Friedrich Engels）の『自然の弁証法』を踏まえた考えですが、[*7]「分子も進化する」という新しい考え方は、世界の人々に広く受け入れられました。「はじめに」でも述べましたが、科学的な生命起源の研究は、オパーリンのこのシナリオに始まるといえるでしょう。

S・L・ミラーの仮説と実験：大気中の雷放電による有機分子生成説

1953年、オパーリンのシナリオに触発された若いS・L・ミラー（Stanley Lloyd Miller）は、アンモニア（NH_3）、メタン（CH_4）、水（H_2O）の混合気体中で火花放電させて、グリシン、アラニン、アスパラギン酸など、タンパク質を構成するアミノ酸の一部を合成することに成功しました。[*8] 当時、ミラーは米国シカゴ大学の大学院生で、混合気体の組成は師のH・C・ユーリー（Harold Clayton Urey）の示唆によるものでした。[137頁の#1、*9] ユーリーは38歳で重水素（水素の同位体、^{2}H）を発見し、その功績で41歳の若さでノーベル

#1 イタリアのL・スパランツァーニ（L. Spallanzani, 1729-1799）は、生物自然発生説を否定するために、フラスコに肉スープを入れ、煮沸した後、口の部分を熔融して閉じる方法で、生物が発生しないことをしめした。しかし、「密封して空気がないので生きられないだけだ」との批判を浴び、説得に失敗。そこで、パスツールは、肉スープの入ったフラスコの口を加熱して軟化させ、きわめて細長い管状に引き伸ばして先端を〝白鳥の首〟のように曲げ、封をせずにそのまま放置した（図4－1－1）。その結果、空中の微生物が細管を経由してフラスコの中に入るまで長期間を要するので、空気があっても生物が自然発生しないことを証明することができた。

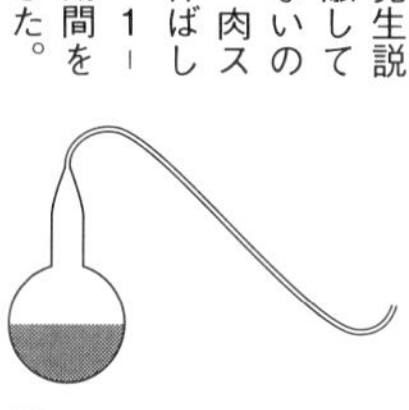

図4-1-1
パスツールフラスコ

賞を受賞した化学者です。第二次世界大戦中のマンハッタン計画（米国の原子爆弾開発プロジェクト）では、最高首脳陣に名を連ね、放射性ウラニウム^{235}Uの濃縮法を開発して原子爆弾の製造に貢献しましたが、戦後は地球・宇宙化学に同位体分析を中心とした新しい分野を切り拓いていました。[#2]

彼は、創生期の地球が、宇宙空間にある微細な岩石と、低温で固体のアンモニア（NH_3）、メタン（CH_4）、水（H_2O）が穏やかに凝集した〝冷たい〟ものと推定し、それらが凝集エネルギーで徐々に暖められて気体となって原始大気を構成した、と考えたのです。アンモニア、メタン、水を主成分とする大気です。この大気中で雷が発生すれば、アミノ酸など有機分子が生成するであろう、とのアイディアを実験で証明したのがミラーだったのです。

ガラス製の簡単な実験装置でしたが、アンモニアとメタンの混合気体の中で、水が蒸発し、冷却されて雨となって海に回帰する、水の循環を模擬する巧みな実験系を組み、その途中で雷を想定した火花放電をさせました。発想や装置およびその実験結果は、ともに世界に感銘を与え、ミラー型反応あるいはミラー・ユーリー型反応と呼ばれて、生命起源の最初の実験的研究として知られています。

その後ずっと1990年まで約40年間も、S・L・ミラーの実験の後を追って、あれやこれや、混合気体の種類や組み合わせを変えたり、あるいは火花放電の代わりに他のエネルギー源、たとえば紫外線やβ線、γ線、X線、陽子線、衝撃波などを使った、類似の研究がたくさん続きました。ミラーと同じ実験系で、水に粘土鉱物（モンモリロナイト）を混ぜると、アミノ酸の生成量が少し増加したとする下山晃らの研究も、その一つです。[*10]

これらの結果を総合すると、H、C、N、Oの元素を含む混合気体で、水素（H_2）、メタン（CH_4）、アンモニア（NH_3）のどれか一つが含まれていて〝還元的〟であれば、エネルギー源には依存せずに比較的容易にアミノ酸が生成することがわかりました。[*11]〝還元的〟とは、この混合気体の中に入った化合物が酸素を奪われるか、または水素が付加される状態をいいます。

しかし、逆に水素が奪われたり酸素が付加する〝酸化的〟な、たとえば二酸化炭素（CO_2）を含む混合気体の場合、あるいは還元的でも酸化的でもない中間の、窒素（N_2）や水蒸気（H_2O）の混合気体の場合では、H、C、N、Oの元素がそろっていても、アミノ酸

＃1　オパーリンは1955年、日本生化学会の招待で来日したが、各地で講演した中で、「彼（S・L・ミラー）は私の提案した方法で実験室内でアミノ酸の合成に成功しています」とか、「私の考えとH・ユーリーのデータから出発して」この実験を行ったと発言するなど、ミラーの実験への関与を主張している（江上不二夫編『生命の起源と生化学』12頁および32頁、岩波新書231、1956年）。

＃2　小沼直樹、『宇宙化学・地球化学に魅せられて』（第3章および第4章化学者ユーリーの軌跡、44〜76頁、サイエンスハウス、1987年）を参照した。

が生成しないことも明らかになったのです。[#1]

20年後の1974年、ミラーらは、火花放電を続けながら生成物を分析して、アミノ酸ができる中間状態でシアン化水素（HCN）とアルデヒド（HCHO）が生成することを確認して、アミノ酸の生成過程も明らかにしました。[*13]

ミラーは、生命起源の実験的研究の開祖となっただけでなく、実験のみごとな成果は広く世界に信じられて、生命発生に必要な有機分子は原始地球の激しい降雨現象の中で雷によって準備されたであろうと、現在でも多くの教科書に記載されています。

ミラーの実験および仮説の前提は覆った

しかし次節で詳述しますが、20世紀末から急速に進歩した地球惑星科学は、原始地球の生成過程がユーリーの推定したような温和なものではなく、激しい隕石の衝突によってあらゆるものが熔融する超高温状態にあったことを明らかにしました。原始大気の組成も彼の推定とはまったく異なり、窒素（N_2）と水（H_2O）と二酸化炭素（CO_2）の混合気体で、〝酸化的〟だったのです。

したがってアンモニア（NH_3）とメタン（CH_4）と水（H_2O）からなる〝還元的〟な原始大気を想定していた、ミラーの実験の前提は覆ってしまったのです。そうなると、〝生命の素〟になるアミノ酸など生物有機分子がどうやって地球上に現れたか？　の問題は振り出しに戻ってしまいました。それどころか、アンモニアやメタンなど、有機分子の生成に必要な前駆体[#2]さえ、どうやって地球上に現れたのか、その起源がわからなくなりました。

　これまで蒐集《しゅうしゅう》された隕石の中には、わずかですがアミノ酸など有機分子を含むものがあり[*14,15]、電波望遠鏡の観測では宇宙空間に有機分子の存在することが知られていますので[*16]、地球外で生成した有機分子が隕石によって地球に運ばれた、と想像することは容易です。しかし、それらの有機分子は、分子や生物進化の原因である地球の冷却史やエントロピーの減少とは無関係であるのみならず、原始大気は高温で酸化的ですから、隕石から大気中に放出されれば酸化されてしまいます。すなわち、徐々に燃えてしまって、生命の素にはなり得ないでしょう。

　隕石の種類や衝突される地球側の条件によっては、衝突地点のまわりに局地的、一時的

＃1　1990年になって、加速した陽子線を照射すれば酸化的な、CO_2, CO, N_2, H_2O の混合気体からでもグリシン、アラニン、セリンなどのアミノ酸が合成できるとの実験例が報告されたが（＊12）、陽子（プロトン）とはH^+のことで、被照射体に吸収されれば化学的には水素イオンと同じになるので、その照射実験は酸化条件の事例から除いた。

＃2　ある物質が化学反応で生成される前の段階の物質。

に、還元的な大気ができます（4－3）。しかしその場合も有機分子はどこかに保護されないかぎり、地球全体は酸化的大気ですから、結局は燃えて（酸化して）しまいます。

惑星間塵《わくせいかんじん》（Interplanetary Dust Particles）や微隕石（Micro-meteorite）といわれる直径0・1㎜かそれ以下の小さな地球外物質は静かに地球に落下しますので高温にはなりませんが、含まれている有機物は宇宙を漂う間に浴びた宇宙線や強い紫外線のために固体炭素になっていて、とてもそのままでは生物有機分子の起源にはなれそうもありません。

したがって隕石でも星間塵でも、生命の素になる有機分子の起源を宇宙空間に求めるのは、物理的、地球史的必然性がないのみならず、化学的にも難しいのです。

一方、アミノ酸の前駆体であるアンモニア（NH_3）の起源については、地球の地殻の熱水[#1]条件で、硫化鉄（FeS）を触媒として生成し得るとの実験結果が1998年に報告されました。[*17] 2003年には、もっとずっと温和な海水条件（常圧、90℃以下）でも、水溶液中に窒素（N_2）、硫化水素（H_2S）が溶解し、触媒となる硫化鉄（FeS）があれば、液中の窒素が還元されてアンモニア（NH_3）になるとの論文発表がありました。[*18]

両論文はそれぞれ、原始大気が酸化的でアンモニア（NH_3）を含まなくても、地殻の熱水あるいは高温の海水条件でアンモニア（NH_3）が生成したかもしれないことを示唆しています。しかし、両説とも、熱水や高温の海水に気体の窒素が溶解していることを条件としていますが、コーラや炭酸水を温めるとガスが抜けてしまう現象と同じで、高温の水の場合は窒素ガスの溶解度は低く、生成量は乏しそうです。また、仮にアンモニア（NH_3）が海水中で生成したとしても、蒸発して酸化的大気に含まれれば酸化されて水と窒素ガスになってしまうでしょう。大気中にアンモニア（NH_3）は存在し続けられないのです。

では、アミノ酸およびその前駆体のアンモニア（NH_3）がどうやって地球上に大量に出現したか？　ミラー・ユーリー型反応の前提が覆った20世紀末以来の難問題ですが、その謎は次節で原始地球の冷却の歴史を理解した後で改めて論じます。

4-2　概観：冥王代および太古代の地球冷却史

46億年前頃何らかの原因で、宇宙空間に希薄に存在していた星間物質（143頁の＃1）の分布に揺らぎが

＃1　熱水：1気圧であれば水は100℃以上で気体（水蒸気）になるが、1気圧を超えると100℃でも沸騰せず、液体のままである。その状態を〝熱水〟という。温度・圧力に上限はない。一方、圧力が22・1メガパスカル（218気圧）でかつ374・2℃になると、水は液体と気体の区別のつかない状態になり（臨界点）、それ以上の温度・圧力の状態の水を超臨界水という。

生じ、密度の高いところを中心に収縮と回転を始めたことが、太陽系の始まりであるといわれています。星間物質はきわめて微細で、その分布もきわめて希薄なものですが、宇宙スケールで膨大な量が凝集すると、その凝集エネルギーと超高圧力によって中心部では核融合反応が生じ、原始太陽になります。

太陽ができた後、周辺の星間物質は太陽を中心として回転する遠心力と太陽の引力の釣り合う位置に濃集して、直径10㎞程度のたくさんの微惑星（Planetesimal）になりました。それら微惑星が相互に衝突して合体することで惑星が生成します。その一つが地球です。[*19,20]

地球は45・5億年前頃、現在と同じ程度の大きさになったと推定されていますが、微惑星が相互に凝集して1個の惑星ができるまでの時間は0・3億年程度だと推定されています。[*21] その間、まれに超大型の微惑星が衝突することもあります。火星なみの大きな〝微惑星〟が創生期の地球に衝突し、微惑星と地球の一部が蒸発・熔融・飛散して地球外で再凝集したのが「月」で、月として再凝集するのに要した時間は、たった1ヵ月であったと推定されています。[*22]

原始地球が現在と同じ程度の大きさに成長すると、その重力に引かれた微惑星や隕石は高速（秒速10㎞以上）で衝突して、その衝突エネルギーで衝突体も衝突された地球の一部も蒸発してしまいます。蒸発して飛散しても、鉄や珪酸塩などのマグマの成分は重力に引かれて再び地球に戻って融体（または固体）になります。

窒素（N_2）、二酸化炭素（CO_2）、水蒸気（H_2O）など揮発成分も重力に引かれて戻りますが、融体に含まれる量は少なく、多くはそのまま空中に残って高温の大気となります。水蒸気を主成分とする当時の大気圧は、現在の金星と同程度で、約10メガパスカル（約100気圧）もあったであろうと推定されています。[*23、#2]

原始地球は、激しい微惑星の衝突によって表層から融解して、地球の表面に〝マグマの海〟（マグマオーシャン）ができたかもしれないし、あるいは特に大きな微惑星の衝突を契機として、地球全体が一度に融解したかもしれないと考えられています。いずれにしても、創生期の地球はいったん高温の熔融状態になりました。[*24、25]

原始大気はH_2O、N_2、CO、CO_2の酸化的混合気体になった！

地球表層の〝マグマの海〟は、地球を構成する主成分の鉄や珪酸塩を融解する120

＃1　星間物質とは、ほとんど真空の宇宙空間にきわめてわずかに存在する、水素やヘリウム（He）および宇宙塵（ダスト）と呼ばれる0・1㎛程度の水やアンモニアの氷および鉱物の微粒子をいう。

＃2　〝金星と同程度の大気〟は、おそらく、現在の海面下1000ｍの海底における500℃の熱水環境に近いと推定される。

0℃以上の高温になったでしょうから、そんな高温の熔融体に接する大気は徐々に酸化的になります。

なぜなら、以下の平衡反応は、温度と圧力によって右向き（↓）にも左向き（↑）にも進みますが、1200℃以上の高温ではすべて右向き（↓）に進み、アンモニアもメタンも分解してしまうからです。

$$2NH_3 \rightarrow N_2 + 3H_2$$
$$CH_4 + 2H_2O \rightarrow CO_2 + 4H_2$$

そして、高温のために高速で相互に衝突している分子のうち、水素分子（H_2）は軽いので選択的に地球の引力圏を離脱してしまいます。徐々に水素が抜けた原始大気は、窒素（N_2）、二酸化炭素（CO_2）、水蒸気（H_2O）の混合気体になりますから、酸化的になるわけです。大気が高温でしかも酸化的では、生命の素となるいかなる有機分子も存在できません。仮に、地球外から隕石や微惑星に乗って運ばれてきても、そして衝突の際の超高温に一部が残存できたとしても、その後の高温の大気で酸化されて、H_2OやN_2あるいはCO_2になってしまいます。遅かれ早かれ燃えてしまうわけです。したがって、原始地球およびその大気は、マグマオーシャンの出現によって、有機分子を完全に除去した〝無機界〟にリセットされたと考えられます。

では、生命の素になるアミノ酸など生物有機分子がどうやって地球上に現れたのか？　生物有機分子どころか、アンモニア（NH_3）やメタン（CH_4）など、有機分子の生成に必要な前駆体さえ、どうやって地球上に現れたのか、20世紀末にはその起源さえわからなくなってしまいました。

しかし第2章で述べた分子進化の物理的必然性を指針として、最近の地球惑星科学が明らかにした原始地球の冷却史をよく検討すると、限定された環境で、アンモニアもアミノ酸も多量に生成する条件が存在することがわかります。4－3（152頁）で、著者の導いた仮説を詳しく述べますが、その前に、根拠となった〝原始地球の大事件〟について、説明しておきます。

40億～38億年前にあった隕石の〝後期重爆撃〟

45億年前頃、地球を形成した微惑星や隕石の激しい衝突、合体、集積の頻度が低減して地球創生の時代が終わると、地球表層の温度が徐々に下がり、水蒸気が凝集して海が出現しました。海洋の出現によって大気の圧力は急激に減少して現在の1013ヘクトパスカル（1気圧）に近づいたでしょう。その海が出現したのは、地球最古の花崗岩に含まれる鉱

物（ジルコン）の酸素同位体比を根拠に、43億年前頃であろうと推定されています。[*26、27]
隕石の衝突した痕跡は、地球上ではその後のダイナミックな全地球流動で消えてしまいましたが、地球生成と同じ頃にできた月にはクレーター（隕石衝撃孔）として保存されています。また、衝突の際に隕石や岩石が破砕した粒子、あるいは融解して飛散した微細なガラス（スフェルール）も、〝月の土壌〟として残っています。

1961〜1972年の米国のアポロ計画によって持ち帰られた〝月の土壌〟の年代測定からは衝突の時期が推定でき、月のクレーターの大きさからは、衝突のエネルギーが計算できます。それらの解析結果によると、地球創生期の微惑星や隕石衝突は、45・5億年前から連続的に減少して、35億年前頃には現在と同じ程度になったと、世紀末2000年頃までは推定されていました[*28、29]（図4-2-1、破線）。

しかしアポロ計画によって地球に持ち帰られた〝月の石〟の研究が始まって間もない1973年に、測定された〝月の土壌〟の年代が40億〜38億年前の間に集中していることに注目して、その頃何らかの〝月の大変動〟（Lunar Cataclysm）があったのではないか、と指摘する論文もあったのです。[149頁の#1、*30]

同説はずっと注目されていませんでしたが、2001年になって、前述の、43億年前頃に海があったことを示唆する鉱物が発見され[*26、27]、さらに、月への隕石衝突によって飛散した

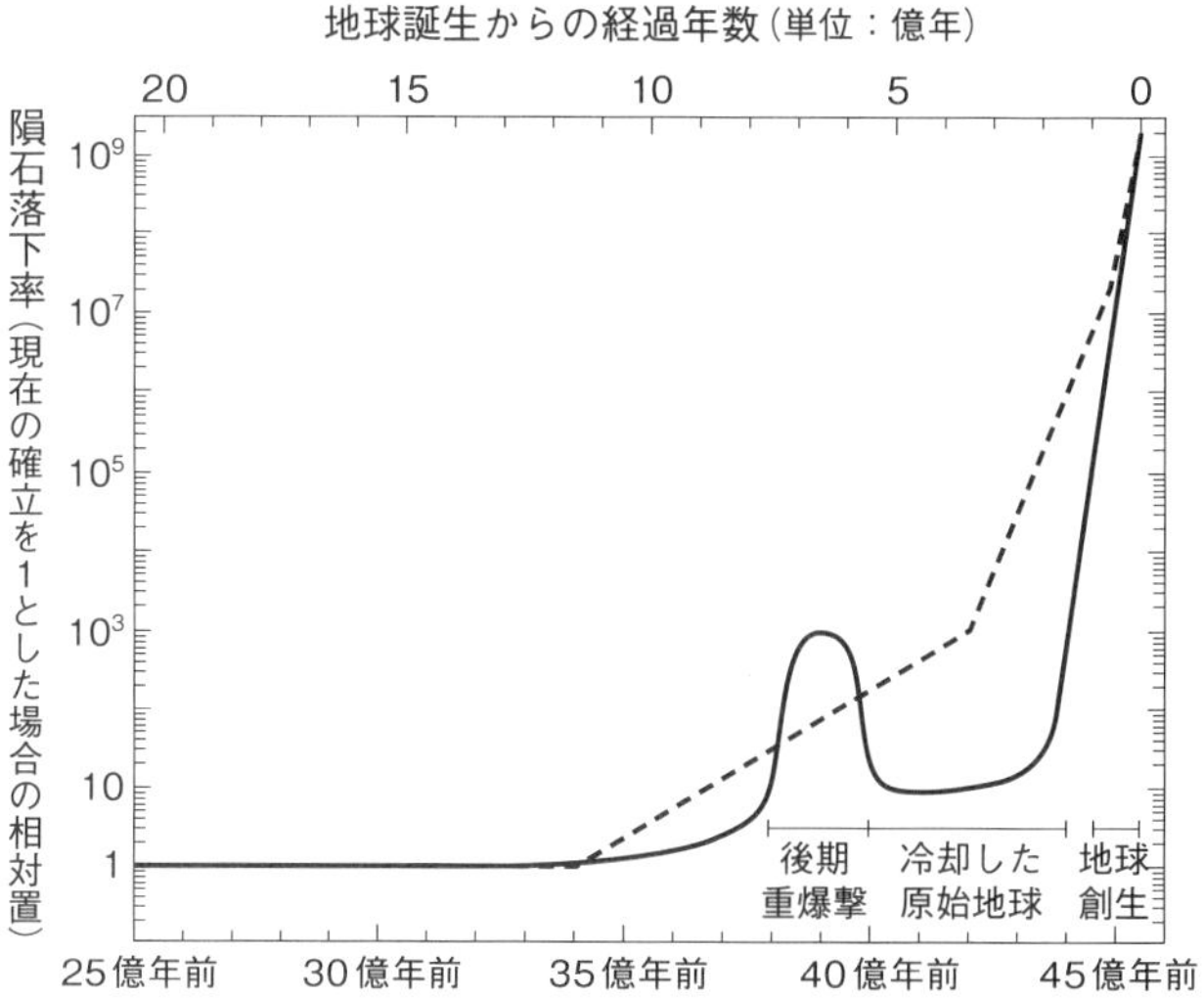

図4-2-1　45.5億年前から25億年前までの相対的隕石落下率
米国のアポロ計画(1961～1972年)によって持ち帰られた〝月の土壌″の年代測定とクレーター(隕石衝撃孔)の多さから推定された隕石落下率の経時変化。横軸は時間、地球創生45.5億年前から25億年前まで。縦軸は現在の隕石落下頻度を基準(1.0)とした相対的落下頻度。破線:地球創生期の微惑星や隕石の集積が漸減しながら35億年前まで続いていた、と2000年頃まで考えられていた。実線:その後の研究で、地球創生期の微惑星・隕石集積は43億年前には終焉し、地球が冷却して海が出現した後、40億～38億年前の間に小惑星帯を起源とする激しい隕石落下の時期があったとされ、隕石の〝後期重爆撃″(Late Heavy Bombardment, LHB)と呼ばれている。
(図は Valley ら(2002)(＊32)より一部邦訳して転載)

月の石の破片が地球に飛来したと推定される隕石が発見されて、[*31] 同説はにわかに有力視されるようになりました。

なぜなら、海洋ができたことは、すべてが熔融する高温状態だった地球の温度がそこまで下がったことを意味しますので、45・5億年前から始まった地球創生の微惑星・隕石の集積が、43億年前頃にはいったん終焉したことをしめしているからです。したがってその後の、40億〜38億年前の激しい隕石爆撃は、地球創生期の微惑星・隕石の集積・合体とは別の原因の〝後期重爆撃〟[#2] であると考えられたのです。[*32]

その後2005年には、〝後期重爆撃〟は太陽系の惑星軌道の揺らぎによって生じたもので、衝突体のほとんどは火星と木星の間にある小惑星帯を起源とする小天体（小惑星およびその破砕物）であろうと推定され、[*33、34] さらに2012年には、隕石[#3]の源が、小惑星帯のうちでも〝火星側〟であろうと、位置のより詳細な解明がなされました。[*35] 帯状に分布する小惑星は、その位置によって成分が異なり、〝火星側〟の小惑星は金属鉄を多量に含む種類で、隕石として飛来すると〝Eコンドライト〟と呼ばれる種類になります。[*36]

その後、〝後期重爆撃〟の痕跡は地球上でも見つかり、40億〜38億年前に激しい隕石の〝後期重爆撃〟があったことは、確からしくなりました（図4－2－1、実線）。〝後期重爆撃〟によって地球は、1〜2×$10^{23\sim24}$ g増量して、それを地球全体に平均化すれば、1㎡あた

り2000tも積もったことになると推定されています。[*37、38、39]

“後期重爆撃”の隕石はほとんど“海洋”に衝突した！

“後期重爆撃”があった40億〜38億年前に、すでに海があったことは、地質学的証拠からも明らかです。たとえば、グリーンランド大陸の西縁、イスア地域には、38億年前の“堆積岩起源”の変成岩があり、水中に溶岩が噴出したときにできる独特の形状の“枕状溶岩”

＃1　米国のアポロ計画では、ヒトがはじめて月に立った11号（1969年）以降17号（1972年）まで、5回の有人月探査により、約380kgの“月の石”が地球に持ち帰られた。11号の石の一片は、1970年大阪万博の目玉展示の一つになっている。“月の石”は米国航空宇宙局（NASA）の厳重な管理の下に、米国を中心に世界の研究者に無料貸与されて研究試料に供された。貸与も返還もmg（1000分の1g）単位の厳密さである。筆者も1974〜1976年まで、アポロ14号の石を研究するドイツのチームに招かれて、輝石という鉱物のX線回折パターンから月の冷却史を推定する一説を立てた。1970年代は月の石を中心に世界の研究者が躍動して、新しい地球惑星科学を拓いた時代である。

＃2　地球など惑星が創生された45・5億年前の微惑星や隕石の激しい集積に比べて“後期”であるとの意味で後期重爆撃（Late Heavy Bombardment, LHB）と呼ばれている。

＃3　筆者の著書（第1章の＊11）では、地球を創生した微惑星・隕石の集積が45・5億年前から漸減して35億年前に現在と同じ程度になったとする旧説を考慮して、衝突体を「微惑星・隕石」と表現しているが、後期重爆撃説が確立されたので、40億〜38億年前の間の衝突体を、本書では単純に「隕石」と記述する。隕石も大きい場合は、小惑星自体になる。

も産出しています。またカナダ北部のアカスタ地域には40億年前の〝花崗岩起源〟の変成岩（片麻岩）が産出しています。[*40、#1] 堆積岩も、枕状溶岩も、花崗岩も、いずれも海洋がなければ出現しない種類の岩石なのです。

当時の地球はプレートテクトニクスが機能し始めたばかりで（第7章で詳述します）、まだ大陸は発達していませんでしたから、地球表層は同じ深さの海洋にほぼ全体が覆われていたものと推定されます。全球熔融から温度とエントロピーの低下によって、地球の構造が〝秩序化〟する過程としても、単純な層状構造の地球に海洋層があったであろうことは想像に難くありません。

その頃の海洋の深さについての確かな記述はありませんが、プレートテクトニクスが発達した後に、プレートやプレートに載った堆積物に含まれて、マントル内部に引き込まれた多量の水のあることを考慮すると、少なくとも現在の総海水量より多かったであろうと推察されます。したがって、現在の平均海深の３８００ｍ以上の深さの海が地球全体を覆っていたでしょう。40億〜38億年前の〝後期重爆撃〟で衝突した隕石はほとんどすべて、海洋すなわち〝水〟と衝突したのです。

隕石は大量の水や地球物質とともに蒸発した！

物質が水に衝突するとき、高速であれば液体の水でも固体に衝突した場合と同じ現象が生じます。〝水が固い〟ことは、水泳の飛び込みで腹や胸を打った経験からも想像できるでしょう。計算では、玄武岩質の隕石が秒速10㎞で水に衝突すれば、水は玄武岩の固さの3分の1程度になります。固体の大地に衝突する場合と、桁違いの差はありません。

衝突エネルギーは衝突体の重さ（質量）に比例し、速度の2乗に比例します。〝後期重爆撃〟の、月に残されたクレーターの大きさから衝突エネルギーを推定すると、最大は$10^{25\sim26}$ジュール程度と見積もられています。[*41] この値は、恐竜を絶滅させて、中生代と新生代の境界（K／T境界）になったといわれている大型隕石衝突の$10^{24\sim25}$ジュールと同じかそれよりも1桁大きな値です。

恐竜を絶滅させた隕石衝突では、メキシコ、ユカタン半島のチクシュルーブ地域に、直径180㎞のクレーターをつくりました。直径10㎞の隕石が秒速20㎞で衝突して、温度は約1万℃、圧力は600ギガパスカルに達したと推定されています。[*42]

＃1　海底の玄武岩や堆積物がマントルに引き込まれると、含まれている水が放出されてマントルの一部が熔け、花崗岩マグマを生成する。従って、花崗岩の存在は海洋のあった証拠になる（＊40）。

推定された隕石の直径、10kmは海の深さの約2倍以上ありますから、海水だけではなく海底下のプレートの一部も、一瞬で蒸発させたでしょう。40億～38億年前の小惑星や隕石の〝後期重爆撃〟の中には、これと同程度か、さらに1桁大きいサイズと速度のものが多数含まれていたのです。

そんな衝撃で海水は高温・高圧の〝超臨界水〟(前出、141頁の#1)となって鉱物や金属を溶解し、衝撃圧力が抜けて超高温になれば、水は水素と酸素に分解して金属や鉱物と反応します。超臨界や超高温で、反応性の高い多量の水の起こす化学反応が、40億～38億年前の、〝海洋〟に衝突した隕石重爆撃の特徴です。

4-3 40億～38億年前頃、〝局地的〟〝一時的〟に還元大気が生じた！

それでは、隕石の海洋爆撃によってどんな化学反応が生じたか？ これを考察するために、まず衝突現場にある化学種(分子やイオンの種類)を考えます。地球側にあるのは主として、原始大気の窒素(N_2)と海水(H_2O)、二酸化炭素(CO_2)および海底やその下のプレートを構成する主としてカンラン石、($(Mg, Fe)_2SiO_4$)です。

一方、当時の衝突体の化学組成は、現在までに蒐集された隕石の組成から推定できます。なぜなら、40億〜38億年前も今も隕石の主な源は火星と木星の中間にある小惑星帯で、小惑星や隕石が衝突する頻度は35億年前に1000分の1に減少し、そのまま現在にいたっているからです（図4－2－1）。

統計によると、これまで蒐集された隕石の85％以上が〝普通コンドライト〟と呼ばれる隕石で、主成分は珪酸塩《けいさんえん》（カンラン石と輝石《きせき》）ですが、副成分として重量の1〜20％の金属鉄を含んでいます。前出の論文[*35]によれば、当時衝突した小惑星・隕石は小惑星帯の火星側起源の、金属鉄を25％も含む〝Eコンドライト〟と呼ばれる隕石です。[#1]さらに、鉄ニッケル合金だけの隕石（隕鉄、蒐集された隕石の6％）もありますから、当時の衝突体の90％以上は多量の金属鉄を含んでいたと考えられます。[*43、44]この金属鉄の存在が衝突後の化学反応に大きく

＃1　隕石の分類については＊43、44に詳しい。隕石を大別すると、石質隕石（93％）、石鉄隕石（1％）、隕鉄（6％）の3種（括弧内はこれまで蒐集された隕石の中の割合）。隕鉄は鉄・ニッケルの合金、石質隕石は主として珪酸塩鉱物（カンラン石＋輝石）。石質隕石はさらに〝コンドリュール〟と呼ばれる粒状のカンラン石や輝石のあるコンドライト（85％）と、それらのないエコンドライト（8％）の2種に分けられ、コンドライトはさらに、金属鉄または硫化鉄を含む〝普通コンドライト〟（81％）と含まない〝炭素質コンドライト〟（5％）、および金属鉄を特に多く（25％）含む〝Eコンドライト〟（1・5％）に分類される。〝普通コンドライト〟は金属鉄の含有量（20〜1％）の多い順にH、L、LLコンドライトと呼ばれる。

影響します。

隕石が海洋に衝突すると一瞬にして、大量の水は超臨界水から超高温の気体となり、隕石や海底の鉱物成分もいっしょに蒸発して〝衝撃後蒸気流〟（Post impact plume）となります。超高温の衝撃後蒸気流の中で、水（H_2O）は隕石に含まれていた金属鉄（Fe）と反応して水素（H^+）と酸素（O^{2-}）に分解しますが、酸素は蒸発した金属鉄を酸化して吸収されますので、衝撃後蒸気流は一気に水素過剰の還元状態になります。同時に蒸発した硫化鉄やカンラン石も、衝撃後蒸気流を還元する方向に働きます。

したがって、金属鉄を含む隕石の海洋爆撃では、その地域に〝局所的〟〝一時的〟な超高温の還元的大気が生成するのです。

4－1で述べましたように、ミラーの実験（1953年）以来1990年代まで繰り返された類似の実験によって、〝還元的な混合大気であれば〟、アミノ酸など生物有機分子が容易に生成することが確かめられていました。原始大気は酸化的であったために、彼らの想定は覆りましたが、40億～38億年前の隕石の〝後期重爆撃〟によって生ずる衝突後の蒸気流の中では、〝局地的〟、〝一時的〟にはその条件があったのです。しかも、超高温から急冷される衝撃後蒸気流の内部は、乱流となって気団相互の摩擦が生じ、雷（静電プラズマ）も発生したでしょう。隕石の海洋衝突によって、熱エネルギーに加えて放電エネルギーもあって、アンモニア（NH_3）やメタン（CH_4）など生物有機分子の前駆体やアミノ酸など生物有機分子自体も生成する好適な条件がつくられたのです。

「衝撃後蒸気流の中の〝還元条件〟」は、永らく行き詰まっていた「有機分子の起源」に迫る大きな手がかりです。地球史上の〝事件〟を化学的な視点から考察して得た手がかりですが、このままでは机上の論であり、仮説です。それらが正しいとしても、妥当性は実験によって支持されなければなりません。そこで以下、隕石の海洋衝突を模擬する実験を行い、岩石・鉱物が蒸発すること、およびその還元条件によってアミノ酸の前駆体であるアンモニアが生成した、実証実験の結果を示します

4-4　隕石の海洋衝突による〝岩石・鉱物の蒸発〟：模擬実験による実証

隕石が海洋に衝突して、大量の水が超臨界水から超高温の気体となることは容易に理解できます。しかしその際、隕石および海底を構成する各種鉱物がいっしょに〝蒸発〟したことは、計算機シミュレーションの超高温や超高圧から推定されますが、物的証拠はありません。そこで筆者らは、隕石衝突に比べればずっと小規模ですが、火薬を使った隕石衝

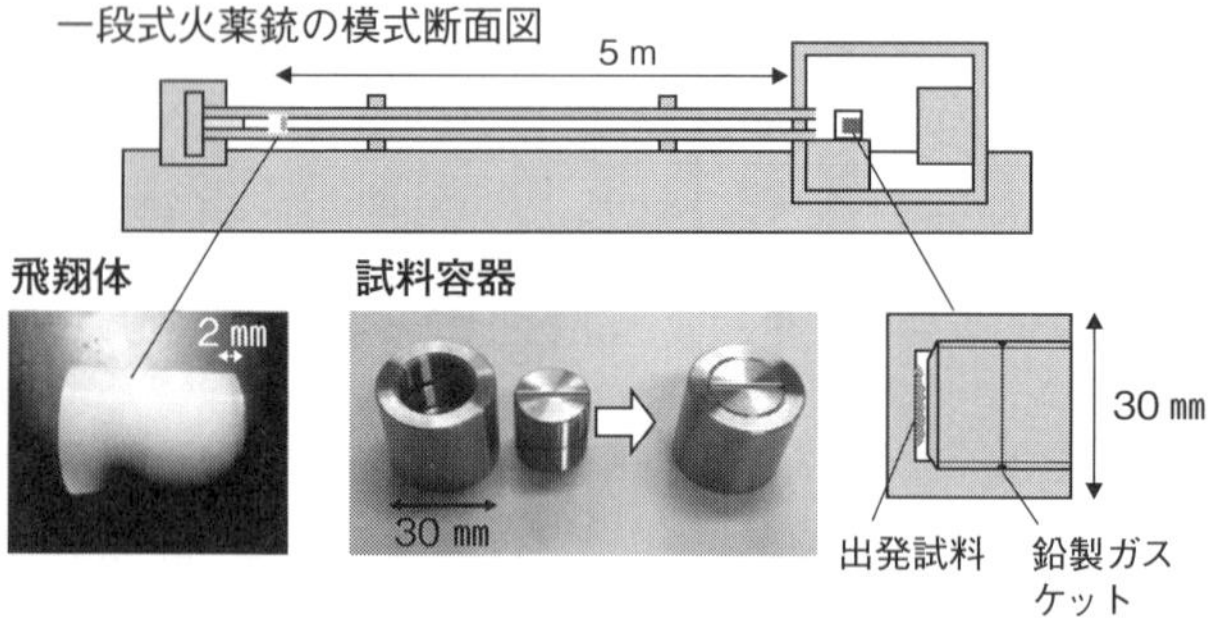

図4-4-1　一段式火薬銃
上：一段式火薬銃は全長５m。発射筒（断面図左端）に火薬を詰めて点火し、飛翔体を飛ばして試料チャンバー内（同右端）にある試料容器を撃つ。飛翔体は直径３cm厚さ２mmのステンレス製の円盤であるが、火薬の爆発圧を受けるためにプラスティックの栓（同径、長さ５cm）が貼り付けてある（写真左端）。試料カプセルは円筒の後方から２段のネジを挿入する構造（写真中央）で、円筒の底とネジの先端との間に試料を入れる（断面図右端）。飛翔体や試料カプセルの構造は、衝突の際に発生する衝撃波の伝搬をあらかじめ計算して設計してある。

突の模擬実験によって〝鉱物の蒸発〟を確認することにしました。

隕石衝突を模擬できる実験装置は「衝撃銃」（一段式火薬銃、図4－4－1）といいます。いわば銃身の長い大砲で、隕石に相当する弾丸（飛翔体）を火薬で飛ばし、試料の入っている標的（試料カプセル）に当てます。ただし、標的は銃身と一体になった密封容器（チャンバー）の中にあって、衝撃を受けても外には飛び出さないように設計されています。

この種の装置は、1945年、米国のロスアラモス研究所（マンハッタン計画を担った）で最初に使われたといわれていますので、元々は原子爆弾の起爆装置の開発と関係があるでしょう。飛翔体と試料が衝突した瞬間だけに生ずる超高圧（動的超高圧）を利用します。ピストンなどで小さな空間を押し込めて生ずる超高圧（静的超高圧）に比べてはるかに高い圧力が発生します。静的超高圧では最大でも、地球のマントル下部程度の圧力にしか届きませんが、衝撃圧縮では海王星や冥王星の中心圧力に達します。飛翔体の代わりにレーザー光を使えば、太陽内部の圧力にも達しますから、核融合実験にも使われています。

隕石海洋衝突模擬実験に用いた一段式火薬銃は、物質・材料研究機構の前身、無機材質研究所の時代に、ダイアモンドの粉末を多量に、一瞬に合成することを目的に導入されたものです。現在でも、ダイアモンドや新素材の開発のために用いられていますので、衝突実験後に試料を回収する工夫がされています。隕石海洋衝突によって、どんな化学反応が生ずるか、試料を回収して分析するための実験には最適の装置です。

ステンレス製のカプセルに、隕石と海洋の主な成分であるカンラン石と鉄と水を封入して、ステンレス製の飛翔体《ひしょうたい》を衝突させ、その後カプセルを回収して生成物を調べる方法で、実験を行いました。

飛翔体の衝突速度は秒速約１㎞で、予想される隕石の速度の10分の１以下です。それ以上の速度で衝突させるとカプセルが破裂して試料の回収が困難になりますから、これが技

図4-4-2 隕石衝突模擬実験に用いた一段式火薬銃（物質・材料研究機構）の全景

発射筒（手前側）から火薬の爆発によって飛翔体を飛ばし、試料チャンバー内（向こう側）にある試料容器を撃つ。

術的限界でした。

　ちなみに実験の秒速１㎞は時速に直すと３６００㎞です。２０１３年２月15日、ロシアのチェリャビンスクに落ちた直径約20ｍの隕石は、時速６万３７２０㎞で大気圏に突入したと推定されています。実験の速度の一桁以上上の速さです。実験装置の構成や使用した一段式火薬銃は図４－４－１、および図４－４－２にしめしました。

　もし金属鉄やカンラン石が蒸発して水の分解した酸素と反応すれば、酸化物となって結晶化します。水素や酸素や水などの濃い気体の中で結晶化しますから、〝超微粒子〟になるはずです。超微粒子とは、蠟燭《ろうそく》の不完全燃焼で生じた炭素が空気の分子（窒素や酸素など）と衝突して撥《は》ね返され、炭素どうしが衝突した際に凝集して、煤《すす》ができるのと同じメカニズムで生成する小さな結晶のことです。

不活性ガスの中で金属を蒸発させたときに、金属原子が不活性ガスの分子に撥ね返されてできる金属の超微粒子は、よく研究されていて〝煙微粒子〟[#1]とも呼ばれています。ガスに酸素が含まれていれば、金属は酸素と反応して金属酸化物の〝超微粒子〟になります。例えば、鉄（Fe）であれば、磁鉄鉱（Fe_3O_4）や赤鉄鉱（Fe_2O_3）など酸化物の微結晶になるはずです。

それぞれきれいな外形を持った結晶ですが、直径数nmから数百nmですから、電子顕微鏡でなければ観察できないサイズです。[*45,46] したがって、衝撃実験で回収した試料を電子顕微鏡で観察して、酸化鉄やカンラン石の〝超微粒子〟があれば、金属鉄やカンラン石がいったん蒸発した証拠になります。

＃1　金属の超微粒子（煙微粒子）は、微細な結晶であるので量子効果が期待されて、日本を中心に1960〜1980年に盛んに研究された（＊45）。著者も1976年、硫黄蒸気の中で鉄を蒸発させて磁性硫化物Fe_3S_4（鉱物名グレギット）の合成を試み、その過程でFe_3Sを発見して〝新化合物〟として『ネイチャー』誌上で発表した（＊46）。その後、2000年、Fe_3Sは高圧でできる〝新化合物〟であるとする論文が米国鉱物学会誌で発表されたが（＊47）、先行研究の調査不足であろう。

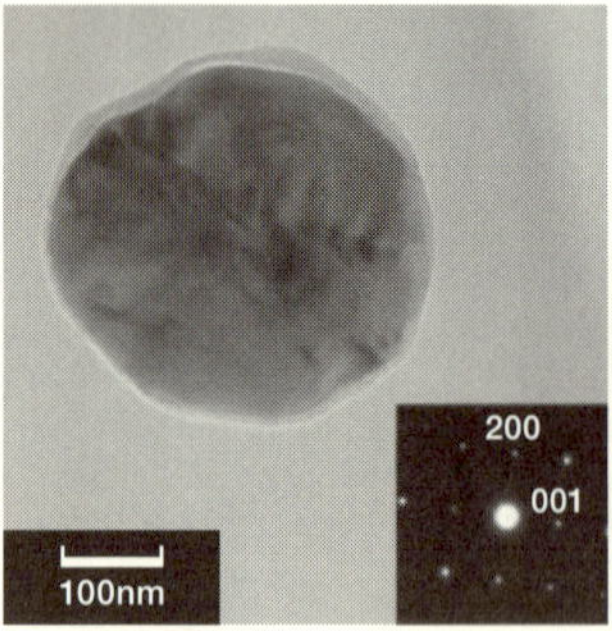

c：直径約200nmのカンラン石単結晶の超微粒子。挿入された右端の電子回折像は、この粒子が球形でも単結晶であることを示している（TEM）。

d：酸化鉄（赤鉄鉱、Fe_2O_3）の単結晶。金属鉄が蒸発して水が分解した酸素と結合して晶出。気体中で結晶化したので、赤鉄鉱固有の六角板状になっている（SEM）。

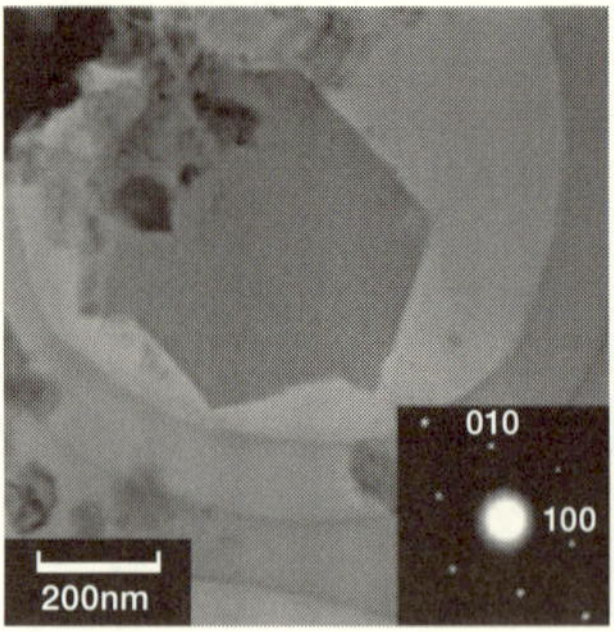

e：酸化鉄（赤鉄鉱、Fe_2O_3）の単結晶。右端の電子回折像が1個の単結晶であることを示している（TEM）。

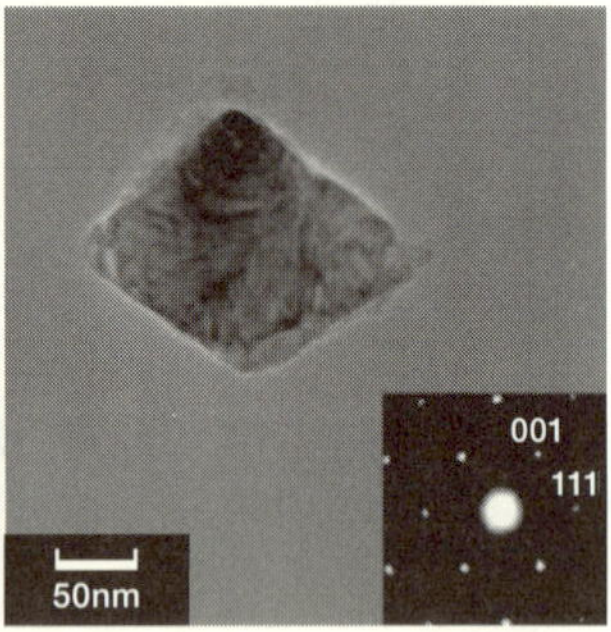

f：クロム鉄鉱の単結晶。クロム鉄鉱は、赤鉄鉱Fe_2O_3と類似の金属酸化物、$(Fe,Mg)Cr_2O_4$。クロム（Cr）およびマグネシウム（Mg）を含む鉱物であることは、同時に蒸発したカプセル素材のステンレス鋼（Crを15％含む）およびカンラン石（Mg_2SiO_4）の成分が取り込まれて結晶化したことを、明瞭にしめしている（TEM）。

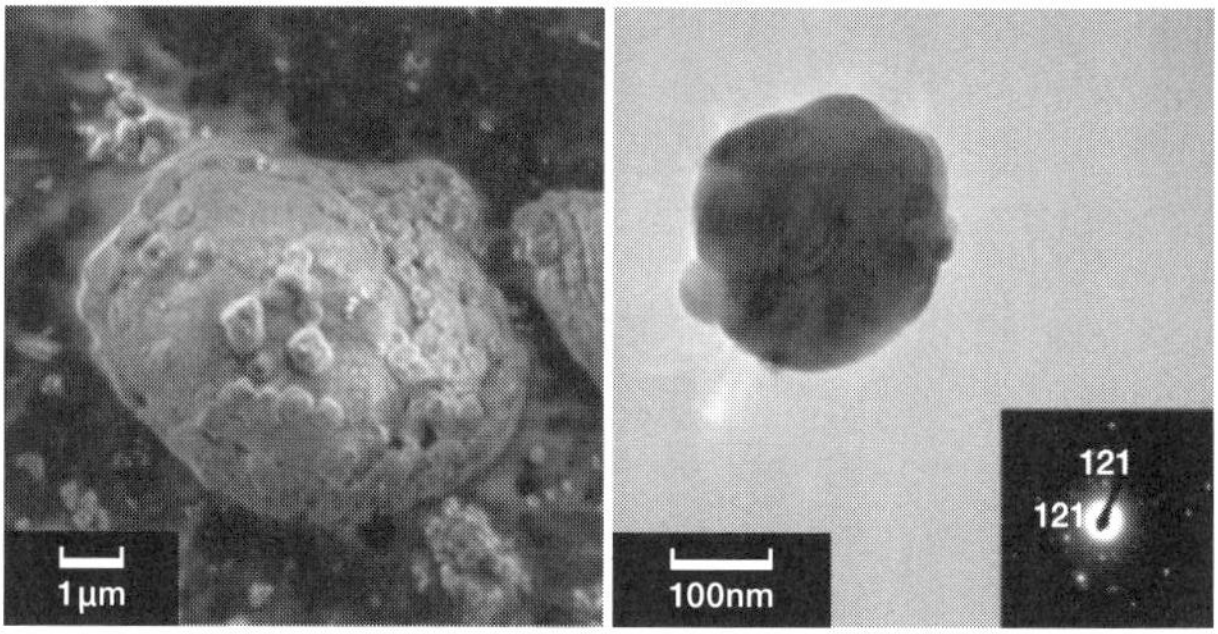

a：カンラン石が蒸発して再結晶し、いったん数十 nm 以下の単結晶となり、それらの微結晶が相互に衝突・凝集して数μmの二次粒子（本図の楕円状粒子）となったことを示している（SEM）。

b：直径約200nm のカンラン石の二次粒子。挿入された右端の電子回折像は、この二次粒子が複数個の単結晶の凝集体であることを示している（TEM）。

図4-4-3　金属鉄やカンラン石の蒸発をしめす〝超微粒子〟
（Furukawa ら、＊48）（SEM：走査型電子顕微鏡、TEM：透過電子顕微鏡による画像）

衝撃実験後の回収物をX線や電子顕微鏡を使って調べた結果を、図4－4－3にしめします。予想どおりさまざまな〝超微粒子〟が見つかって、明らかに金属鉄やカンラン石が蒸発していることがわかりました。[＊48,49] 本実験は、衝突で生ずる超高温状態で鉄もカンラン石も〝蒸発する〟ことを電算機シミュレーションではなく、物的証拠ではじめて明らかにしました。

4-5 隕石の海洋衝突によるアンモニアの局地的大量生成説

前述の衝突実験によって、隕石の海洋衝突の際には大量の海水だけでなく、隕石や海底を構成する金属鉄やカンラン石も蒸発することが確かめられました。したがって衝撃後蒸気流の中で、蒸発した金属鉄（Fe）は水（H_2O）が分解した酸素（O^{2-}）と反応して酸化され、蒸気流は水素（H^+）過剰の強い還元状態になります。

この高温の還元状態の中では、大気を構成していた窒素が還元されてアンモニアが生成されるはずです。アンモニアの合成法として著名なハーバー・ボッシュ法のメカニズムで、その触媒に使われている鉄も超微粒子としてたくさん浮遊しているからです。窒素と水素ガスからアンモニアができる反応、$N_2 + 3H_2 \rightarrow 2NH_3$ は容易に進行したはずです。

衝撃後蒸気流は上空で冷却され、酸化鉄やカンラン石の超微粒子を核として氷晶が発達し、大量の水蒸気は超微粒子を含んで〝黒い雨〟となって海に回帰したでしょう。アンモニアは、その雨滴に溶けて海洋に回帰します。

海水が純粋な水であるなら、アンモニアはいったん水に溶けても蒸発しやすく、再蒸発して大気に戻り、酸化されてもとの水と窒素に戻ってしまうでしょう。しかし、当時の大気には二酸化炭素が含まれていましたから、原始海洋には多量の炭酸ガスが溶解していたはずです。負の炭酸水素イオン（HCO_3^-）と正のアンモニアイオン（NH_4^+）は対となって安定に海中に存在できますから、隕石衝突があった海は一定期間、アンモニアに富んだ海になったと推定されます。

38億年前にアンモニアに富んだ海があったことをうかがわせる地質学的事実もあります。グリーンランド、イスア地域の38億年前の変成岩に〝アンモニウム雲母[#1]〟が異常に多く含まれているとの報告がそれです。[*50]

このように、生物有機分子の前駆体となるアンモニアが40億～38億年前の隕石の海洋衝突によって大量に生成し、海洋に保存されたであろうことは、隕石の〝後期重爆撃〟によって起こる現象の化学的考察からも、あるいはアンモニウム雲母の存在で示されるような地質学的事実からも、充分推定できるのです。筆者が、〝隕石海洋衝突によるアンモニアの

#1　雲母は、負（－）に帯電した珪酸アルミニウムの層と正（＋）に帯電したカリウムイオン（K^+）の層を交互に積み重ねた層状構造で、カリウムの代わりに、他の一価の陽イオンが入ると、それぞれ異なった鉱物名を有する雲母になる。アンモニウム雲母は、鉱物名トベライト、$NH_4Al_3Si_3O_{10}(OH)_2$である。一方、粘土鉱物のスメクタイトは圧力や熱を受けると雲母になるので、38億年前頃のイスア地域の海は、アンモニアに富み、そのアンモニウムを多量に含んだ粘土鉱物（アンモニウムスメクタイト）が沈殿・堆積して、その後安定なアンモニウム雲母に変化したと推定される。

局地的大量生成説〟を唱える理由です。

〝アンモニアの局地的大量生成説〟の模擬実験による検証

筆者らはこの仮説の妥当性を、海洋への隕石衝突を模擬した衝撃実験を行って確かめました。[*51] 実験方法は前述の、衝撃によって金属鉄やカンラン石が蒸発したことを実証した場合とほとんど同じです。原始大気が窒素を主成分とすることを模して、出発物質に窒素源を加えただけです。

すなわち、ステンレスカプセルに窒素源の窒化銅（Cu_3N）、鉄（Fe）、水（H_2O）を封入して、ステンレスの飛翔体を秒速約1㎞で衝突させました。気体の窒素をカプセルに封入するのは容易でありませんでしたので、熱や衝撃で容易に分解して窒素を放出する窒化銅（固体）を、窒素源としてこの実験では利用しました。

衝撃後のカプセルを回収して、爆薬で汚れた表面をすべて工作機械で削り落とし、アンモニアが蒸発しないように液体窒素で冷却してから穴を開け、それを純水に浸して水溶性のアンモニアを溶出させました。アンモニアの分析には、イオン・クロマトグラフィー[#1]を用いました。

衝撃実験と分析を繰り返して、窒素が還元されてアンモニアになることが確認され、2

005年、仮説の正しさが証明されました。[*51] 実験の中で、アンモニアが最も多く生成した例では、カプセル内の窒素の8%が還元されてアンモニアになりました。

実際の隕石衝突の速度は実験よりもっとずっと大きく、衝突エネルギーも桁違いに大きいので、窒素からアンモニアへの変換率もずっと大きかったはずです。仮に変換率が模擬実験なみの8%であったとしても、直径50mの隕石を想定し、それに含まれる金属鉄（仮に10%だとして）が全部蒸発したとすると、$N_2+3H_2O+3Fe=2NH_3+3FeO$の反応で、約4000トンのアンモニアが一瞬で生成する勘定になります。[*51] 生物有機分子の前駆体となるアンモニアは、40億〜38億年前の隕石の海洋衝突による〝還元的な〟衝撃後蒸気流の中で大量に生成したであろうとする仮説は、この実験により確かになりました。

＃1 イオン・クロマトグラフィーとは、粒子状のイオン交換樹脂を詰めた細管に試料液を流し、含まれているイオンの種類によって樹脂に保持される時間が異なり、流出してくる時間（保持時間）に差があることを利用して、それぞれのイオンを分離したり、分析する方法。

一般にクロマトグラフィーとは、粒子や繊維、あるいはゲルなどの〝固定相〟の中に、試料を含んだ液体（または気体）を透過させ、試料と固定相のさまざまな相互作用（吸着、電荷、分子の大きさ、親和性など）の差によって、流出速度が異なることを利用して、イオンや分子の分離および分析をする方法。試料が液体か気体かにより液体クロマトグラフィー、ガス・クロマトグラフィー、固定相の種類で、ペーパークロマトグラフィーあるいはゲルクロマトグラフィーなどがある。後述の高速液体クロマトグラフィー（HPLC）は、液体クロマトグラフィーのうち、圧力をかけて試料液の流れを早くすることで、分離の感度を上げる方法をいう。

第5章　有機分子の起源とその自然選択

前章では、S・L・ミラーの「雷（放電）説」の前提が20世紀末に覆って、有機分子の起源はまた謎に戻ったこと、一方で、ミラーや彼を追随した多数の実験で、還元的な混合気体中であればさまざまなエネルギー源で容易に有機分子が生成することを述べました。また、原始大気が酸化的であっても、〝局地的〟〝一時的〟には還元的な混合気体が隕石の海洋衝突で生じ得たとする著者らの考察を述べ、それを模擬実験によって確かめたことも述べました。

これらの考察と実験結果に基づいて本章では、生命の素になった有機分子が40億〜38億年前の隕石の〝後期重爆撃〟で多量に生成した、とする「有機分子ビッグ・バン説」を導きます（5－1）。そして5－2では、同説を実証する隕石海洋衝突模擬実験で、グリシン（アミノ酸）、アミン、カルボン酸など生物有機分子が確かにできたことを紹介します。5－3では、本書の「はじめに」で挙げた疑問、「生命体を構成している有機分子がなぜみんな親水性で粘土鉱物に親和的なのか？」の謎を、有機分子の生成直後にあった〝自然選択〟の結果であると、解き明かします。〝生命誕生のドラマ〟は本章から具体的に始まります。

なお、本章以降の論述はオリジナルであるが故に、実験や分析結果などの明確な論拠が必要です。それらは専門的なデータなので、主に図の説明や脚注としました。本文は、それらを読まなくとも理解できるように記述してあります。

5-1 有機分子ビッグ・バン説

これまで長いこと世界中で信じられてきたミラー・ユーリーの「雷（放電）説」に替わって、生命の素になった有機分子が、どんな経緯と必然性で無機界の原始地球に多量に生成されたか、の疑問に答えるのが著者の「有機分子ビッグ・バン説」です。そんな大それた（?）説を唱えるに至った最大の理由は、第2章で論じた「生命誕生もその後の生物進化も、地球のエントロピー減少にともなう地球軽元素の秩序化である」ことに思い至ったからです。生命の誕生が物理的・地球史的に必然であるなら、原始地球史の事件を化学的に見直すことで、有機分子の起源はわかるはずである、と考えたのです。

本論に入る前に、読者の疑問を想定して、著者がなぜこの考えに至ったか、これまでの経緯をさかのぼって答えることにします。生命の起源については、自学自習の学生であった頃、何冊かの名著[#1]に巡り合って、青春の夢を見ましたが、その後はX線結晶学や物質科

＃1 『生命の起源、その物理学的基礎』（J・D・バナール、山口・鎮目訳、岩波新書、1952年）、『生命とは何か—物理的にみた生細胞』（E・シュレーディンガー、岡・鎮目訳、岩波新書、1951年）、『鉱物学概論』（須藤俊男、朝倉書店、1950年）、『地球の構成』（坪井編、第Ⅶ章、「珪酸塩の構造」定永両一、1961年）

学を専門とする現実の研究活動の中では思い出すこともなく、記憶の底に沈んでいました。そのまま研究者人生の後半になって、勤務していた研究所（無機材質研究所、後に物質・材料研究機構に統合）で、生命の起源に関係する粘土鉱物の「モンモリロナイト」を詳細に研究する組織をつくる機会に恵まれました（1985年）。

同研究所は無機物質の詳細を学際的に研究し、新素材を創出することを目的とした国立研究所ですが、5年ごとに順次、解散して再編成される15の「物質名の研究グループ」で構成されていました。たとえば「炭化ケイ素（SiC）グループ」とか「ダイアモンド（C）グループ」です。グループといっても部や課のない研究所で、専門の異なる研究者が全員、いずれかのグループに所属しますから、組織上は他の研究所の〝部〟に相当します。解散、再編成される新グループがどんな物質の、何を研究し、何を開発するかのアイディアは、全所員を対象に公募され、所定の手続きを経て選定されるシステムでした。

複数の提案の中から新グループのテーマを選定する手続きの中には、所外の広い分野の権威者を含む委員会や全所員を対象とした説明会で厳しい討論の洗礼を受けることも入っています。新グループは、それらの手続きを経て所内で選ばれた後、政府の〝閣議決定〟や〝国会の承認〟を経て正式に官制上の組織として発足し、テーマ提案者（所員であれば誰でも）がグループリーダーの任（部長職相当）に就きます。既設の国立研究所の「トップ・ダウン」運営への反省があって新設（1966年）された、徹底的に「ボトム・アップ」の研究所でした。〝戦後民主主義〟の世相もありましたが、何をどう研究すべきか、研究所の運営は、寡頭よりも衆智の方が優れている、と研究者はもちろん、当時は国レベルでも考えていたのです。

「モンモリロナイト研究グループ」の掲げた研究テーマは、泥水になるほど微粒子で詳細がわからないにもかかわらず、有機物と親和的な粘土鉱物モンモリロナイトの物性を明らかにすること、および時代に先駆けて（今では当たり前になっていますが）〝地球にやさしい〟環境親和素材を創出することでした。それに、モンモリロナイトは有機物と親和的で「生命の起源」にかかわる無機物質ですから（後述）、提案者としては青春の夢に向き合うことも目的に入っていました。

しかし、その後粘土鉱物の研究は続けましたが、「生命の起源」にはなかなか正面から取り組めませんでした。材料開発を任務の一つとする研究所の性格もありますが、第一は〝生命の誕生〟までの過程が壮大で、関係するさまざまな反応や現象があるにもかかわらず、それら相互の脈絡、すなわち、それらを位置づけるべき〝軸〟（大局軸、Perspective）がわからなかったからです。したがって、アミノ酸のモンモリロナイトへの吸着や海底への沈殿など、生命起源に関係しそうな現象のいくつかは調べ、新しいアイディアも出ましたが（第6章の冒頭で述べます）、それ以上には進めませんでした。むしろ、膨大な過去の研究の蓄積に圧倒されていたのです。

転機は、大学の非常勤講師を引き受けて講義の準備をしている最中にありました。「分子も進化する」というオパーリンの考えを画像化していて、その図に書き込むべき「どうして？」、「なぜ進化するか？」の説明に窮したのです。科学であれば現象の説明に「なぜ？」は不可欠です。説明に窮してみて初めて、「なぜ分子は生命体に進化するのか、しなければならないのか？」、進化現象の物理的必然性を自分が理解していないことに気づきました。「なぜ？」の理解不足が、アミノ酸や核酸塩基、その他生命起源に関する個々さまざまな反応や事実がバラバラで、大局的な脈絡がわからない原因だったのです。そして、「ＲＮＡがあれば……」、「火星に水があれば……」、「木星の衛星の氷の中に……」などなど、俗説を含む無数の〝大胆な〟仮説や想像を取捨選択できない理由でもあったのです。

この疑問に、著者なりに正面から取り組んで得た結果が、第2章です。進化の物理的必然性はエントロピーの減少をともなう地球の熱の放出であり、分子進化の諸反応を整理する〝軸〟は全地球史だと理解しました。そうであるなら、地球史に沿った事件を化学的に見ることで、生命誕生にいたる分子の進化がわかるはずです。〝有機分子ビッグ・バン説〟はその最初、無機界の原始地球にどうやって有機分子が生成したかを説明するものです。

以下、本論に戻ります。〝生命誕生のドラマ〟の始まりです。

40億〜38億年前、隕石の〝後期重爆撃〟で有機分子は多種多量に生成した！

ここまで、40億〜38億年前には、隕石が現在の1000倍も頻繁に海洋に衝突していて、そのつど強い還元的な衝撃後蒸気流が生じたこと、そしてアミノ酸の前駆体となるアンモニアが膨大な量で生成したであろうことを論じてきました。さまざまな計算機シミュレーションだけでなく、著者らの模擬実験によっても、アンモニアの大量生成説は支持されました。アンモニアはアミノ酸の前駆体です。同じ条件で、炭素があればアミノ酸自体も容易に生成するはずです。以下にそのメカニズムを考察します。

炭素源は、地球側にも地球外から来た隕石側にもあります。地球側の炭素源は、大気中の二酸化炭素（CO_2）、および二酸化炭素が海洋に溶解してできる炭酸水素イオン（HCO_3^-）です。一方、衝突した小惑星起源の隕石の90％は〝普通コンドライト〟、〝Eコンドライト〟および〝鉄質隕石〟と呼ばれるタイプで、それらは副成分として、重量の0・1〜数％の固体炭素（グラファイトまたは非晶質炭素）を含んでいます。[*1,2]

この固体炭素は衝突時の超高圧・超高温から圧力が抜けて超高温になると〝蒸発〟します（図5－1－1）。前述したメキシコ、ユカタン半島の隕石の例では計算機シミュレーションで、圧力6000ギガパスカル（5900万気圧）、温度1万℃に達したと推定され、著者らの実験室規模の小さな衝突でも6ギガパスカル（5・9万気圧）、1300℃になっていました。[第4章*49]

衝撃後蒸気流が超高温から温度が下がるにしたがって、炭素は高温で生成していた水素と反応して炭化水素をはじめ多種多様な有機分子を生成するでしょう。化学合成でよく知られたフィッシャー・トロプッシュ反応です。触媒になる鉄やニッケル、コバルトなど遷移金属も高温で蒸発して、共存しています。

衝撃後蒸気流の中で、隕石の固体炭素から蒸発した炭素（C）も、大気の二酸化炭素（CO_2）や海水の炭酸水素イオン（HCO_3^-）の分解した炭素（C）も、急速に冷却され、水素と反応して、メタン（CH_4）、エタン（C_2H_6）、プロパン（C_3H_8）など直鎖状炭化水素が生成します。有機分子の名前や化学式は図にしめします（図5－1－2）。

それらの分子の中の水素一つが水酸基（OH^-）と替わればメタノール、エタノールなどのアルコール類、アミノ基（NH_2^-）と替わればメチルアミン、エチルアミンなどアミン類、さらにはカルボキシ基（$COOH^-$）であればプロピオン酸などカルボン酸類になります。それぞれはアミノ酸になる一歩手前の化合物、いわばアミノ酸の部品、前駆体です。

しかも、前述のアンモニアの計算例からしても、それらの生成量は膨大なはずです。[40]

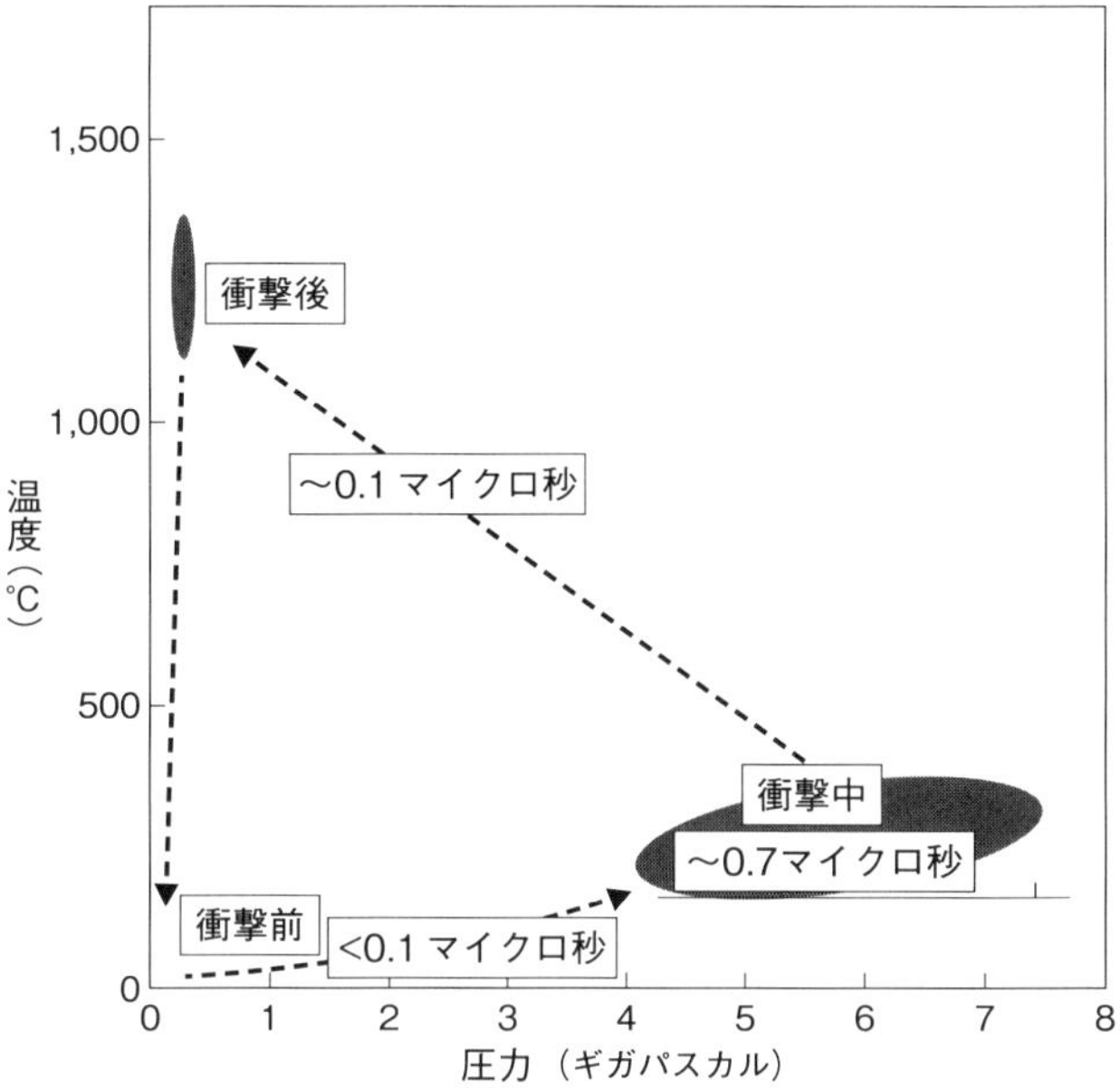

図5-1-1　衝撃によるカプセル内の温度および圧力の急激な変化
衝撃前の常温・常圧状態から衝撃波で圧縮されて0.1マイクロ秒以下で6ギガパスカルの状態に達し、さらに1300℃の衝撃後蒸気流の状態にいたる経過時間は、1マイクロ秒以下の短時間である。小さな試料空間は熱伝導の良い金属に囲まれているので衝撃後蒸気流の状態も急激に冷却されるが、冷却時間の実測はされていない。
（Furukawaら（2011）（第4章＊49）を一部修正）

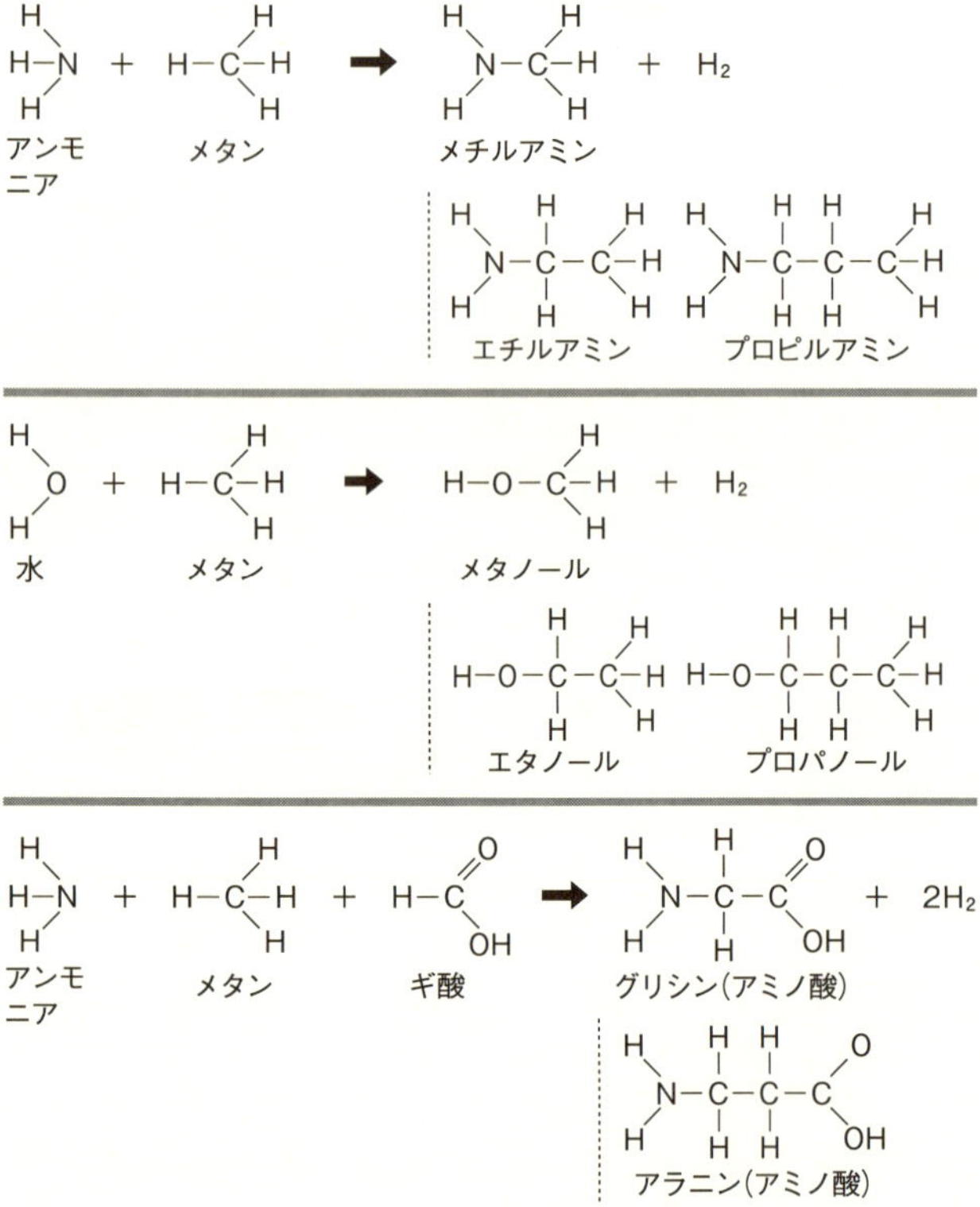

図5-1-2　アミン、アルコールおよびアミノ酸の生成
(上) アンモニア＋メタン→メチルアミン、(中) 水＋メタン→メタノール、エタノール、プロパノール、(下) アンモニア＋メタン＋ギ酸→グリシン(最小のアミノ酸)。上段の図のメタンCH_4の代わりに炭素鎖の長いエタン、プロパン、ブタン……などC_nH_{2n}が結合すれば、それぞれエチルアミン、プロピルアミン……などとなる。アミノ基 (NH_2) の代わりに水酸基 (OH) が結合すればアルコール類となる。メチルアミンの他端にギ酸が付いたのがアミノ酸で最も小さなグリシンである (下段)。エチルアミンであればアラニンとなる。

億〜38億年間に堆積した隕石の量は地球全体を1㎡あたり200tの厚さに覆うほどだったといいますから、[第4章*37、38] 仮に〝後期重爆撃〟で地球に降り注いだ隕石が、普通コンドライトの中でも炭素含有量の少ない部類で、0・1％しか含まないとしても、全地球1㎡あたり0・2tの、隕石起源の炭素が原料になった計算になります。そのうえ、地球側の大気の二酸化炭素（CO_2）や海水中の炭酸水素イオン（HCO_3^-）起源の炭素もありますから、炭素の原料はほとんど無限にあった、といえます。もちろん、水もほぼ無限であり、水から酸素を奪って水素を生成する金属鉄も隕石総量の1〜25％ですから膨大な量の有機分子が生成したはずです。

隕石の海洋衝突では、複雑な有機分子も生成した？

一瞬の間に、数千ギガパスカル（数千万気圧）の超高圧、1万℃以上の超高温を経て、急速に冷却される衝撃後蒸気流の中では、気流の場所によって温度履歴や物質の濃度・割合など大きく異なります。

隕石の衝突を模した実験の直径3㎝高さ0・3㎝の狭い試料空間（前出、図4-4-1写真）でも、蒸発した金属鉄が再結晶する場合、単純な酸化鉄になったり、ステンレスのカプセルから蒸発したクロム（Cr）を含んでクロム鉄鉱になった例があるなど、多様でした（前出、

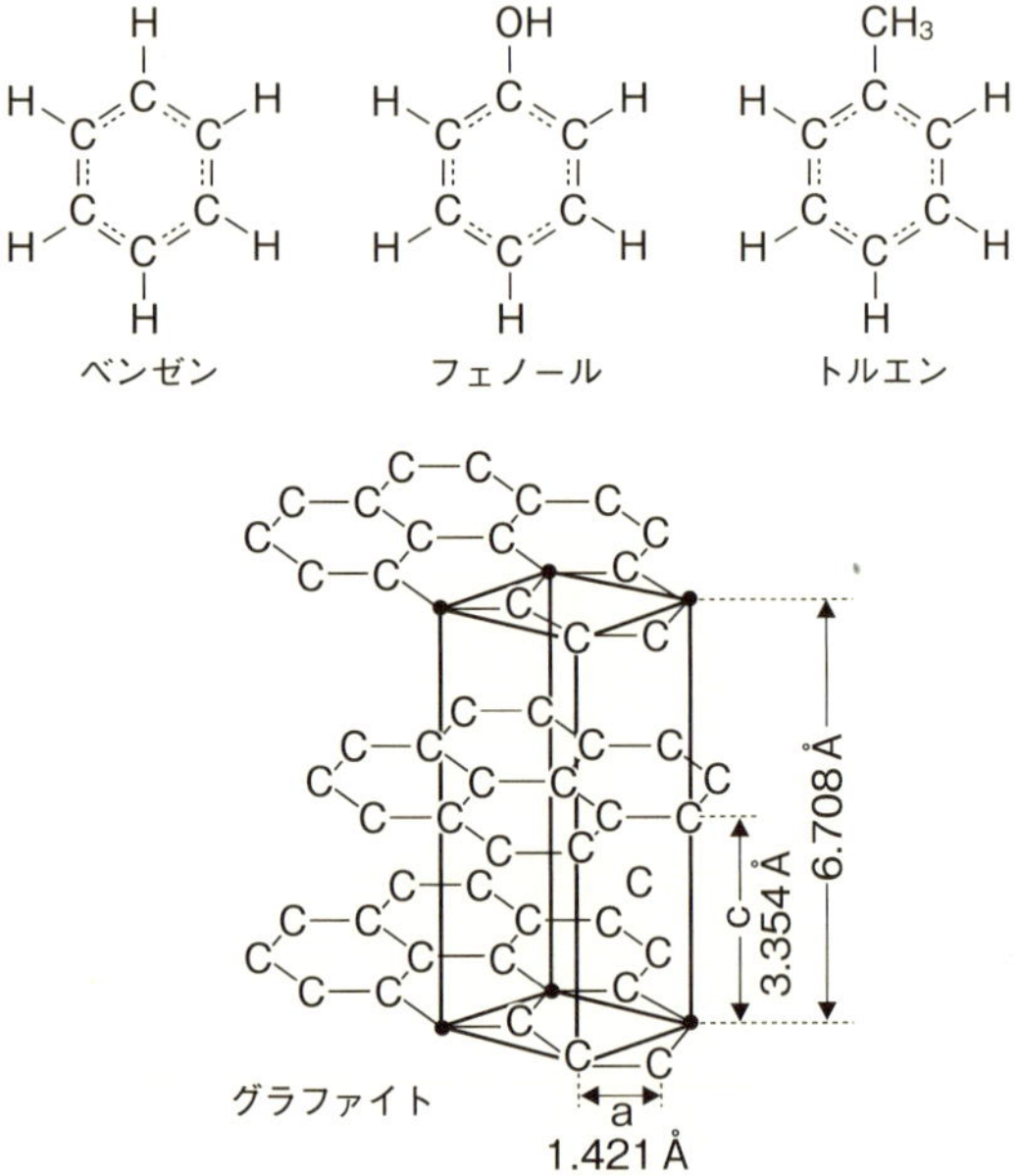

図5-1-3　グラファイト（炭素の結晶）と芳香族炭化水素
衝撃後の短時間で不均質な超高温条件による固体炭素の蒸発では、単原子の炭素のみならず、不規則分解した炭素クラスターも生成されるものと予測される。それらが水素と反応すると、ベンゼン、フェノール、トルエンなど芳香族炭化水素も生成するであろう。

図4－4－3、d、e、f、160頁）。

カンラン石も、蒸発して超微粒子になる場合（図4－4－3、a、b、c）と、加水分解して〝粘土鉱物〟（蛇紋石）になる場合がありました（後出、図5－3－2、195頁）。すなわち、衝撃後蒸気流の内部は非平衡できわめて不均質なのです。

そんな過激で瞬間的で不均質な環境の中では、割合は少なくても、衝撃によって固体炭素から、いくつかの炭素原子が結合した状態（クラスター）で〝蒸発〟するものや、あるいは逆に超高温でいったんバラバラになった炭素が衝撃後蒸気流の中で再結合したものもあるでしょう。それらは、ロウソクの煤の中にも見られるさまざまな高分子状の炭素で、フラーレンやカーボンナノチューブ、あるいはグラフェンと呼ばれる固有の構造を有する〝超微粒子〟です。[#1] それらは炭素結合の性質上、グラファイト（炭素の結晶）の一部のような六角形を基本とする分子構造で、水素と反応すればベンゼン、フェノール、トルエンなど芳香族炭化水素を生成するものと推定されます（図5－1－3）。

＃1　グラファイト（図5－1－3）の六角網目構造の1枚が剥離したものが「グラフェン」、それが筒状に丸まったものを「カーボンナノチューブ」、六角網目構造の一部に五角形の部分を混ぜると平面ではなく球状（サッカーボールのよう）になり、その球状分子を「フラーレン」と言う。それぞれ数ナノメートル程度の大きさの高分子であるので、材料応用が期待され、〝ナノテクノロジー〟の花形となっている。

石炭ガス化の実験例では、600〜800℃の水素ガスを石炭に反応させた場合、芳香族炭化水素が、多いものでは数十%の高い収率で生成したと報告されています。[*3、4] 生成割合は少なくても、そんな複雑な炭化水素が、超高温と低温の入り混じる衝撃後蒸気流の反応場で生成されて、保存されたことは充分にあり得るでしょう。

隕石の海洋衝突では、ほかにも〝複雑な有機分子〟のできるメカニズムがあります。隕石衝突が頻繁だった〝後期重爆撃〟の時代には、一度隕石が衝突した付近の海域に、再び隕石が衝突した場合もあるでしょう。[第4章*32、35、36] そんな場合は、最初の隕石衝突で生じたアンモニアやカルボン酸、あるいは炭酸水素アンモニウム、アミンやアミノ酸などが原料となって、より複雑な有機分子が生成する可能性もあります。

したがって衝撃後蒸気流の中では、多種多様で多量な有機分子が生成したと考えられます。「生命の素となる多種多様の有機分子は、40億〜38億年前、〝後期重爆撃〟の隕石海洋衝突によって生成した」と著者が〝有機分子ビッグ・バン説〟を唱える理由です。

5-2 〝有機分子ビッグ・バン説〟の実験による検証

〝有機分子ビッグ・バン説〟を検証するために衝撃実験を行って、同説を支持する実験結果が得られた、と著者らが英国の地球科学系週刊誌『ネイチャー・ジオサイエンス』の電子版で発表したのは2008年の暮れ、同誌の印刷版が発行されたのは2009年初頭でした（古川善博ら）[*5]。

電子版が公開された翌日[#1]には、「隕石衝突　生命の源?」（朝日新聞）とか「生命起源は隕石衝突」（毎日新聞）など、それぞれの見出しで本邦のほとんどの新聞やTVで報じられ、国際的にも専門誌の論評[*6]から米国大衆新聞の記事[*7]まで広く取り上げられて、改めて、生命の起源に集まる世界の耳目《じもく》を認識しました。

実験装置や手法は第4章で述べた金属鉄やカンラン石が蒸発する実験あるいはアンモニアが生成した実験と同じです（前出、図4－4－1、図4－4－2）。飛翔体の衝突速度もおよそ秒速1kmで同じです。飛翔体の標的となるカプセルの中には、隕石に含まれる鉄（Fe）、ニッケル（Ni）および固体炭素（C）、水（H_2O）、窒素（N_2）を充填しました（表5－2－1）。

窒素源は窒化銅（4－5）ではなく、実験技術の向上により1気圧の窒素ガスを充填することができました。海水にアンモニアが溶解している場合を考慮して、純水の代わりにア

＃1　2008年12月8日。

試料名			実験試料(N_2)	実験試料(NH_3)
出発試料		Fe (mg)	200	200
		Ni (mg)	20	20
		^{13}C (mg)	30	30
		H_2O (mg)	130	130
		NH_3aq (mmol)	0	1.95
		N_2 (μmol)	15	15
衝突速度 (km/s)			0.9	0.9
生成物 (pmol)	カルボン酸	^{13}C-エタン酸	1360	2200
		^{13}C-プロパン酸	440	1020
		^{13}C-ブタン酸	88	136
		^{13}C-ペンタン酸	24	22
		^{13}C-ヘキサン酸	ND	tr.
		^{13}C-2-メチルプロパン酸	検出	検出
	アミン	^{13}C-メチルアミン	7430	16700
		^{13}C-エチルアミン	280	945
		^{13}C-プロピルアミン	12	89
		^{13}C-ブチルアミン	未検出	微量検出
	アミノ酸	^{13}C-グリシン	未検出	24

表5-2-1　隕石海洋衝突模擬実験によって検出された生物有機分子
実験によって生成された有機分子のうち、高速液体クロマトグラフィー/質量分析計によって、生成が確認された有機分子とその原料組成。生成試料が少ないので、アミノ酸、アミン類およびカルボン酸類だけが調べられた。いずれも自然にはほとんどない^{13}C 炭素の有機分子である。

ンモニア水を充填した場合もありました。第4章のアンモニア生成実験とは、出発物質に炭素を加えた点が異なるだけです（表5－2－1）。

出発物質として充填した炭素（C）に安定同位体の^{13}Cの固体炭素を使ったところに工夫がありました。標的となる試料カプセルの小さな空間に入れられる出発物資の量はわずかで、たとえば、鉄は200mg、炭素は30mg、それぞれ耳掻《か》き2〜3杯程度です。実際の隕石衝突に比べて実験の衝撃エネルギーは何桁も小さいので、衝撃によって有機分子ができたとしても、きわめてわずかであることが予想されます。

そうなると、サンプルを回収して分析するまでに、注意深く操作しても不可避的に混入する不純物の存在が無視できなくなりそうです。現在の空気中には生物起源の有機物がたくさん漂っていますから、衝撃実験の全過程を完全な無塵室《むじんしつ》（クリーンルーム）で行うことができれば別ですが、通常の実験ではどんなに注意しても、感度のいい分析計で検出される微量の混入は避けられません。実験によって、無機物から有機分子ができることを証明する実験で、生物起源の有機分子が混入したまま測定したのでは証明になりません。

その難点を解決するために、炭素同位体の^{13}Cだけを原料として用いたことが、実験の成功につながりました。185頁の#1普通の炭素は同位体比、^{12}C：^{13}C＝99：1ですから（第3章）、一般の有機分子の99％は^{12}Cでできています。したがって、^{13}Cの炭素を用いた衝撃実験によって

^{13}Cの有機分子が^{12}Cの有機分子より多く生成されれば、無機物から有機分子ができたことを明瞭に証明することができます[#2]（図5－2－1）。

　衝撃後に回収した試料カプセルは、これまでの実験と同様、旋盤《せんばん》など金属工作機械で汚れた全表面を削除し、洗浄した後に液体窒素で冷却しつつ穿孔《せんこう》し、全体を純水に沈めて、カプセル内部の水溶性の生成物を抽出しました。

　その抽出試料から、高速液体クロマトグラフィー（前出、165頁の#1）によってアミン類、アミノ酸類を分離抽出した後、それらの炭素が、^{12}Cであるか^{13}Cであるかを質量分析計[#3]で調べました。専門的になるので詳しい分析手順の説明は図5－2－1の解説に譲りますが、衝撃実験によって^{13}Cでできたアミノ酸のグリシンをはじめ、アミノ酸の構成要素であるカルボン酸6種、アミン4種など、基本的な生物有機分子の生成が確認されました（表5－2－1、図5－2－2）。一連の衝撃実験と分析は、アミノ酸やアミンあるいはカルボン酸など、タンパク質の素となる生物有機分子の生成に焦点を絞って行いましたので、検出された有機分子の数は限定的です。また、有機分子の分析では、分析ごとに試料を消費します。そのため本実験のように生成試料の量の少ない場合には、分析方法の異なる他のたとえば糖や核酸塩基などの分子種を分析できませんでした。

試料回収の方法の制約もありました。衝撃後のカプセルの外側を機械的に削除し、液体窒素で凍結後、孔をあけて、水中に沈めて水溶性の生成物を抽出する方法でしたので、この方法で凍結できない揮発性のメタンやエタンなど分子量の小さな炭化水素、あるいは水に溶けない疎水性の有機分子なども生成されているはずですが、今回の分析の対象にはなっていません。

したがって、表5－2－1にしめした衝撃実験による生成物は、実際に生成されたもののほんの一部です。しかし逆に、一部を調べただけでこれだけ明瞭に生物有機分子の生成が確認されたことは、隕石の海洋爆撃を想定した実験条件で容易に多種多様の有機分子が大量に生成することを示しています。

すなわち、40億～38億年前に激しかった隕石の後期重爆撃により、金属鉄を含んだ隕石の海洋衝突によって、多種多様の有機分子が大量に生成したであろうとする〝有機分子ビ

＃1　炭素同位体の^{13}Cの利用は、無機材質研究所、ダイアモンド研究グループ加茂睦和、神田久生、谷口尚博士らの示唆と協力による。

＃2　2006年に発表した著書（第1章の＊11、151～154頁）では、「予備実験の結果であってまだ不確かであるが」との条件付きではあるが、普通の炭素を原料としたために、生成物と混入した不純物の区別ができず、「7種のタンパク質構成アミノ酸を検出した」等の誤った結論を導いた。本書でその部分を訂正する。

＃3　質量分析計：試料物質に真空中で高電圧をかけてイオン化し、静電場に導入して静電引力で飛行させ、その行路を磁場で曲げたり、電場で妨げることにより、個々のイオンの質量と電荷を調べる装置。たとえば、磁場中を飛行するイオンは、重いほど曲がりにくく、高電荷ほど曲がりやすい。

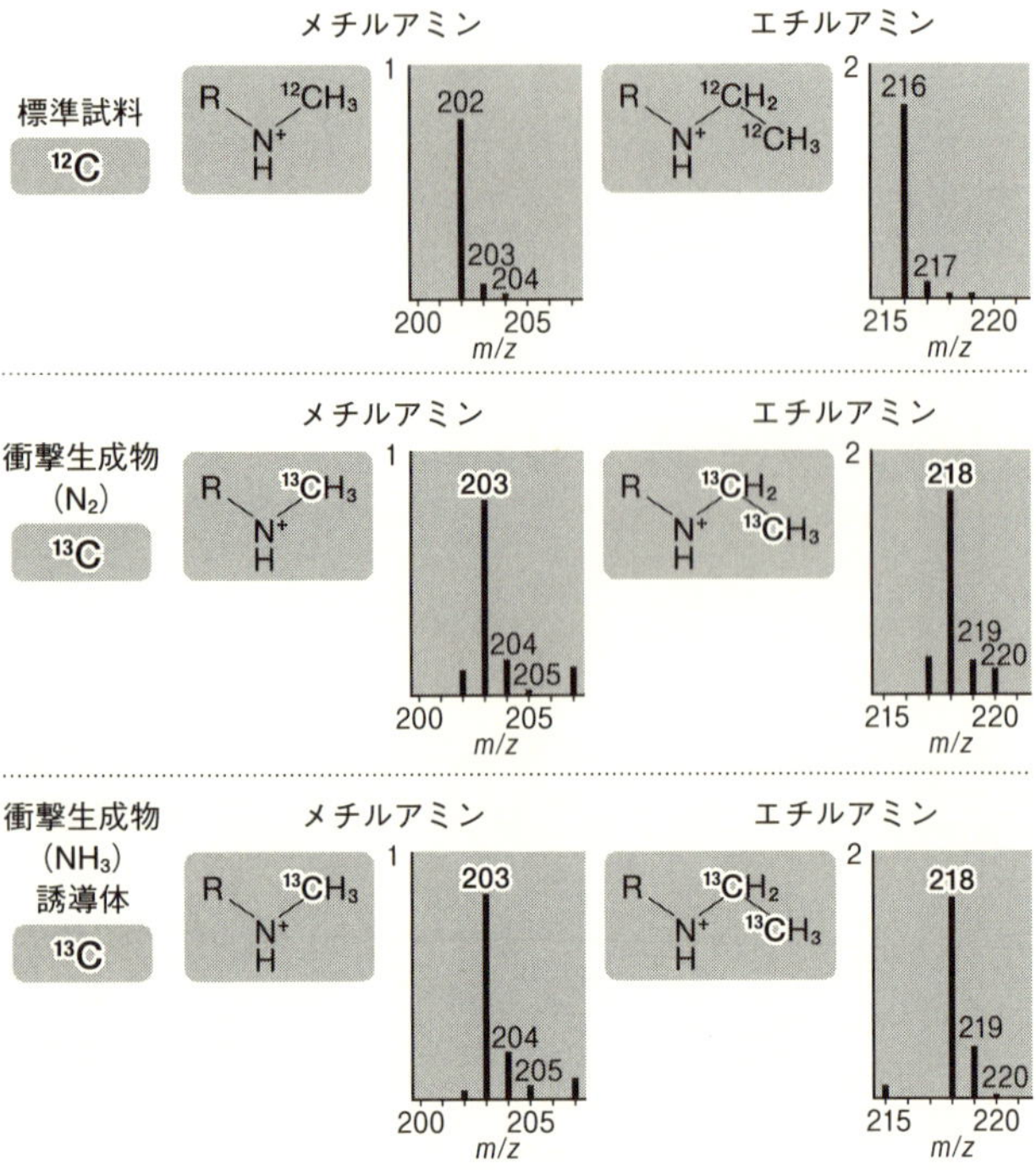

図5-2-1　生物有機分子が衝撃実験で生成した証拠：質量分析計で検出された${}^{13}C$－アミン

隕石海洋衝突の模擬実験によって生成した〝生物有機分子〟と、実験の過程で混入する可能性のある現在の〝生物有機分子〟とを、明瞭に区別するために、地球上の炭素には1％しか含まれない炭素同位体、${}^{13}C$を原料として実験を行い、生成物の炭素を質量分析計で調べて、混入物ではなく、実験で生成したことを確かめた。縦軸は検出された相対量、横軸および図中の数字は、分子の質量（m）を電荷（z）で除した値。ただし、この場合は正（＋）の1価に帯電しているので（$z=1$）、数値はRの分を含めたメチルアミンとエチルアミンの質量に相当する。

図の上から順に、標準試料（市販試薬）、窒素ガスを封入した時の衝撃生成物、およびアンモニア水を加えた場合の衝撃生成物の分析結果。それぞれの分子の構造は炭素同位体の位置とともに図に示した。〝R〟は分析上の技術でアミンを分離するために、分子端の水素（H）の代わりに大きな分子（R）に置換したことをしめし、〝＋〟は質量分析のために1価に帯電したことをしめしてる。

水素の質量を1、窒素が14として、分子のすべての炭素が^{12}Cであれば、メチルアミンは31、エチルアミンは45となる。〝R〟は171なので、この分子の質量はそれぞれ202および216になる（標準資料の棒グラフの左端の値）。標準試料に見られる質量203および204の微量なイオンの存在は、天然の炭素には1％の^{13}Cが含まれていることによる。204の値は、メチルアミン自体ではなくて、置換した大きなRの中の、２個の炭素が^{13}Cであることをしめす。

衝撃生成物のメチルアミンは、標準資料より質量が＋1の203、エチルアミンは＋2の218になっている。これにより、質量が＋1の^{13}Cを原料とする実験生成物であることがわかる。


ッグ・バン説〟は、生命の素になる有機分子の起源として妥当な歴史解釈であることが明瞭になりました。

隕石によって膨大な有機物が生まれた

では、〝有機分子ビッグ・バン〟によって、どれぐらいの量の有機物が生成されたのか、これも今回の実験結果を用いれば、粗い推定はできます。もちろん衝撃実験で用いた飛翔体（直径3㎝厚さ2㎜のステンレス板）は隕石よりもはるかに小さく、その衝突速度（秒速約1㎞）も、隕石のそれに比べてはるかに小さなものです。したがって、衝突の規模は小さく、生成量も分子の多様性もきわめて限られています。

それらを承知で、40億〜38億年間に隕石衝突でどのくらいの生物有機分子（グリシン、アミン、カル

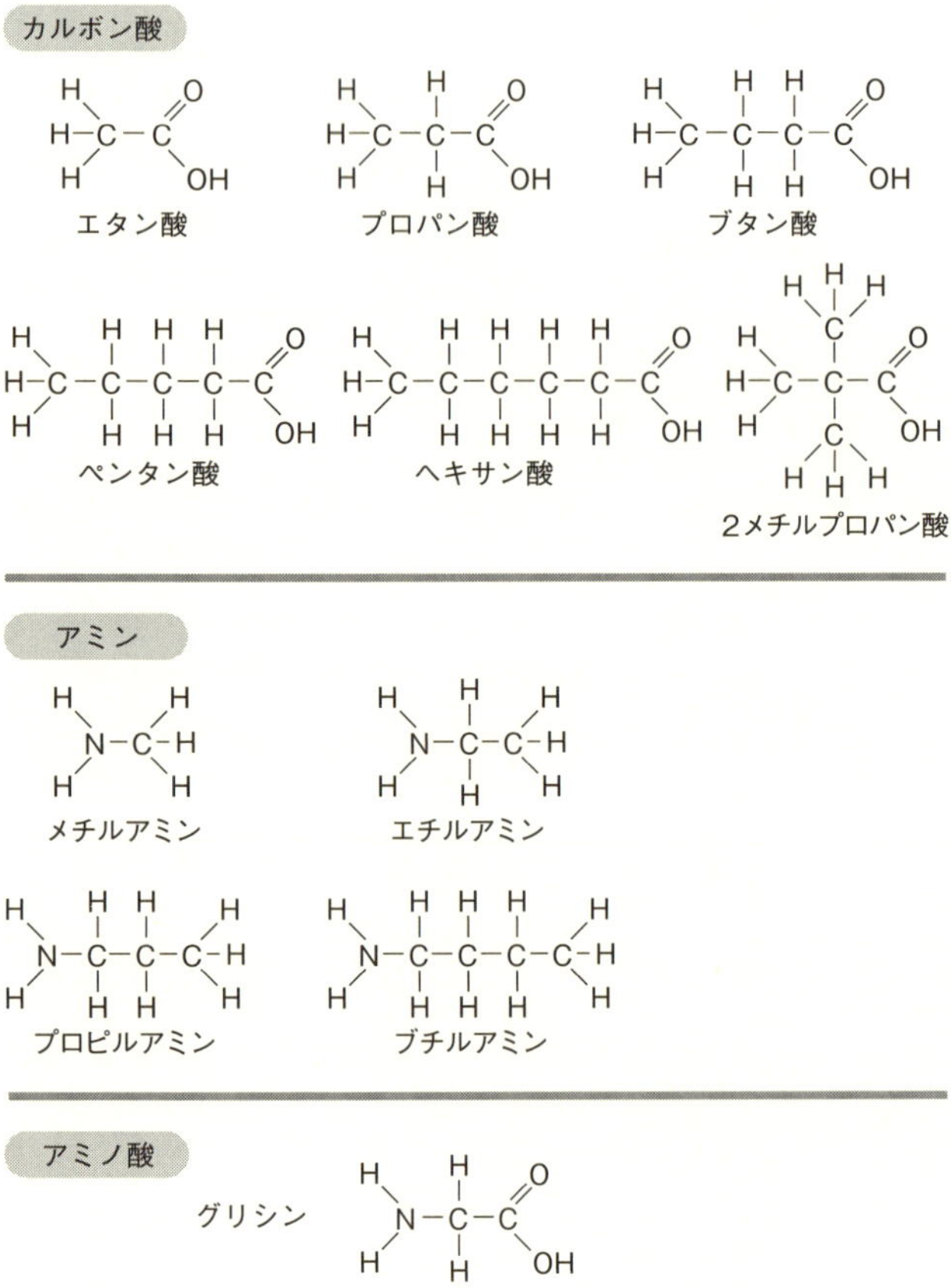

図5-2-2　実験によって生成が確認された生物有機分子
カルボン酸６種、アミン４種およびアミノ酸（グリシン）。

ボン酸）が生成したか、実験結果を当てはめて概算してみました。

計算にあたっては、各種文献と本実験結果のデータを参考にして、以下の条件としました。

40億〜38億年間に集積した小惑星・隕石総量[第4章*37、38]：2×$10^{23〜24}$g
そのうち、普通コンドライトの割合[第4章*43]：86％
普通コンドライトの炭素含有量[*1]：0・1％
本実験で〝検出された〟生物有機分子の炭素の総量と原料の炭素の比：5.1×10^{-5}：1.0

推定に用いる数値データは以上のとおりですが、いずれも安全な、より小さい値を用いました。

隕石衝突による生成量は、これらの値の積で、8.8×$10^{9〜10}$tとなります。この量は、2012年の全世界石油生産量、4.1×10^{9}tの2倍か1桁多い量です。しかし繰り返しますが、「本実験で検出された生物有機分子の炭素の総量／原料の炭素比」の値は、検出の対象としなかった他のすべての有機分子が除かれていること、あるいは、炭素含有量は〝普通コンドライト〟の中でも最低の値（0・1％）を想定していますが、多い場合は数％もあり、また地球側の二酸化炭素（大気）や炭酸水素イオン（海中）も炭素源となりますので、原料炭素はもっと何桁も多いはずです。

また、生成比率も、エネルギーがはるかに大きな実際の隕石の海洋衝突の場合はもっと何桁も大きくなりますが、計算では、それも無視しています。したがって、もっともっと何桁も多くの有機分子が40億〜38億年前の〝後期隕石重爆撃〟時代に大量に生成して、生命発生の素材を準備していたと考えられます。まさに、〝有機分子のビッグ・バン〟です。

5-3 生物有機分子の自然選択

本書の「はじめに」の中で、生命の起源には「物理や化学の論理だけでは説明できない、さまざまな謎」があって、「生物をつくる基本的な有機分子はみんな、なぜ水溶性で粘土鉱物と親和的なのか?」も、その一つであると述べました。タンパク質を構成する20種のアミノ酸のすべて、そのアミノ酸の素になるアンモニアやカルボン酸、あるいはDNAやRNAを構成する5種の核酸塩基や糖、その他ほとんどすべての〝基本的な〟生物有機分子は水によく溶ける水溶性で、かつ粘土鉱物によく吸着します。それは、なぜか? 本章を締めくくるにあたり、物理や化学だけでは解けないこの謎を解き明かします。

ここまでに明らかになったことは、40億〜38億年前、小惑星帯を起源とする隕石が原始地球の海洋に頻繁に衝突する〝後期重爆撃〟の時代があって、その衝撃と衝撃後蒸気流の中で〝多種多量〟の有機分子が生成したこと、生成された有機分子は、揮発性も不揮発性も、あるいは親水性も疎水性も、各種各様であって、まさに〝有機分子のビッグ・バン〟だったことです。

隕石の海洋への衝突によって生じた大量の水蒸気を含む衝撃後蒸気流は上空で急速に冷却されて、激しい雨となって海に回帰します。衝突で生成した各種鉱物の超微粒子は、雲となる氷晶の核となり、あるいは雨滴に取り込まれますから、雨は〝黒い雨〟になったでしょう。その雨滴の中には、生成した各種有機分子も取り込まれて、それら全部がいったん海洋に回帰します。

前節（5－2）で紹介した衝撃実験の生成物の分析では、アミノ酸やアミンおよびカルボン酸を検出することを目的に分析しましたので、それら以外の分子種は分析の対象になっていません。しかし、その後に行われた衝撃実験とその生成物の分析で、気体となった揮発成分を分析した結果、メタン、エタン、ベンゼンなどの炭化水素、メタノール、エタノール、プロパノールなどのアルコール、アセトアルデヒド、アセトニトリルなどが検出されています。[*8]

ベンゼンをはじめ炭化水素は完全な疎水性・非水溶性の有機分子です。したがって、まだ分析の対象になっていない、もっと分子量が大きくて揮発しない非水溶性の有機分子も生成したであろうことは確かです。それらもすべて、〝黒い雨〟に含まれて海洋に回帰しました。

衝撃後蒸気流が収まって、すべてが海に回帰すると徐々に、揮発性の分子は大気中に蒸発します。衝撃後蒸気流の内部は還元的でしたが、当時の大気は酸化的です。そのうえオゾン層のない原始地球には強い紫外線や軟X線（紫外線とX線の中間の性質）をともなう太陽光が降り注いでいます。それらは有機分子を容易に分解します。[*9,10] 蒸発したメタン、エタン、ベンゼンをはじめ揮発性の有機分子はみな、遅かれ早かれ光化学反応で酸化分解して、それぞれ水や窒素や二酸化炭素に戻ってしまいます。

一方、不揮発性の有機分子はいったん海中に分散しますが、そのうち、炭化水素など疎水性および非水溶性の有機分子は水の中の〝油〟ですから、浮上しながら相互に凝集して油膜となって水面に浮遊します。そこには酸化的な大気が待っていて、強い紫外線や軟X線をともなう太陽光が降り注いでいますから、それらも遅かれ早かれ酸化分解して、窒素や水や二酸化炭素に戻ってしまいます。残るのは、現在は〝生物有機分子〟といわれている、アミノ酸や糖などの〝水溶性〟、〝親水性〟の有機分子だけになります（図5－3－1）。

海水中にある有機分子は、水面の近くはともかく、深いところでは、酸化的な大気から

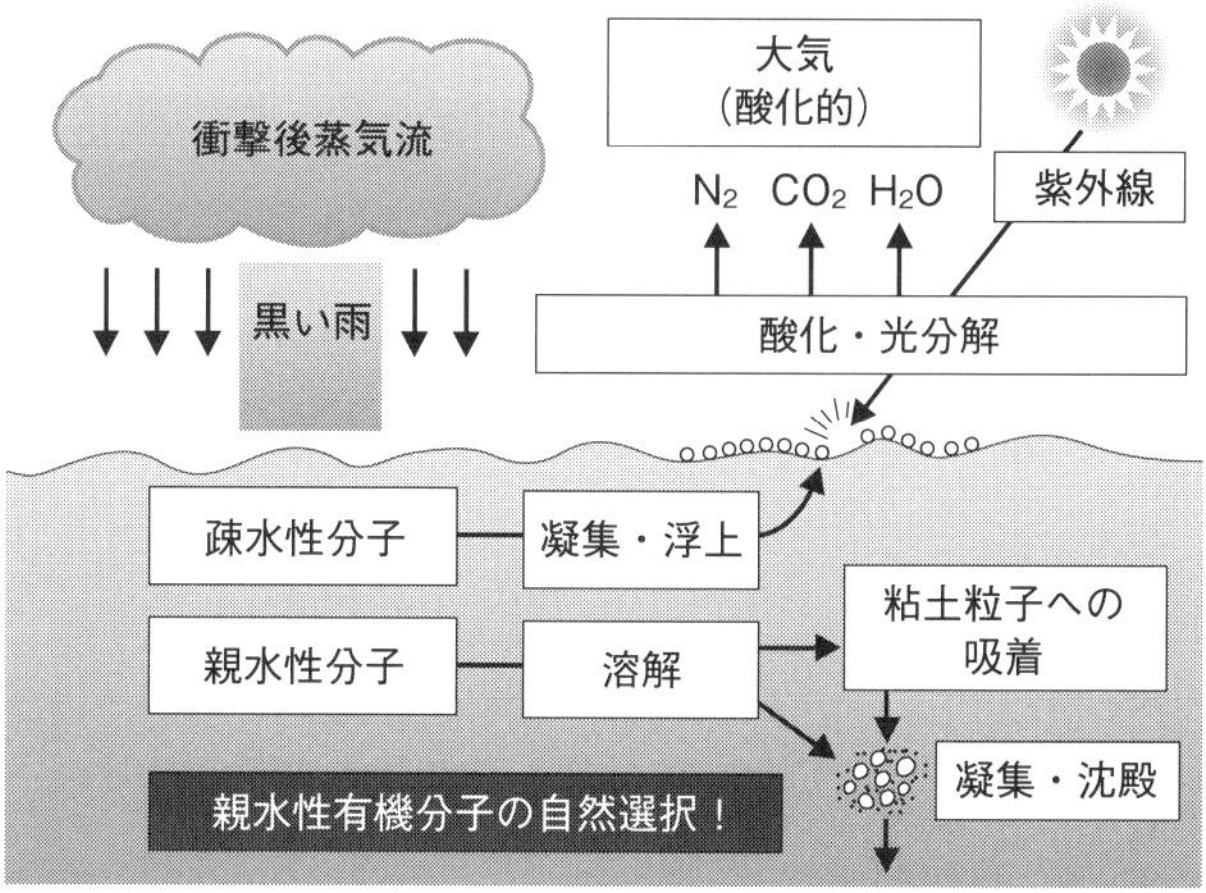

図5-3-1　生物有機分子の自然選択、酸化的大気と強い太陽光からの退避

〝有機分子のビッグ・バン〟で生成した多種多様な有機分子は、同時に蒸発して再結晶化した岩石成分とともに、大量の〝黒い雨〟となって、海洋に回帰する。そのうち、揮発性有機分子は蒸発して大気に混入し、酸化的大気と紫外線および軟X線を含む強い太陽光によって、酸化、分解して窒素や水や二酸化炭素に戻る。非水溶性および疎水性有機分子は浮上して凝集し、海水表面に油膜となって浮遊するが、やはり酸化的大気と光によって酸化、分解する。結局、この環境にサバイバルできたのは、水溶性および親水性有機分子だけだった。これらは、さらに粘土コロイドに吸着して海底に沈殿することで安全な場所に退避した。アミノ酸や核酸塩基、あるいはそれらの構成分子であるアミンやカルボン酸など、生物有機分子がみんな水溶性で粘土鉱物親和的である理由である。

も強い紫外線などからも保護されます。紫外線や軟X線が水に吸収されてしまうからです。地球に海があることで、〝水溶性〟あるいは〝親水性〟の分子だけがサバイバルできるのです。

一方、隕石の海洋衝突では、隕石自体や海底のプレートなどを構成するカンラン石や各種鉱物も蒸発して微粒子として再結晶し、超微粒子となっています。熔融して微細なスフェルール（ガラス）になったものもあります。それら微細な粒子も海に回帰します。それらは海中で徐々にですが、容易に風化して、粘土鉱物になり、コロイドとなって海洋に懸濁《けんだく》するでしょう。

前節（5－2）で述べた隕石海洋衝突を模擬した実験ではカンラン石の一部が蒸発せず、直接超臨界水と反応して粘土鉱物に変化した例がありました。第4章＊48、49〝層状の鉱物〟（粘土鉱物の一種、蛇紋石）になっていたのです（図5－3－2）。それらもコロイドとなって懸濁します。

コロイドとは霧や雲あるいは牛乳のように、気体（空気）や液体（水）の媒体の中に微粒子が浮いて沈まない状態をいいます。粘土粒子は水に分散すると粒子表面が負（－）に帯電する性質があって、相互に反発して凝集しないので、そのまま懸濁し続けるのです。粘土のコロイドといいますが、そのままでは未来永劫沈殿しません。黄河が〝百年河清を待って〟も澄まない理由です（粘土鉱物については、次章、6－1で少し詳しく説明します）。

そんな海水環境の中で、粘土鉱物に親和的な有機分子は粘土微粒子に吸着し、吸着され

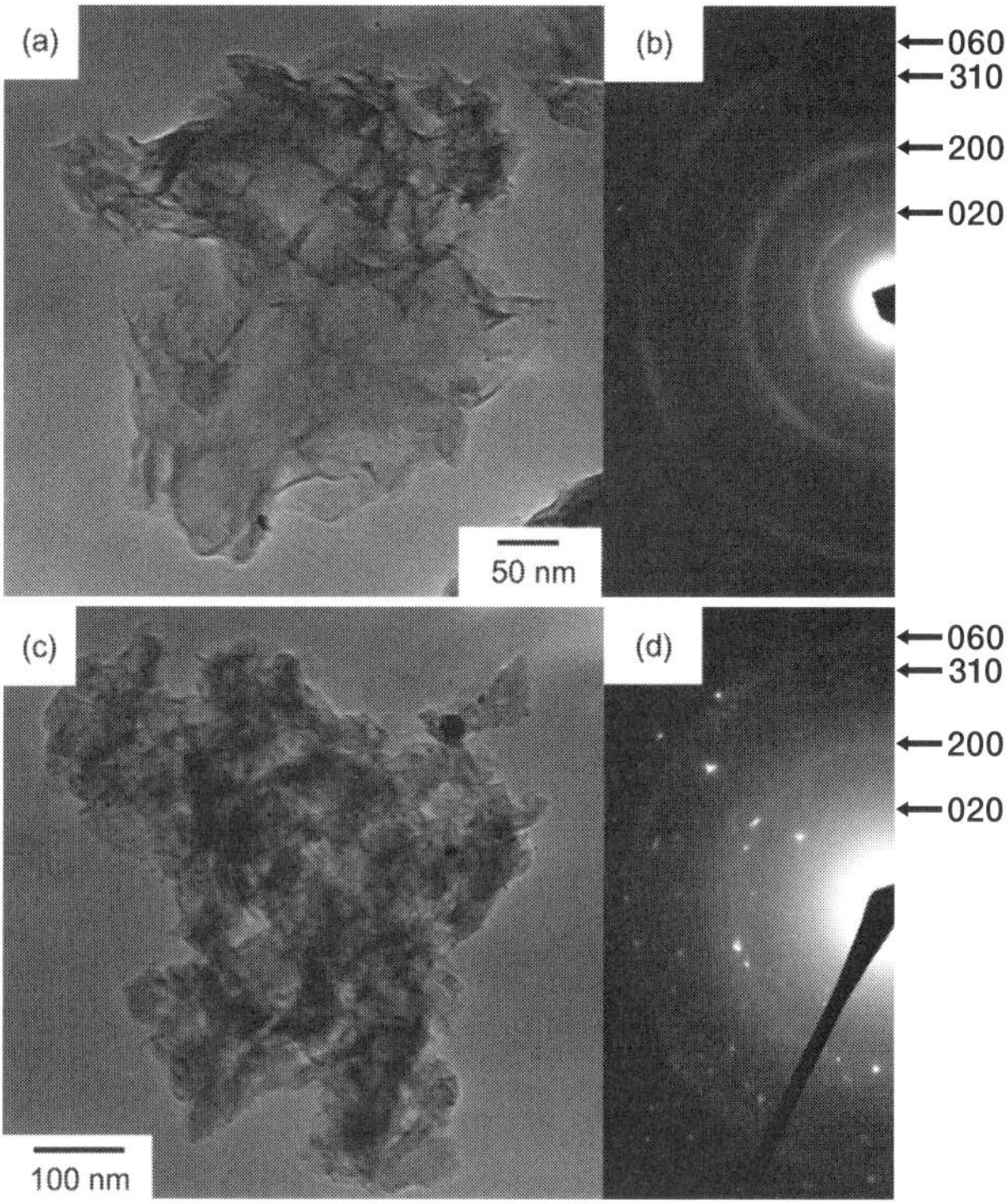

図5-3-2　カンラン石が超臨界水と反応して生じた蛇紋石
隕石海洋衝突模擬実験で、生成物の中に見いだされた蛇紋石の透過型電子顕微鏡（TEM）像（a, c）。電子回折像（b, d）に挿入された〝310〟などの数字は、試料の電子回折で生ずる環の指数。詳細な解説を省くが、それらの指数により画像の物質が蛇紋石であることを同定することができる。カンラン石は衝撃後の高温で蒸発して、衝撃後蒸気流の中で図4-4-3にしめした超微粒子となる場合と、本図のように超臨界水と反応して蛇紋石になる場合とがある。実験の試料カプセル内も実際の衝撃後蒸気流の中も、急激な温度変化で反応が平衡に達せず、不均質に進むからである。どちらの成因であれ、海中では風化して粘土コロイドとなって浮遊する。
（Furukawa ら（2011）（第4章＊49）より転載）

た微粒子は表面の電気的反発が弱くなって相互に凝集します。凝集すると有機分子を含んだ大型の粒子になりますから、重力で海底に沈殿します。海底に沈殿して堆積することによって有機分子は、水中に溶解している状態よりもさらにいちだんと安全な場に退避することになります。すなわち「水溶性で粘土鉱物親和的な有機分子」の完全なサバイバルであり、自然選択なのです。

「生物有機分子がなぜ水溶性で粘土鉱物親和的か?」の謎は歴史的事実の逆で、「水溶性で粘土鉱物親和的な有機分子だけがサバイバルして生命の素になり得た」と認識すべきなのです。〝有機分子のビッグ・バン〟の以前に海があったという地球冷却史の妙であり、〝水の惑星〟ならではの、のサバイバルなのです。

ダーウィンのしめした「自然選択」、「適者生存」という生物進化の原理は、生命誕生以前の分子進化のメカニズムでもあって、〝水溶性で粘土鉱物親和的な有機分子〟の選択が、生命誕生に向けての最初の〝分子の自然選択〟でした。生命は原始地球の歴史の所産であると納得する、最もはじめの事例です。

粘土鉱物に吸着して海底に沈殿した〝生物有機分子〟が、その後どんな環境でさらにサバイバルして進化するか、は実験事実を添えて次章(第6章)で論じます。

第6章

アミノ酸からタンパク質へ

――分子から高分子への進化

〝原始スープ〟からＲＮＡ？

40億～38億年前、生物有機分子は隕石の海洋衝突によって生成し、海洋堆積物中に退避することで自然選択されましたが、その後どんなプロセスで高分子に進化したか、を本章で論じます。高分子化とは、たとえば、アミノ酸がタンパク質に進化することであり、核酸塩基が連なってＲＮＡやＤＮＡになる過程のことです。

しかしその前に、広く信じられているア・プリオリな仮定、「太古の海は生命の母」の非合理性を述べてその呪縛を解かなければなりません。水がないと生物の体は成り立たたず、生きてもいられないので、生命は温暖な海水の中で発生した、と広く世界で信じられているからです。おそらく読者もそうでしょう。一般に、アミノ酸や核酸塩基など生物有機分子が海洋に溶けていれば、〝自然に〟タンパク質や核酸（ＲＮＡ／ＤＮＡ）など高分子に進化して生命が発生したであろう、と考えるのです。

本書の第1章の冒頭で、『ネイチャー』誌（２０００年）の記事を引用して、「生命の起源は海の中、『太古の海は生命の母』と考えるのは広く世界の常識になっている」と述べましたが、国内外を問わず生命の起源やその進化を研究する専門家でも、その〝常識〟から逃れられないようです。

たとえば１９９１年、日本の、その方面で著名な研究者たちが総勢で分担執筆した全7巻の叢書《そうしょ》『講座・進化』（東京大学出版会、１９９１年）の「7 生命の初期進化とＲＮＡ」の章では、核酸塩基がＲＮＡに進化した過程を以下のように解説しています。サブタイトル「ＲＮＡワールド構築のシナリオ」の一節です。[*1]

「原始地球上で形成されたと想像される原始スープのなかには、多種多様な有機物が蓄積されていた。そのなかにはＲＮＡの構成成分（ヌクレオチド）も存在したであろう。ヌクレオチドはランダムな重合をくり返し、徐々に大きな分子に成長していった」

この章のまとめに相当する「もっともらしいシナリオ」の一節では、

「原始スープ中のモノヌクレオチドは自分自身で集合したり、鋳型や粘土表面上に集合したりしてランダムに重縮合をくり返して、徐々に鎖長《さちょう》を延長していったと考えられる」[*1]と述べられています。

ここでいう〝ＲＮＡの構成成分〟や〝モノヌクレオチド〟は有機分子の核酸塩基のことで、アデニン（Ａ）、グアニン（Ｇ）、シトシン（Ｃ）、ウラシル（Ｕ）を指し、それらがさまざまな順序で連結（重縮合）して高分子のＲＮＡになるという意味です。同様にグリシン、アラニン、バリン、アスパラギンなど20種類のアミノ酸がさまざまな順序で重合すれば、高分子のタンパク質になります。

確かに、重縮合すれば高分子になりますが、「原始スープ」の中の核酸塩基やアミノ酸がなぜ、「自分自身で集合」するのか？　なぜ重縮合を繰り返して「鎖長を延長」するのか？　そうなる理由の説明はありません。

〝原始スープ〟に、仮に核酸塩基やアミノ酸が多量に溶けていても、エネルギーの授受がなければ未来永劫そのままのはずです。アミノ酸や核酸塩基が自然に分散することはあっても、自然に〝自分自身で集合〟したり、〝鎖長を延長〟しないことは熱力学第二法則がしめしています。

代謝や遺伝機能をすでに具備した〝生物〟が、比熱が大きくつねに穏やかな大量の水の中で進化したことは確かです。エネルギー代謝もエントロピー代謝も遺伝も、生命機能はすべて化学的には穏やかな水溶液反応でできるように進化しているからです。しかし、だからといって、生命になる前の無生物の〝分子〟も、穏やかな水の中で〝自然に〟進化したとする根拠はどこにもありません。現に第4章で述べた有機分子が生成する過程も、水の中ではなく超高温気体の衝撃後蒸気流の中でした。

分子進化のそれぞれの過程には、それぞれに物理的、化学的、地球史的必然性があるはずです。20世紀末以降、新しい地球観が成立するまで、生命が発生した頃のダイナミックな地球の姿はほとんどわかっていませんでしたので、専門家でも「太古の海は生命の母」

が固定観念となって、分子進化のすべては水の中、「原始スープ」の中で分子が「自分自身で集合」して「徐々に鎖長を延長」したと想像されたのかもしれません。

そこで6－1ではまずア・プリオリに信じられている「太古の海は生命の母」の非合理性を述べてその呪縛を解きます。

続く6－2では、筆者らが唱える「生物有機分子の地下深部進化仮説」について説明します。水の中で高分子化を進める特殊なメカニズムを考えるのではなく、地球史に沿った地質現象の一環として、自然の成り行きで、生物有機分子が地下深部で高分子に進化したと考えるのです。

6－3では、アミノ酸を地下条件の高温・高圧に保持する実験によって、アミノ酸の重縮合が容易に進んでペプチドとなり、「生物有機分子の地下深部進化仮説」を強く支持していることを述べます。

そして、本章の最後6－4では、難問「生物有機分子のキラリティ（光学活性）」について考え、その起源は、地下で生物有機分子が高分子に進化する過程での自然選択にある、との新しい考え方を導きます。

6-1 「太古の海は生命の母」の呪縛を解く

〝物質は進化し、生命は歴史的なものである〟とのオパーリンの概念に共感したのは、英国の結晶物理学者、ジョン・D・バナール（J. D. Bernal）でした。彼は、X線結晶構造解析の手法[*1]をはじめて複雑な有機分子の構造解析に適用し、ビタミンやステロイド、さらにはタンパク質やウイルスの分子構造を明らかにしましたが、その過程で、M・F・ペルーツ（M. F. Perutz, ヘモグロビンの構造解析）、F・H・C・クリック（DNAの二重らせん構造解析）、D・C・ホジキン（D. C. Hodgkin, ペニシリンやインシュリンの構造解析）など、それぞれノーベル賞に輝いた分子生物学者たちを門下生として輩出した優れた指導者でした。英国共産党員で、科学者の社会的責任として、原水爆禁止運動や平和運動に大きく貢献し、昭和期の日本の科学者にも大きな影響を与えました。

彼は著書『生命の起源――その物理学的基礎』（1949年）[*2、3]で、該博な知識に基づく明快な論理によって、無機界の地球に有機分子が出現して進化する過程を具体的に論じました。中でも、生命の起源における粘土鉱物の役割を指摘したことは、その後の研究に大きく影響しました。

重要な指摘の第一点は、たとえ「何らかのメカニズム」によって、アミノ酸や核酸塩基など有機分子が地球上に生成したとしても、海水中では多量の水に希釈されて、反応に必要な濃度にならず、重合して高分子になることはできない、という点でした。それらが重合して高分子化するためには、〝何らかのメカニズム〟で分子が〝反応に必要な濃度〟に濃集する必要がありますが、その濃集は、海中に浮遊する粘土鉱物が有機分子を吸着して沈殿することで果たされたと、バナールは考えました。

指摘した第二の点は、粘土鉱物が酵素（タンパク質）の出現以前に、酵素と同じような触媒の役割を「非効率で不十分でも」果たしていたであろう、とする指摘です。アミノ酸生成の〝ポリグリシン説〟[#2]で著名な赤堀四郎も、1955年、オパーリンとの懇親会の席上で、「（実験には）バナールがいうように粘土」（カオリナイト）を触媒として用いたと述べています。[*4] その後、有機分子の非生物的合成の触媒として粘土鉱物が応用され、[*5,6] 最近の医学的研

＃1　X線結晶構造解析：平行なX線を結晶に当てたときに生ずる回折現象を使って結晶内の原子配列を調べる方法。無機・有機を問わず固体物質の原子レベルの構造はこの方法で決定される。

＃2　ポリグリシン説：アミノニトリル（$RC_2N_2H_2$）が粘土触媒で重合してポリグリシン（最も単純なアミノ酸のグリシンが多数連なった高分子）が生成し、いろいろの側鎖が付いたあとで加水分解することで、多様なアミノ酸ができる、とする説。

究でも、モンモリロナイトがヘムタンパクや視タンパク質ロドプシンの代替物質として機能するとの報告があるほどです。*7、8、9

粘土鉱物の詳しい説明は他書に譲りますが（本章文献リスト末尾）、粘土鉱物はつねに微粒（0・2㎛以下）で、水を吸ってふくらむ膨潤性《ぼうじゅんせい》、コロイドとなって水に分散する親水性、あるいはゼラチンや寒天などと似た揺変性《ようへんせい》（粘土の水溶液あるいは粘土ゾルを静置すると固まり、それを激しく揺すると再び流動する状態に戻る性質のこと、チキソトロピー）があり、親水性有機分子をよく吸着する性質もあります。

さらには有機化合物間の化学反応を進める触媒能もあります。そんな有機分子と親和的な、あるいは有機分子と類似の性質があるので、無機物であるにもかかわらず、無機界と有機界をつなぐ性質を持っているのです。バナールはその粘土鉱物の性質に着目したのです。

微粒の粘土鉱物は水に分散するとコロイドとなって水に浮遊します。粒子の表面が負（－）に帯電して、粒子相互に反撥《はんぱつ》する性質があるからです。しかし、水に陰陽のイオンが加わったり、粒子に有機分子が吸着すると、コロイド粒子相互の反撥が弱まりますので、集まって凝集し、重くなって沈殿します。土木工事や工場排水の濁水処理のために、正（＋）に帯電する無機鉱物の粉末を投入したり、粘土粒子に吸着しやすい有機高分子の凝集剤を投入して、澄んだ水と泥に分離するのは、この原理です。

バナールはこの原理が、海水中では反応に必要な濃度になれない有機分子が、濃集して反応に必要な濃度に達するためのメカニズムであると考え、光の届く浅い海底に沈殿して、粘土鉱物を触媒とした光化学反応で重合が進んだであろうと推定したのです。

バナールの考えの発展的継承

有機分子を吸着した粘土鉱物は海底に沈殿して積層し、厚い海洋堆積物となります。バナールの時代には、プレートテクトニクスなど全地球がダイナミックに流動している姿は見えていませんでしたので、海底の地下の、海洋堆積物の中が生命の起源にかかわる場であるとは想像もされませんでした。〝地下〟は生命の誕生とは正反対の、すべてが永遠に埋没する〝黄泉《よみ》の国〟だったのです。したがって彼は堆積物の中ではなく、〝光の届く浅い海底〟での光化学反応によって有機分子が重合してタンパク質など高分子になることを想定しました。

しかし粘土鉱物が沈殿するような、深い海底は暗く、また時間とともにどんどん次の堆積物が被覆してしまいます。光化学反応によって高分子化する場としてふさわしくなさそうです。しかし、次節（6－2）で詳しく述べますが、有機分子の濃縮は光の届く海底よりもむしろ、厚い堆積層の下部で高い圧力を受けて堆積層が脱水する過程で起こります。石油の生成メカニズムと同じです。そして、チョモランマの山頂付近に、三葉虫の化石が見つかるように[*10]、海洋堆積物も未来永劫地下深くにとどまっているわけではなく、ダイナミックに流動しています。

したがって、粘土鉱物に吸着して沈殿すること自体が有機分子の濃縮だとするバナールの考え方は、当時としては独創的で先進的でしたが、時代的な限界もあったのです。ここでは、「太古の海は生命の母」とする一般的考えの、化学的に不合理な点を、彼が「海水中では重合反応に必要な濃度に達しない」と正しく指摘していた、と強調するにとどめます。むしろ本書では、バナールの考え方を有機分子の濃縮ではなく自然選択の機構に適用して、「生物有機分子の自然選択説」を導きました（5－3）。同説はバナールの考え方の発展的継承といえるでしょう。

もう一つの化学的不合理：大量の水の中は加水分解の条件！

「太古の海は生命の母」の固定観念には、化学的に不合理な点がもう一つあります。そもそも海洋など水の中で、アミノ酸や核酸塩基など生物有機分子がたくさん結合して高分子になると考えるのは、化学的に不合理なのです。

生物有機分子どうしがつながる重合反応は、片方の分子の水素（H^+）ともう一方の分子の水酸基（OH^-）がいっしょに除かれて水（H_2O）となり、その切れた手どうしが結合する〝脱水〟重合です。水が1分子増える反応です。

アミノ酸どうしがつながる結合は〝ペプチド結合〟（図6－1－1）と呼ばれ、脱水重合で多数のアミノ酸分子がつながってタンパク質ができますが、同時に結合数と同じ数の水分子も生じます。ペプチド結合を生ずるためにはそれぞれ1モルあたり約3kcalが必要です。逆の反応が、ペプチド結合に水が加わって二つに切断される〝加水〟分解です。

両者は化学式で逆向きの2本の矢印がしめすように、多数の分子がそれぞれ左右両方の向きに勝手に反応しながら、全体としてはどちらかに偏って一定の割合になる平衡関係にあります。その場合、温度および圧力が一定であれば、左右両辺にある分子の濃度の積の比は、一定になる「質量作用の法則」が働きます。したがって、多量な水の中の平衡反応は、水がより増える脱水重合反応より、水を減らす加水分解反応が進む条件です。図6－1－1ではペプチドに水が加わる右側から、個々のアミノ酸に分解する左側に進む向きです。酸やアルカリ、あるいは熱や光があれば、加水分解反応はより容易に進みます。

仮に、重合反応を進める適当な触媒があったとしても同じです。生命発生以前の金属や粘土鉱物などの単純な構造の無機触媒では、ある反応にとって有効な触媒は同時に逆反応

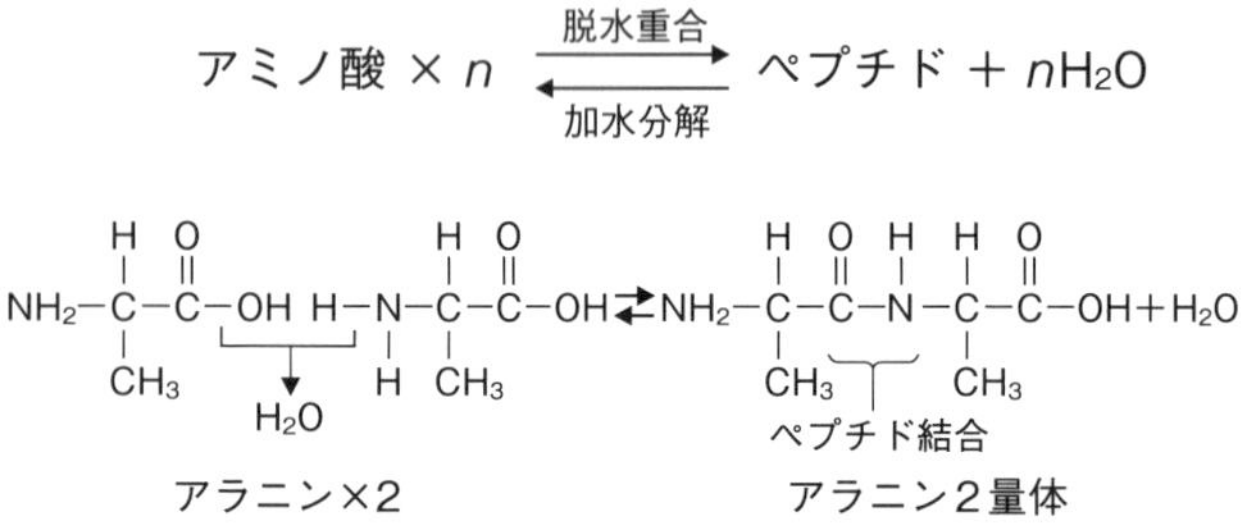

図6-1-1　タンパク質のペプチド結合、脱水重合と加水分解
上段：n個のアミノ酸分子（左側）が〝脱水重合〟で連なれば1個のタンパク質分子とn個の水分子（右側）になるが、その逆は〝加水分解〟である。左右両方向を指す矢印は、両者が平衡関係にあることをしめす。温度・圧力が一定で平衡関係にあれば、「質量作用の法則」によって、多量の水の中では水を消費する加水分解の向き（左向き）に進む。
下段：2分子のアラニン（単純なアミノ酸）が〝脱水〟して（左側）、アラニン2量体＋水分子1個（右側）になる例で、〝ペプチド結合〟をしめす。すべてのアミノ酸は、$-NH_2$と$-COOH$の端末を有しているので、異なったアミノ酸分子どうしも同じペプチド結合で連なって1個のタンパク質分子（高分子）をつくっているが、多量の水の中では加水分解が生じる。

にとっても有効な触媒となるからです。水中では結局、加水分解が進行します。

熱水中や熱水と冷水の攪拌《かくはん》する熱水噴出孔であっても同じです。

1977年、南太平洋のガラパゴス海嶺で熱水噴出孔が発見されたのを契機に、各地の深海底に熱水噴出孔が発見され、その周辺に好高熱性古細菌や新たな深海生物種が発見されました。

当時も今も、多くの研究者は「太古の海は生命の母」の呪縛に縛られていますから、加水分解が優先する〝海水中で〟、アミノ酸など生物有機分子がどんなメカニズムでタンパク質に進化し得たか、説明に苦慮しています。そこで、いかにも原始的な熱水環境で古細菌が見つかったことで、熱水噴出孔こそ生命発生の場かもしれない、と期待したのです。
その期待を背景に、海底熱水噴出孔を模擬した実験系をつくって、アミノ酸の高分子化を試みる研究が、数多く行われました。[*11、12、13] それぞれ独自の実験系ですが、噴出孔では100℃以上の高温の熱水が湧出して海水と接して急激に冷却されますので、それを模擬して、アミノ酸溶液を一定時間熱水条件に加圧、加熱して、それを急冷する実験系が組まれました。
代表的な研究例では、濃度の異なるグリシン溶液（10^{-1}〜10^{-3}モーラー）[#1]をそれぞれ0〜50分、165メガパスカル（1628気圧）、100〜250℃の範囲で処理して急冷し、生成物の濃度およびその温度依存性が調べられています。[*13]
それによると、高分子の生成量はアミノ酸の濃度および熱水の温度に大きく依存し、濃度が高いほど、温度が高いほど、相対的に多くの2量体および3量体が生成しました。しかし、それ以上に熱水の持続時間が大きく影響し、熱水処理15分で2量体および3量体の生成量が最大になるものの、20分では減衰し50分後にはほとんど消失してしまいました。

#1 濃度の単位M＝モル／㎥。

同時にグリシンから炭酸（CO_2）の離脱した分解生成物（メチルアミン）が時間とともに増加しました。

この実験結果は、アミノ酸の濃度が高く、温度も高い条件で、かつ15分程度の〝短時間〟であれば、2量体や3量体（時には5量体や6量体も）が生成し得るとしても、時間経過とともに加水分解が優越し、1時間程度で単分子に分解され、さらにアミノ酸さえも分解してしまうことをしめしています。[#1] 熱水条件ではタンパク質の加水分解とアミノ酸の脱炭酸分解が優越反応で、逆のアミノ酸の重合反応は劣勢反応なのです。

S・L・ミラーは、核酸やタンパク質など生体をつくる巨大分子が一般に熱に弱いので、高温の熱水環境は生命誕生の場にはなり得ない、と指摘しましたが、同じ理由だったでしょう。[*14] 化学的に当然の指摘でした。実際に、タンパク質を260℃の熱水中に、たった25時間置くことで分解されて100分の1になった、との実験報告もあります。[*15] 熱水が強い酸性やアルカリ性であれば、加水分解はさらに急速に進みます。

高温と低温の水が攪拌される熱水噴出孔では、熱水中で準安定的に生成した2量体や3量体が、急冷されたまま反応系外（たとえば、温度の低い通常の海水域）に取り出されて保存される場合もあるでしょう。アミノ酸濃度が極端に高ければ、もっと大きな多量体も生成し、保存され得ます。

しかし、その分子がさらに重合を重ねて高分子に進化するためには、再び熱水の場に戻らなければなりません。そこでは加水分解が優越し、さらに高温の水との反応でアミノ酸自体が分解され、結局はCO_2やN_2などの気体に戻ってしまうでしょう。元の木阿弥、賽《さい》ノ河原《かわら》です。「太古の海」が穏やかな海であっても、熱水であっても、水中が「生命の母」である理由はないのです。

「太古の海は生命の母」の呪縛は、現世の生物が生きる諸条件を考えたことによる、いわば思い込みによる自縛です。縛を解いて原始地球史に素直に沿えば、40億〜38億年前に微惑星・隕石の海洋衝突で生成した生物有機分子が、その後の地質現象によって自然に高分子化してタンパク質や核酸の、少なくとも不完全な原型までには進化する様子が見えてきます。

＃1　高温の熱水条件で、アミノ酸（グリシン）は以下の多段階の平衡反応を経て完全に分解する。

（1）グリシン $\rightleftarrows$ $CH_3 \cdot NH_2 + CO_2$

（2）$CH_3 \cdot NH_2 + H_2O \rightleftarrows CH_3OH + NH_3$

（3）$CH_3OH + H_2O \rightleftarrows CO_2 + 3H_2$

（4）$2NH_3 \rightleftarrows N_2 + 3H_2$

6-2 生物有機分子の地下深部進化仮説

「堆積物が定着してから固結して地層となるまでの、物理的および化学的変化をふくむ一連の過程」を地球科学の専門用語で「続成作用」といいます（『地学辞典』、平凡社、1992年版）。泥から岩石になる過程です。堆積物の物理的変化の第一は加重の増加による圧密です。堆積物が重なると下部では上に載った物質の重さで圧力を受けます。たとえば地下10kmでは約0・3ギガパスカル（3000気圧）、同30kmでは約1ギガパスカル（1万気圧）の圧力を受けます。上からの圧力によって水は押されて、鉱物粒子の間を通り抜けて圧力の弱い上部へ逃げ、残った堆積物は徐々に〝脱水〟します。

地下深くに埋没すると温度も上昇します。地球は内部ほど高温で、蓄積された熱が地表から放出されていることは、第1章で詳しく述べました。現在の平均的な地温上昇率（0・03℃／m）を当てはめると地下10kmでは300℃になりますが、海ができてまだ日の浅い太古代のはじめ頃の地球は今より熱く、地温上昇率は現在よりもっと高かったと推定されます。

粘土鉱物に吸着していた生物有機分子は厚い堆積層の下で、温度上昇することによって離脱し、水といっしょに地層中を透過します。礫層《れきそう》か砂層か泥層か、あるいはどんな鉱物の地層か、堆積層の内容によって異なりますが一般に、大きな有機分子は滞留して、小さな水分子がより容易に上部に移動することで、有機分子は濃集します。

粘土鉱物やゼオライト[#1]など鉱物種によっては、大きさや性質の異なる特定の分子種を選択的に滞留させたり、透過を遅延させることもあるでしょう。液体クロマトグラフィーやペーパークロマトグラフィーで有機分子が選別されることと同じ原理です（前出、165頁の＃1）。したがって海洋堆積物の圧密脱水による水や有機分子の移動は、有機分子の濃集だけでなく、有機分子の純化や選別の効果もあり、あるいはその過程の中で相互に化学反応させる効果もあったと推定されます（図6－2－1）。

「生物有機分子の地下深部進化仮説」の導出

プレートテクトニクスが始まったのは40億年前頃ですから、〝有機分子ビッグ・バン〟の生じた40億～38億年前頃は、まだ大陸はほとんどありませんでした。[*16] したがって、隕石の

＃1　ゼオライト：沸石。200～300℃の熱水環境で生成し、結晶構造中に水や数nmの空隙を有する一群の珪酸塩鉱物。粘土鉱物同様に、イオン交換や有機分子吸着などの性質があるので、それらが堆積した粒子間を水といっしょに移動する異なった有機分子は、それぞれ異なった影響を受ける。

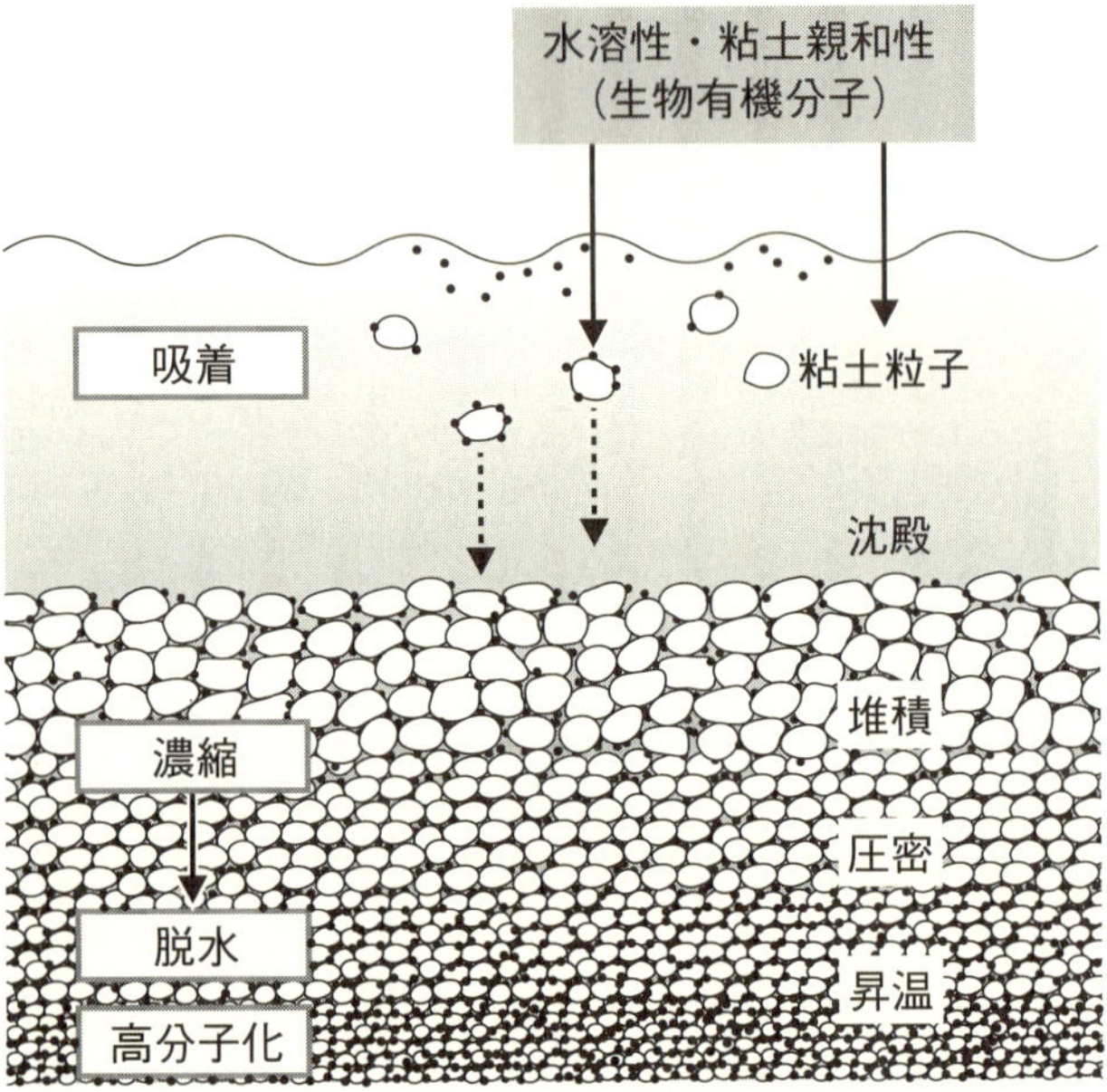

図6-2-1　海底堆積物の圧密・昇温による有機分子の脱水重合
〝有機分子の地下深部進化仮説〟の概念図である。堆積物が重なると下部では上に載った物質の重さで圧力を受け、水は押されて、鉱物粒間を通り圧力の弱い上部へ逃げ、堆積物は〝圧密〟される。地温上昇で下部ほど温度が上がる。それにともなって、粘土鉱物に吸着して沈殿した有機分子は徐々に濃縮され、脱水重合して、高分子化する。

海洋衝突後、有機分子を吸着して沈殿・堆積する〝主な粘土鉱物〟は、現在のように大陸の岩石が風化してできるスメクタイトやカオリナイトではなく、隕石の海洋衝突によって生じた蛇紋石（5－3）、あるいはいったんは超微粒子やスフェルール（4－2）となって海底に沈殿し、その後風化して生じた蛇紋石だったはずです。蛇紋石はカンラン石が水と反応して生成したもので、隕石も海洋底もカンラン石が主成分ですから、〝有機分子ビッグ・バン〟の隕石の海洋衝突で大量に生成したはずです。

しかし、蛇紋石の成分は$Mg_3Si_2O_5(OH)_4$で、海洋中では容易にマグネシウム（Mg）が溶出して、より二酸化ケイ素（SiO_2）の成分に富んだスメクタイトや二酸化ケイ素成分だけの非晶質シリカに変化します。それらは結合の性質上、[#1]コロイドとなって浮遊しますから、蛇紋石のみならずそれらも有機分子を吸着して沈殿・堆積していたと考えられます。

また、隕石の海洋衝突では、有機分子といっしょに多量のアンモニアも生成しました（4－5）。高温の衝撃後蒸気流の中でも短い反応時間のために、酸化されずに残った金属鉄や金属硫化物の超微粒子もあり得ます。それらも有機分子やアンモニアとともに海底に沈殿しますから、堆積物はきわめて〝還元的〟になっていたと推定されます。

＃1　粒子表面に Si-OH の結合ができて、負に帯電し、その -OH 基が水となじむ。

還元環境で高圧・高温の脱水条件に曝《さら》された生物有機分子がどう変化するか、多様な生物有機分子を一括して論ずることはできませんが、一般に還元環境でかつ高圧下では有機物の分解が抑えられることを考慮すると、有機分子は分解せずに〝脱水重合〟して、より高分子になったと考えられます。

すなわち、アミノ酸や核酸塩基などの生物有機分子は、還元的な海洋堆積物の続成作用による高圧・高温の脱水環境で〝自然に〟重合して高分子になると推定されるのです。どの程度大きな高分子になったか、正確に判断する根拠はまだありませんが、単純な圧密昇温の脱水条件ですから、多種類のアミノ酸が特定の順番で数百も数千個も結合した酵素や自己増殖機能を発揮するＲＮＡ・ＤＮＡのレベルの巨大分子にはなれなかったでしょう。

しかし、結合の順番は規定できなくても、タンパク質や核酸の機能を不完全には果たすことのできる〝タンパク質の片鱗《へんりん》〟（ポリペプチド）のレベルまでは重合したと推定されます。著者らが「有機分子の地下深部進化仮説」を唱える理由です。

この仮説は有機分子と地下条件の考察による合理性だけではなく、新進の研究者たちによる地下を想定した高圧実験によって、その妥当性が実証されています。それらはまとめて次の６－３で述べます。

その前に、少し論旨をはずれますが、続成作用の加圧・昇温条件でサバイバルできなかった有機分子の行方を考えます。第3章の〝最も古い生物の痕跡〟に関係するからです。

地下深部でサバイバルできなかった生物有機分子はダイアモンドになった？

海洋堆積物の続成作用の過程で、還元条件が不充分であれば、有機分子は周辺の珪酸塩鉱物と反応して水素を放出して、みずからは炭化して鉱物の石墨《せきぼく》（グラファイト）になってしまいます。いわば有機分子の酸化であり〝蒸し焼き〟です。それらは、地下の温度・圧力環境にサバイバルできなかった生物有機分子の〝成れの果て〟です。

38億～37億年前頃の堆積岩（現在は変成岩）の中に含まれているグラファイトが、生物の痕跡かもしれないと報告され、論争になっていることは第3章で紹介しました（3－1）。〝生命の痕跡〟と推定する根拠は、それらの炭素同位体比が生物と同じように20パーミル（＝20／1000）ほど軽いことです。しかし、〝軽い〟だけで生物起源の炭素であるとは断定できません（3－1）。

この種のグラファイトは生物の痕跡ではなく、地下の加圧・昇温環境にサバイバルできなかった〝蒸し焼き〟の生物有機分子ではなかったか、と筆者は考えています。〝軽い炭素〟になる原因は、有機分子が生成する素になった固体炭素が衝撃によって蒸発する過程にあります。

物質の蒸発の際には一般に、軽い同位体でできた分子のほうが、ごくわずかですが、多く蒸発します。質量依存同位体分別効果（mass dependent isotope fractionation）といいますが、たとえば標準平均海水では軽い水（$^{1}H_2{}^{16}O$）と重い水（$^{2}H_2{}^{16}O$、$^{1}H_2{}^{18}O$）の比が99.9844：0.0156ですが、蒸発させると（50℃で）50パーミル[#1]（5％）ほど〝重い水〟が海水側によけいに残ります。同じ理由で、隕石に含まれていた固体炭素が衝突によって蒸発する際に、蒸発した炭素は〝軽い炭素〟になり得るのです。すなわち〝軽い炭素〟を含むからといって、「生命の化石」と結論づけることはできないのです。

著者の主張を裏付ける傍証もあります。ダイアモンドの炭素同位体比です。ダイアモンドを産する母岩はキンバーライトといわれ、地下200kmから急速に噴き出したマグマと考えられています。その多くは20億年前よりさらに古い火成活動によって噴き出したと推定されていますから、生物の大量の死骸（5・4億年前頃から急激に増加した）がマントルに引き込まれてダイアモンドの原料になったと考えるには古すぎます。

にもかかわらず、多くのダイアモンドの炭素同位体比は、37億年前のグラファイトや現生の生物と同じように、少し軽いほうに偏っています（マイナス5〜30パーミル）。[*17、18] 45・2億年前の鉱物（ジルコン）に取り込まれていたダイアモンドの同位体比も、平均でマイナス31パーミル（‰）であったと報告されています。[19] ダイアモンドもグラファイトも現生生物と同じように〝軽い炭素〟でできていて、ダイアモンドが明らかに生物の大量発生以前に生成したとすれば、生物以外の〝軽い炭素〟が原料だったはずです。

ダイアモンドが地下２００㎞の高温・高圧で生成したことは知られていますから、40億～38億年前の有機分子ビッグ・バンで生成した大量の有機分子が、続成作用の過程で濃集し、プレートテクトニクスによってマントルに引き込まれ、脱水素化してダイアモンドになったと考えると理解できます。隕石海洋衝突では、隕石に含まれていた炭素がいったん蒸発して軽い炭素になるからです。

したがって、有機分子のビッグ・バンで生成し、堆積物中に退避してサバイバルした〝生物有機分子〟でも、海洋堆積物の続成作用で高分子に進化したほうはサバイバルして生命の素となり、サバイバルできずに脱水素化したほうはダイアモンドになった、という筋書になります。自然の妙です。生命になりそこなった炭素がダイアモンドになったと思うと、宝飾に縁のない著者にも、ダイアモンドが眩《まぶ》しく見えます。

＃1　パーミルは千分率の単位、記号は‰、1‰＝1/1000＝0.1％。プラス・マイナスは、標準値より重いか軽いかをしめす。

もちろん、炭素がダイアモンドになるほどマントル深く沈み込まず、堆積岩の様相を残す程度の圧力であればグラファイトになったでしょう。グリーンランド、イスア地域の38億〜37億年前の〝堆積岩〟に含まれるグラファイトは、「生命の化石」というより有機分子ビッグ・バンの痕跡ではないかと考える理由です。

6-3 「生物有機分子の地下深部進化仮説」の実験による検証

さて、本題に戻ります。アミノ酸からペプチドへ、生物有機分子が重合したのは地下深部の海洋堆積物の続成作用による、との考えを、筆者らがはじめて邦文の学会誌に発表したのは1993年、「初期地球プレートテクトニクスに同期した化学進化──生命の地殻胚《ち かくはい》胎《たい》仮説」のタイトルでした。*20、21

同じ内容を先に、『ネイチャー』誌に投稿しましたが、仮説だけの論文であるとの理由で採用されず、邦文にして国内誌に投稿し直しました。掲載されても生命起源の専門家の注目は集めませんでした。しかし、同主旨を地球科学の学会で口頭発表したときは、会場に居合わせた科学記者の注目を呼び、日本経済新聞が大きく取り上げてくれました。*22

その後、同仮説を検証するため、アミノ酸の地下条件における重合実験にとりかかりましたが、なかなか思うような結果が得られないまま経過し、２００７年、若い学徒の協力を得てようやく、地下深部の温度圧力条件でアミノ酸が容易に重合することを証明できました。その後さらに２０１１年と２０１３年に、異なったアミノ酸を用いた同様の実験で、それぞれ世界記録となる大きなアミノ酸重合体（ペプチド）を生成して、「有機分子の地下深部進化仮説」の妥当性を確認することができました。それぞれの結果を以下に紹介します。

実験：地下３㎞の条件での、グリシンの高分子化

大陸が未発達だった40億〜38億年前の海洋堆積物は、海水に衝突した隕石や海底の岩石がいったん蒸発して衝撃後蒸気流の中で超微粒子となって、海洋に回帰したものが主ですから、カンラン石や蛇紋石、金属鉄や酸化鉄などの超微粒子に多量のアンモニアと有機分子が加わり、きわめて還元性の高いものであったと考えられます。

ですから、地下条件で有機分子が高分子化したことを証明する実験のためには、厳密には、それらの素材の適切な配合体を〝海洋堆積物モデル〟としなければなりません。また、多量の水を含んだ堆積物が地下の圧密・昇温によって徐々に脱水するダイナミックな反応をシミュレーションするためには、試料を高温高圧下で制御して脱水させるために適当な

装置を設計・試作する必要があります。

しかし有機分子が地下深部の高圧・高温条件で高分子化したとする仮説の実証のためだけなら、生物有機分子の粉末を加圧・加熱して容易に脱水重合することを確かめれば、いちおうの目的は果たせます。そこで実証実験の手始めとして、堆積物中で生物有機分子が極端に濃縮脱水された場合を想定して、粉末のグリシン（最も簡単なアミノ酸）を出発試料とした加圧・加熱実験を試みました（大原祥平ら2007年）[*23]。

化学試薬の粉末のグリシン100mgを有機物とは反応しない金（Au）の細い管に封入し、水熱装置で5〜100メガパスカル（50〜100気圧）、150℃で1〜16日間保持し、その後に開封して、生成物を高速液体クロマトグラフィーおよび高速液体クロマトグラフィー／質量分析計で分析しました。加圧・加熱する水熱装置は油圧で圧力をかけて加熱するありふれたものです。100メガパスカルは地下2〜3kmの深さの圧力に相当します。

実験の結果、グリシンが11量体まで明瞭に生成が確認されました。詳しい説明は、224頁の図6－3－1に譲りますが、本実験によって、地下3kmの温度・圧力条件で、グリシンは何もしなくても自然に11量体まで高分子化してペプチドになることが実証されたわけです。

この実験の目的は、原始の海洋堆積物を再現して続成作用によるアミノ酸の高分子化をシミュレーションすることですが、本実験ではその条件を大幅に単純化してグリシン粉末だけを加圧、加熱しました。したがって、共存する鉱物など堆積物の組成や続成作用の本質である圧密によって徐々に〝脱水〟する条件はまったく模擬できていません。

こうした単純な実験系にもかかわらず、酵素機能を発揮するであろうとされる〝最小タンパク質〟の10量体を超えたペプチドになっていたわけです。[*24] 泥が岩石になる過程の圧力と温度だけで酵素機能のある〝タンパク質の片鱗〟（ポリペプチド）ができることの実証でした。

これまでの分子進化の研究で、アミノ酸の重合はほとんど2〜3量体までで、最高値でも、熱水中に短時間だけ出現してすぐに分解したグリシン6量体でしたので（本章、6−1）、[*13] 本実験による11量体の生成は世界記録です。これまでとは質的に異なる成功を示していますす。そして明らかに、〝生物有機分子の地下深部進化仮説〟を強く支持しています。

隕石海洋衝突で生ずる多様な物質からなる海洋堆積物であれば、それらの触媒作用によってさらに大きな高分子の生成が期待されます。また海洋堆積物が徐々に脱水する過程を模擬するダイナミックな高温・高圧実験であれば、装置内の物質流動によって、さらにずっと大きな高分子の生成も期待できるでしょう。グリシン、アラニン、アスパラギン酸、

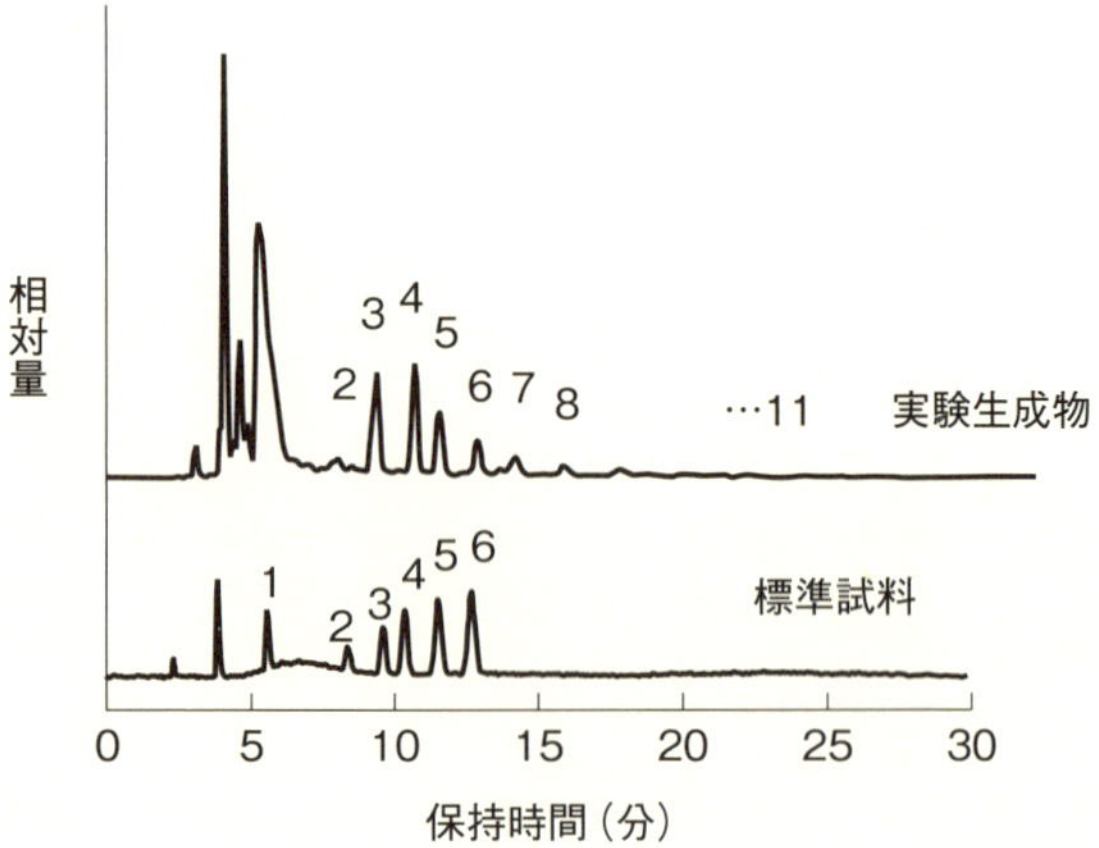

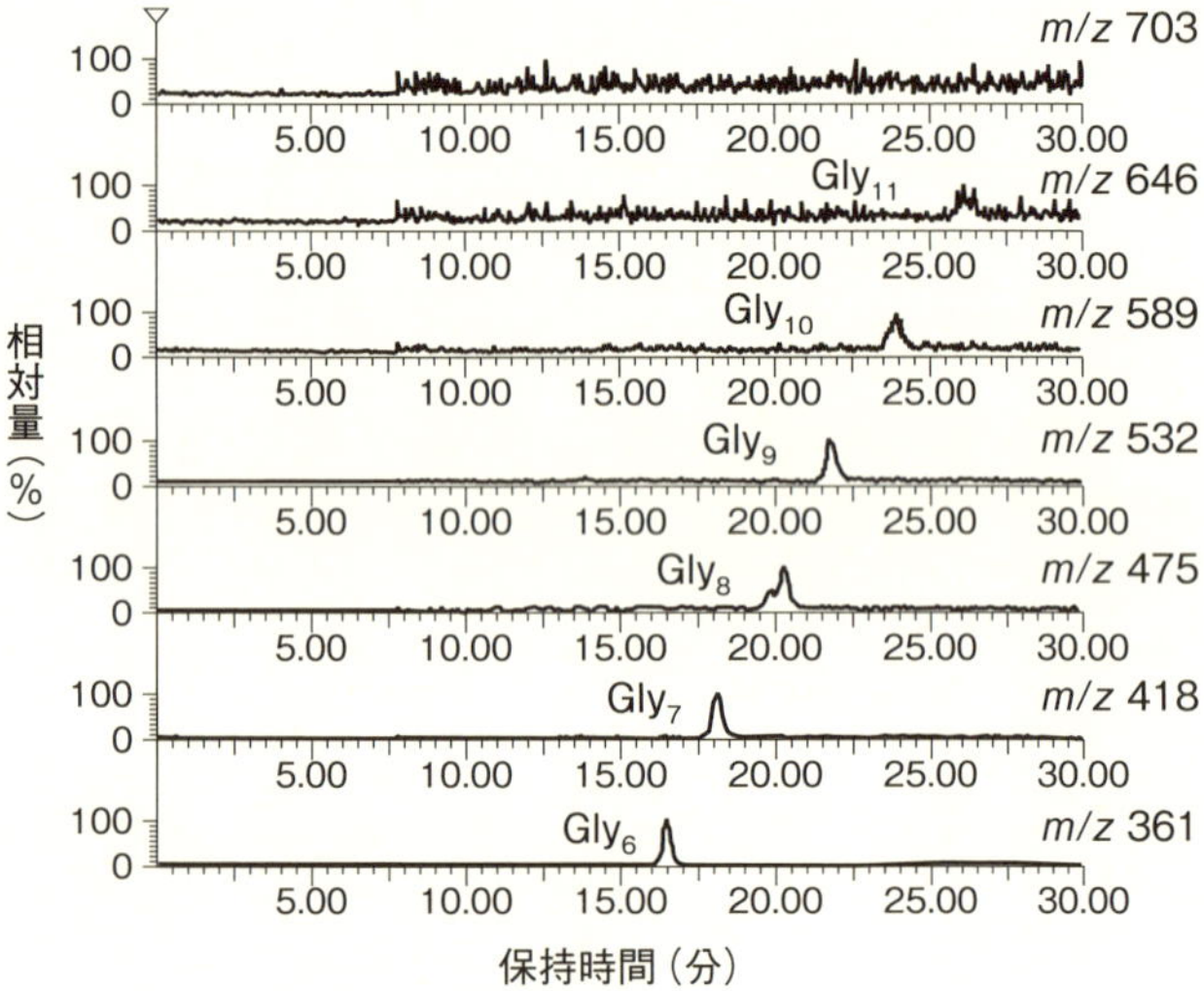

注：*m/z* は分子量/電価。Gly はグリシン。Gly_{11} はグリシン11量体を示す

図6-3-1　地下3㎞の温度・圧力条件で11量体まで脱水重合したグリシン

グリシン（最も簡単なタンパク質構成アミノ酸）を地下3㎞の条件（100メガパスカル、150℃）で8日間保持した後、生成物を分析した結果、タンパク質一歩手前のペプチドの生成が明らかとなり、「生物有機分子の地下深部進化仮説」の妥当性を実証した。

上図：高速液体クロマトグラム（HPLC）（165頁、＃1）の縦軸は検出された分子の相対量、横軸は分子が分析カラムに滞留していた時間（保持時間）。下部のグラフが標準試料、上部のグラフが実験生成物の試料をしめす。分子種によって分析カラムにつめられた粒子との親和性が異なるので、カラムを通過する時間（保持時間）に差が生ずる。そこで、あらかじめ用意した既知分子の試料（標準試料）と分析したい試料（この場合は実験生成物）の両者を連続して分析カラムに流入し、両者の保持時間の一致によって分子種を同定する。
このHPLC分析の標準試料はグリシンおよびその多量体の市販試薬（6量体まで入手可）。図のピークの数値の2、3、4……等はそれぞれモノマーが脱水重合してペプチド結合で連なった2量体、3量体、4量体……をしめす。6量体まで標準試料と生成物の保持時間は完全に一致し、間違いなくそれらの多量体が生成したことを示している。さらに長い保持時間で周期的なピークが見られることから11量体までの生成が予測される。確認のため6量体以上は高速液体クロマトグラフィー／質量分析計を用いた。

下図：グリシン6量体以上11量体までの生成をしめす高速液体クロマトグラフィー／質量分析図。この装置はHPLCと質量分析計を直列につないで、検出された分子の質量／電荷を測る装置。6量体以上のピークの質量を測定した結果が同図右端のm/z値である。この場合は電荷が1（$z=1$）であるので、それぞれ6量体以上11量体までの質量に相当する（図中のGly_6〜Gly_{11}）。この分析により、グリシンが人為的処置なしに、地下の温度・圧力条件だけで11量体まで高分子化したことが証明された。これまで到達されたことのなかった長さのペプチドの生成であり、「生物有機分子の地下深部進化説」の妥当性を証明する結果である。

（Ohara et al.,（2007）（＊23）より引用）

バリンなど基本的な複数のアミノ酸を原料として生成する高分子は、結合の順番によって巨大な数の分子種になりますが、それらの酵素機能やサバイバル率の研究によって、生命の起源に大きく迫れるはずです。

分子進化の研究で、これまで手がかりの得られなかった高分子への進化のプロセスは、隕石の海洋衝突→多様な有機分子の生成→粘土鉱物への吸着と沈殿による生物有機分子の自然選択→そして海洋堆積物の続成作用、という地球史に沿った〝普通の地質現象〟の中で、自然に進行することが地球史の考察からも、実証実験の結果からもはっきりしました。

グリシンおよびアラニン5量体の生成：深さ約180kmの圧力

海底の地下5kmで堆積物の受ける温度・圧力は、現在の典型的な地下昇温率で推定すると約150℃で約200メガパスカル（2000気圧）程度ですが、プレートがマントルに引き込まれるところでは300〜400℃、2〜3ギガパスカル（2〜3万気圧）にも達します。

一般に、有機分子が分解すればアンモニアや二酸化炭素あるいはメタンなど小さな分子（常温で気体）になって体積が膨張しますから、圧力が高いほど分解が抑えられて有機分子は安定になるはずです。しかし、アミノ酸の高圧安定性については詳細なデータがありませんので、アミノ酸の中で最も単純なグリシンおよび次に単純なアラニンの高圧安定性を実験で調べてみました（大竹翼ら、２０１１年）[*25]。

実験は、試薬のグリシンおよびアラニンの粉末を金管に封入し、超高圧装置で所定の温度（１８０〜４００℃）、圧力（１・０〜５・５ギガパスカル）に一定時間（2〜24時間）保持した後、回収、開封して生成物を水に抽出して高速液体クロマトグラフィー／質量分析計で調べる方法です。

その結果、予想どおり、出発物質のグリシンやアラニンおよびそれらの重合体（最大５量体）は高圧ほど安定で、２・５ギガパスカルでは１８０℃まで、５・５ギガパスカルでは２５０℃まで安定でした。グリシンは前述の11量体の実績がありますが、分子進化の研究においてアラニンが５量体まで人為的操作なしに高分子化したのはこの実験が世界ではじめてです（図６−３−２、図６−３−３）。

実験結果の詳細な解析から、環境中にアンモニア（NH_3）が多量にあれば、アミノ基（$-NH_2$）を持つアミノ酸（NH_2-CRH-COOH）の安定性が増し、したがって高分子化はさらに進行するであろう、との推定も導かれました。この結果は、４−５で述べた事実、すなわち隕石の海洋衝突で多量のアンモニアが生成したであろうこと、を考え合わせると、より大きな高分子化の可能性を示唆しているようです。

しかし、アンモニアが単独で水に溶解すればアルカリ性になります。熱水噴出孔のとこ

図6-3-2　実験に用いた超高圧発生装置
実験に用いた超高圧発生装置は物質・材料研究機構にある〝ベルト型〟と呼ばれるタイプで、矢印の上下にあるピストン（図では円錐状に尖って見えている）が、矢印の先にあるシリンダー（ピストンの形状に合わせた孔がある）に差し込まれて、両ピストンの間の空間に高圧を発生させる装置。他の高圧発生装置に比べて、多量の試料を高圧処理できる点で優れている。

ろで述べたように、タンパク質が水溶液中にあれば、強い酸やアルカリは加水分解を進めます。大量のアンモニアを含んで強いアルカリ性になった堆積物中の条件では、せっかく重合してペプチドになったとしても容易に加水分解される可能性もあります。ただし、堆積物中と水溶液中では条件が異なり、水溶液中でも炭酸イオンなど酸性の共存イオンがあれば分解は免れます。

したがって事情は単純ではなく、地層の含水量、その脱水、あるいはアンモニアの濃度や他の共存イオンとの関係など、この実験

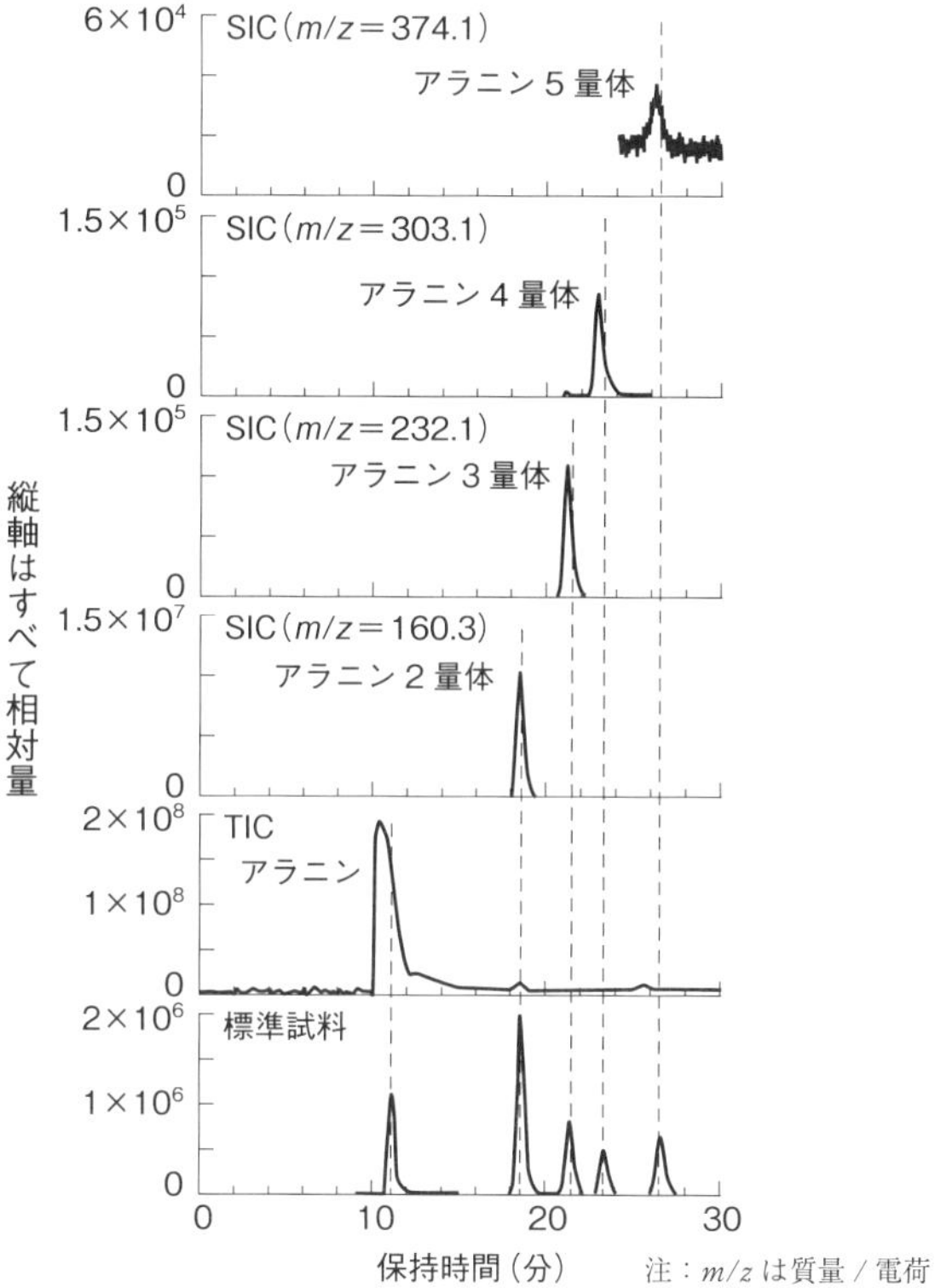

図6-3-3　実験によるアラニン5量体の生成をしめす高速液体クロマトグラフィー／質量分析図

標準試料（市販試薬）のアラニン多量体（2〜5量体）の高速液体クロマトグラムを最下段に示す。同図の上に、高温・高圧処理で残存したアラニンおよび生成したアラニン重合体（2〜5量体）の高速液体クロマトグラフィー／質量分析図を示す。*m/z*の電荷は1（すなわち$z=1$）であるので、挿入された数値はそれぞれ多量体の分子量に相当する。地下の高温・高圧条件によるアラニンの重合は明らかである。アラニン5量体の生成は現時点の世界記録である。

（Otakeら、(2011)（＊25）より転載）

で制御した温度・圧力などの物理的条件以外の、検討すべき課題は少なくありません。地層内でアミノ酸がどこまで大きなペプチドになるか、高分子化のメカニズムの解明には、さらに精緻な模擬実験が必要です。

バリン：地下4〜5㎞相当圧で6量体まで高分子化

以上の二つの実験例でグリシン、アラニンが高圧で安定化し、海底の地下の堆積層内の条件で高分子化が進行するとの考えは強く支持されました。グリシンは光学活性（6－4で詳述します）のない唯一の、そして最も分子量の小さなタンパク質構成アミノ酸で、アラニンは次に小さなアミノ酸です。さらに分子量の大きなアミノ酸であるバリンについても、類似の確認実験が行われました。

実験の温度、圧力範囲はそれぞれ150〜200℃、50〜150メガパスカルです。150メガパスカルは地下4〜5㎞の深さに相当する圧力です（古川善博ら、2012年）[*26]。

その結果、前述の2例と同様、無触媒、無活性化処理で直鎖のバリン6量体ができて、これも世界で最長の記録となりました。そして同時に、原料のバリンおよび生成した2量体から6量体までの多量体すべてが、同じ温度であれば高圧ほど安定であることも判明しました。

グリシン、アラニンおよびバリンの実験結果はすべて、〝海底の地下、堆積層の続成作用によって生物有機分子は高分子化する〟という著者らの説を支持しています。有機分子の側から見れば、「海底の地下、海洋堆積物の続成作用による圧密・昇温過程を、脱水重合して高分子化することでサバイバルした」といえます。

これまでの実験では、海底の地下の圧力がアミノ酸の分解を抑制し、高分子化を促進することが実証され、最大ではグリシンの11量体が合成され、最小のタンパク質と推定される10量体を超えました。しかし、さまざまな酵素機能を有するタンパク質のレベルの巨大分子の生成までは果たせていません。

これまで実験が、原始海洋堆積物が泥状から堆積岩になるまでの変化を充分に模擬できていないこともありますが、異なったアミノ酸が数百も数千も重合して酵素機能を有する本当のタンパク質が生成されるためには、地層内での単純な昇温・昇圧とは異なる、もっと高度な重合メカニズムが必要のようです。そのメカニズムは次章（第7章）で論じます。

また、実験はアミノ酸だけを対象としましたが、地下深部の高温・高圧による脱水重合による高分子化は、他の生物有機分子にとっても適用できるメカニズムですので、より一般化して、地下深部の条件で生物有機分子は、〝酵素やＲＮＡ／ＤＮＡの片鱗〟のレベルまで自然に進化した、といえるでしょう。

6－4 生物有機分子のホモキラリティ（光学活性）、自然選択の結果か？

表題の用語、「ホモキラリティ」と「光学活性」は特殊な用語ですから、解説が必要でしょう。光学活性の研究の歴史は長く、専門分野によって用語が少々錯綜《さくそう》していますので、本論に入る前に説明を加えます。

正四面体の中心から4つの頂点に向かって結合の手を伸ばしている炭素原子が、6種の軽元素H、C、N、O、P、Sと共有結合で連結したのが有機分子です。共有結合では電子の軌道が決まっていて、分子は固有の立体構造になることはすでに説明しました（3－3）。

たとえば、比較的小さなアミノ酸のアラニンは1個の炭素原子に、$-CH_3$、$-NH_2$、$-H$、$-COOH$が結合した分子です。正四面体の等価な4頂点のどれか2つに$-CH_3$と$-COOH$を結合して、さらに残りの2つの頂点のどちらかに$-H$，他方に$-NH_2$を結合させようとすると、どちらを選ぶか、で2種類の分子ができます（図6－4－1）。

分子式は同じでも、立体構造の異なる2種の分子です。両者は鏡に映った像と実体の関係（右掌と左掌の関係）にあって同じではありません。こういう関係にあることを「キラリテ

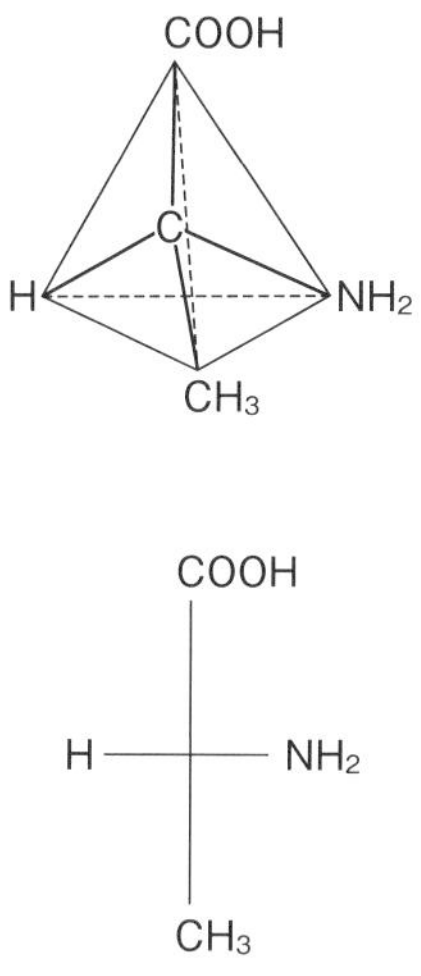

D-アラニン　　　　L-アラニン

図6-4-1　分子の立体構造、アラニンの例
アラニンは、四面体の重心にある炭素原子（C）に、$-CH_3$、$-NH_2$、-H、-COOHが結合している。四面体の上下に$-CH_3$と-COOHを結合すると、左右のどちらかに-H、他方に$-NH_2$を結合させることで2種類の分子ができる。両者は左右の掌の関係にある。

イ」あるいは「対掌性《たいしょうせい》」とか「不斉《ふせい》」といい、そうなる分子を「鏡像異性体《きょうぞういせいたい》」、「対掌体」あるいは「エナンチオマー」といいます。炭素を中心とする〝有機分子〟の特徴です。

鏡像異性体の片方の分子だけの状態を「キラル」あるいはより正確に「ホモキラル」であるといい、両者の等量混合状態を「ラセミ」といいます。鏡像異性体は、それぞれの立体構造によってD体あるいはL体と呼びますが（D／L体の決め方は後述します）、化学的に合成すると両者は同率で生成されて混合物（ラセミ体）になります。両者のエネルギー差がきわめてわずか（アラニンでは10^{-17}eV）だからです。[27] しかし不思議なことに、それらを生物がつくるとすべてホモキラルになります。

一方、〝光学活性〟は、19世紀のはじめフランスの物理学者J・B・ビオ（Jean Baptiste Biot）によって発見された生物有機分子の水溶液の性質で、光（光波）の振動面が水溶液を透過することで回転する性質（旋光性《せんこうせい》）のことです。

2枚の偏光板《へんこうばん》（いわば平行に並んだ〝無限小のスリット〟で、スリットの向きに振動する光だけしか透過できない）を「光源→偏光板→偏光板」の関係にセットし、2つの偏光板の〝スリット〟の向きを直交するように配置すると光を通さなくなります（図6-4-2、第二段）。

その2枚の偏光板の間に、たとえばショ糖の水溶液を置くと、光はわずかに透過します（同図、第三段）。水溶液が光の振動面を回転させたのです。ショ糖液には「光学活性」があ

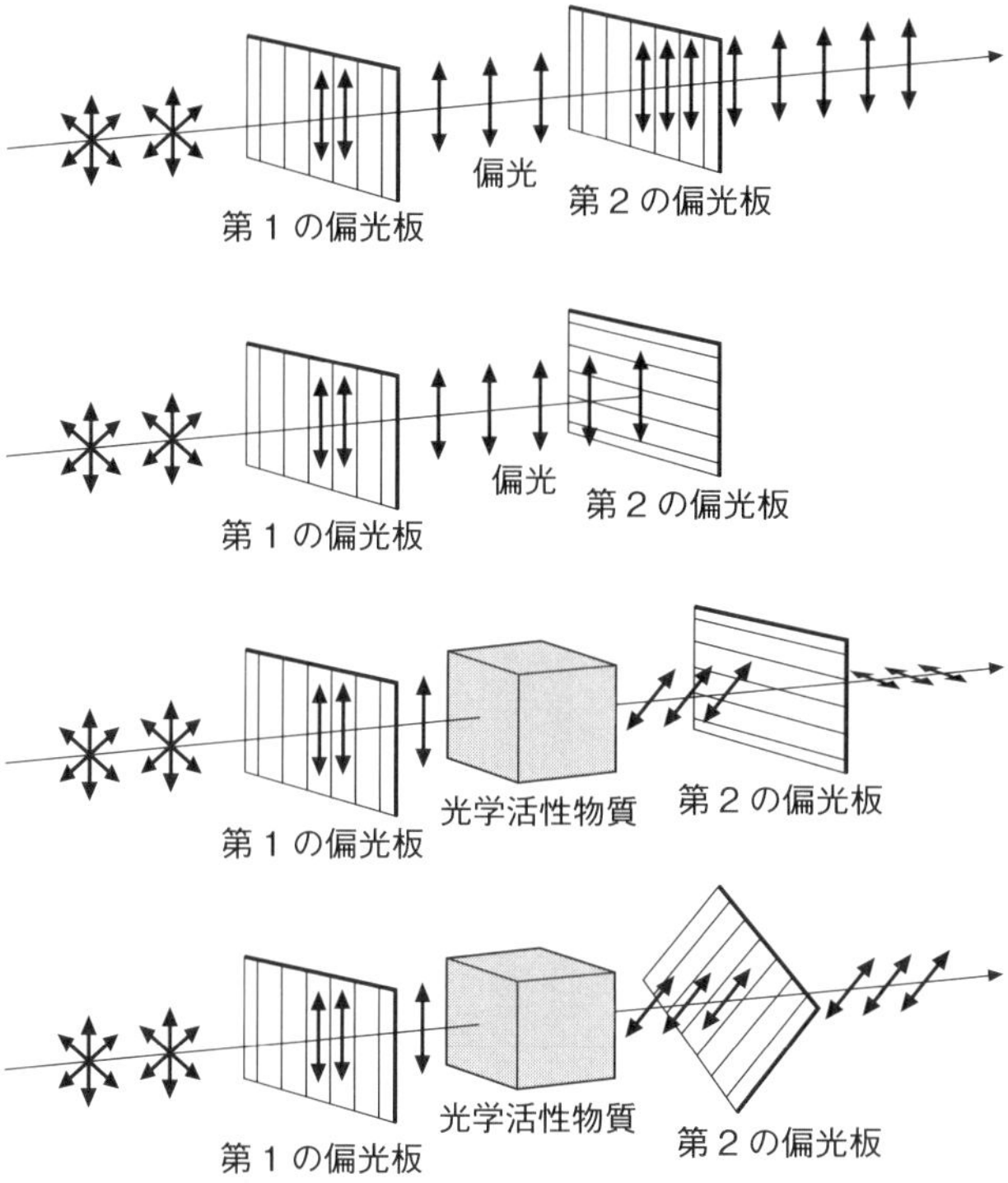

図6-4-2　光学活性を調べる光学系
図（上）：2枚の偏光板の〝スリット〟の向きを一致させると、全方向に振動する光のうち、〝スリット〟の向きに振動する光は両者を透過する。図（中）：1枚目と2枚目の偏光板の〝スリット〟の向きが直交しているので、光は透過しない。図（下）：図（中）の状態で、1枚目と2枚目の間に光学活性体の溶液を入れると、光の振動面が回転して2枚目の偏光板を回転することで光が透過する。

る、といいます。

回転する角度（旋光度）は溶解した物質によって異なりますが、後方の偏光板を最も明るくなるところまで回転させることで測定できます（同図第四段）。回転が反時計まわりであれば左旋性（*l*《エル》または－と表記）、時計まわりであれば右旋性（*d*または＋）と呼びます。

１８４8年、Ｌ・パスツールが、酒石酸アンモニウム・ナトリウム溶液から結晶を析出させたところ、右掌と左掌の関係にある2種の外形の結晶（対掌体）が同率で生成し、それぞれをピンセットで拾い集めて再び水に溶かして旋光計で調べ、旋光角度が正負反対のまったく同じ値で、それぞれ*d*体および*l*体であることを見つけました。両者の等量混合物（ラセミ体）は光学活性をしめしません。

その後、アミノ酸や糖など生物を構成する分子は、*d*／*l*どちらかの旋光性をしめす〝光学活性〟があることとわかりました。その重要性から、〝光学活性〟の起源がわかれば生命の起源がわかると考えられ、生命起源の研究はパスツールに始まるという人がいるほどです。

歴史的には、分子の「光学活性」を説明するために、分子の立体構造や鏡像異性体の概念が成立したのですが、20世紀の後半にはシンクロトロン放射光のＸ線（波長可変）を利用した構造解析によって、有機分子の立体構造が容易に決められるようになりました。生体を構成するアミノ酸はすべてL体、糖はD体であることはよく知られています。

しかし不便なことに、立体構造のD体／L体と旋光性のd／lとは対応していないのです。有機分子のD体およびL体は、立体構造を決めることができなかった時代に実測の旋光性d／lとは無関係に、便宜的に決められたものだからです。[#1] アミノ酸や糖など生物有機分子については、この慣行が現在も継続していますので、本書もそれにしたがって記述しますが、一般の有機分子については別の表記法を使うことが国際的に推奨されています。[#2]

アミノ酸はL体、糖はD体、ホモキラルであることの重要性

生命体にとって、アミノ酸はL体、糖はD体しかないことがいかに重要であるかは、それらが高分子（タンパク質やDNA）になる場合を考えるとわかります。

たとえば、ミオグロビン（筋肉中にあって酸素を保持するタンパク質）は、比較的小さなタンパク質で、各種Lアミノ酸が153個ペプチド結合で連なって8個のリボン（右巻きのαヘリッ

＃1　立体構造のD体／L体は、グリセルアルデヒド（H・CHO・CH_2OH・OH）のD体およびL体をまず便宜的に決め、それを基準に、HとOHの配置関係が同じになるものをそれぞれD体、L体とする、とした

＃2　生物有機分子に限定しない一般の有機分子については、分子中の個々の炭素の不斉を記述する〝RS表記〟を用いることが国際純正・応用化学連合で推奨されている。

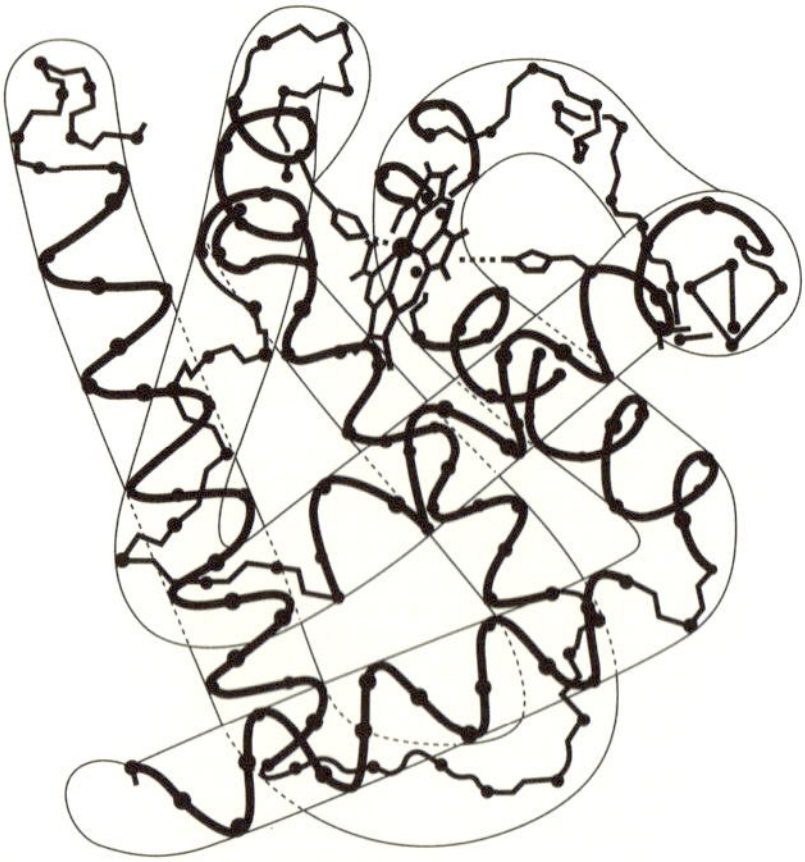

図6-4-3　タンパク質の三次構造例、ミオグロビン
ミオグロビンは、各種Lアミノ酸が153個ペプチド結合で連なって8個のリボン（右巻きのαヘリックス）をつくり、Fe^{2+}イオンを抱えた球状の、比較的小さなタンパク質。筋肉中にあって、酸素を必要なときまで保持する役割を担う。仮にDアミノ酸1個がLアミノ酸と替わると、そこでαヘリックスがいったん反転してリボンの向きが変わり、まったく異なった構造になって機能を失う。

クス）をつくり、それらが折れ曲がって全体でFe^{2+}イオンを抱えた球状の塊になっています（図6－4－3）。

Fe^{2+}イオンが酸素を脱着する機能にとって、この〝立体構造〟は第一義的に重要です。しかし、たとえばαヘリックスをつくっているLアミノ酸の1個をDアミノ酸で置きかえると、そこから先のリボンが逆向きにつながりますからリボンの向きが変わってまったく別の構造になり、機能が消失してしまいます。この例はDアミノ酸が1個だけ置換した場合ですが、仮に

D体とL体が同率で混在するラセミ体のアミノ酸や糖で高分子をつくったとすると、2量体ではDD、LL、DL、LDの、それぞれ立体構造の異なる4種の分子ができます。3量体ではLLL、LLD、LDL、DLL、LDD、DLD、DDL、DDDの8種、同様に4量体では16種、5量体では32種、すなわち、n量体では2^n種の異なった分子ができてしまいます。アミノ酸が100個連なったミオグロビン級の小さなタンパク質でも、$2^{100} = 1.267 \times 10^{30}$種という膨大な数の立体異性体ができてしまいます。無茶苦茶です。

同じアミノ酸でこれだけ異なった形のタンパク質ができたのでは、とても、生体の中で一定の役割を担う酵素として働きません。核酸塩基とDNAの関係では、二重らせん構造さえつくれず、遺伝情報を保存できません。

生物にとって、アミノ酸はL体、糖はD体と、決まっていることは絶対的に必要な要素なのです。したがって、生物有機分子のホモキラリティの起源（光学活性の起源）を明らかにすることは、限りなく生命の起源を明らかにしたことに近く、明瞭な解が得られればきっとノーベル賞に値するでしょう。

生物有機分子のホモキラリティ、宇宙起源説

しかし、これまでの物理、化学の研究では、「なぜ生物有機分子が鏡像異性体の片方のホ

モキラルになるのか？」の解は、手がかりさえも得られていません。現在の知識では謎が解けないので、「宇宙からキラルな分子が飛んできた」〝かもしれない〟とか、〝可能性がある〟と考えるのが、宇宙起源説です。以下はその概要です。

化学反応はもちろん、物理現象もほとんどは、時間、空間によらず、座標が右手系でも左手系でも成立します（これを〝パリティ対称の保存〟といいます）。したがって、D体、L体の一方だけに都合のいい物理現象はなかなか見つからないのです。ところが1959年、中間子崩壊の研究からパリティ対称が破れる場合のあることがわかり、その際放出されるγ線が円偏光《えんへんこう》であるので、このγ線を受けた有機分子が光学活性体（キラル）になるのではないか、という説が出ました。[*28] γ線は可視光や紫外線はもちろんX線よりずっと波長の短い電磁波ですが、本質的には可視光と同じ性質を持っているのです。

円偏光というのは、光が進行しながら振動面を左または右回りに回転する現象のことで、19世紀末に知られていました。20世紀初頭には、円偏光による光化学反応で光学活性（ホモキラリティ）が生じたのではないかとの考えが、すでにありました。[*29] しかし、^{60}Co、^{32}P、^{90}Sr、^{152}Euなどの放射性崩壊による円偏光γ線を使ったこれまでの実験では、明瞭な結果が得られず、現在は、円偏光の線源をシンクロトロン放射光に替えて、γ線より有機分子が吸収しやすい、ずっと波長の長いX線を用いた研究が続いています。

そんな研究史を背景に、宇宙には超新星爆発など左右の円偏光を出す源があって、それらを有機分子が吸収すると光化学反応で、D体、L体のどちらかがより破壊されたり、あるいは逆に生成する〝可能性〟がある、と考えるのです。[*30]

同説を支持する事実とされるのが、マーチソン隕石と呼ばれる、1969年にオーストラリアのマーチソン村に落ちた隕石のアミノ酸分析の結果です。隕石（炭素質コンドライト）に含まれる有機分子は、ほとんどがD体とL体が同率で混在するラセミ体ですが、マーチソン隕石の場合は、タンパク質構成アミノ酸のグリシンやアラニンはラセミ体でしたが、それらに加えて見つかった非タンパク質構成アミノ酸のイソバリンは、L体が9％ほどD体より多く検出されたのです。

完全な光学活性体（ホモキラル）とはいえませんが、完全な〝ラセミ体ではない〟アミノ酸として注目されました。[*31、32、33] これを根拠に、宇宙でのわずかなL体の偏在が、地球上で増幅されて有機分子が光学活性になった〝可能性〟がある、と宇宙起源説を唱える研究者たちは主張しています。今のところ、ほかに有力な光学活性起源のモデルがありませんので、宇宙起源説は世界的に〝いちおう〟は受け入れられているようです。

しかし、仮に上記のイソバリンが特異例ではなく、仮に宇宙にホモキラルな分子があったとしても、そしてそれらが仮に、都合よく地球に海ができた頃に隕石に乗って飛来したとしても、有機分子を含む炭素質コンドライトは金属鉄を含んでいませんから、海洋に衝突しても水と反応して水素をつくることはできず、衝撃後蒸気流の中で燃えてしまうでしょう。さらに仮に、もし燃えないで残ったとしても、高温の環境では容易にラセミ化してしまいます（4－2）。

炭素質コンドライトはこれまで蒐集された小惑星起源隕石の中では存在率も小さく、仮にマーチソン隕石のように有機分子の一部がわずかに残ったとしても、当時の大気と紫外線の中に有機分子が放出されれば、ゆっくりと燃えてしまうでしょう。仮に、仮に、仮にと、いくら仮定を増やしても、宇宙起源説では、生命が発生するほどの種類と量の生物有機分子がどうやって蓄積したのか、説明できません。

また、Lアミノ酸であれD糖であれ、生命体内でなければ時間とともに徐々にラセミ化するのが、熱力学第二法則の支配する自然現象の常です。化石になった生物の生きていたときの絶対年代を、化石に含まれているアミノ酸のラセミ化の程度で推定する方法があるくらいです。「今、わからないこと」は未来永劫わからないわけではありませんから、今わからないという理由で、光学活性（ホモキラリティ）の起源をどこか知らない〝宇宙〟に求めるのは論理的ではないと著者は考えます。

ホモキラリティの起源は分子進化の過程にある

では、光学活性の起源はどこにあるか？　本書は、地球冷却史に沿った地球軽元素の組織化（秩序化）によって生命が発生した、として考察を進めていますから、その視点からすると、そもそもホモキラリティをアミノ酸や糖などの〝分子の属性〟と考えて起源を求めること自体に疑問を感じます。

ホモキラリティは、すべてのアミノ酸や糖の属性ではありません。〝生物が関与して生成された〟アミノ酸や糖だけの属性です。人工合成すればラセミ体になって光学活性をしめしません。隕石に含まれる宇宙由来のアミノ酸もほとんどはラセミ体です。光学活性は分子自体の属性ではなく、〝生物が関与して生成された分子〟だけの属性ですから、生命の発生を準備した分子進化の、どこかの段階で獲得された特異な属性、と考えるべきです。

第5章（5－3）で論じたように、生物有機分子の〝水溶性〟あるいは〝粘土鉱物親和性〟という属性も、原始大気や紫外線の強い環境で分子が自然選択された結果でした。逆に、水溶性であるがゆえにサバイバルできて生物有機分子になったのです。この例に見られるように、〝水溶性〟という生物有機分子の属性を分子本来の属性と考えて、なぜ生物有機分子は水溶性か、と問うとその起源がわからなくなりますが、分子進化で自然選択された結果とすると理解できます。

生物有機分子の光学活性も、分子進化と切り離して、分子の本来の属性としてその起源に迫ったことが、これまで解けなかった理由ではないかと考えます。はじめはラセミ体であったアミノ酸や糖の、ホモキラルな分子しかサバイバルできない事情は何であったか、分子進化と自然選択を追及することで、その起源の解は得られる、と著者は考えます。

しからばどんな自然選択だったか、以下に考察を進めましょう。本書は、地球冷却史に沿って変化する地球軽元素の行方を追いかけることで自然に生命の発生にいたるはずであるとして、生命起源を論じています。隕石の衝突後蒸気流とか、海底の地下深部とか、これまでの生命起源論の諸説では考えられていない環境で分子進化を考えていますので、その中のどの過程であれば、キラルな有機分子が自然選択される可能性があるか、その有無を、以下に分子進化の順にしたがって考えてみます。

可能性①　隕石の海洋衝突で有機分子が生成される過程

〝有機分子のビッグ・バン〟（5－1）では、隕石の海洋衝突で生ずる衝撃後蒸気流の中で、原子やイオン状態の水素や炭素が超高温から急冷される、きわめて短時間に有機分子が生成しました。衝撃後蒸気流の中は積乱雲の内部のように、超臨界や高・低温の気団が激しくぶつかり、気団の摩擦による静電気が生じ、時に雷放電する環境です。

しかしその中で、分子が生成される個々の物理・化学現象は〝パリティ対称〟が保存される普通の現象ですので、生成物がホモキラルになる不斉反応の可能性はなさそうです。また、仮に〝何らかのメカニズム〟でホモキラルな分子が最初にできたとしても、分子が合成される条件下では、同時に分解反応も生じていて、水素やその他の分子基の離脱や置換が容易ですから、すぐにラセミ化してしまうでしょう。有機分子のビッグ・バンの過程では、ホモキラルになる可能性はないと考えられます。すなわちアミノ酸や糖など、生物有機分子が、最初からホモキラル（光学活性体）であった可能性はないのです。

可能性②　有機分子が海洋堆積物中に退避して自然選択される過程

〝有機分子のビッグ・バン〟によって生成した有機分子のうち、粘土鉱物に親和的な有機分子が、粘土粒子に吸着して海底に沈殿することによってサバイバルしたと5－3で述べました。粘土鉱物の中には〝キラルな粘土鉱物〟があるといわれています。[*34] それらの粘土鉱物へD／L有機分子のどちらかが、より多く吸着することによって（不斉吸着）、有利にサバイバルして有機分子がホモキラルになった、と考えることはできます。

しかし、鉱物への不斉吸着で光学活性の起源を説明しようとすると、避けがたい難点がります。対掌体（左右像）となるキラルな鉱物は珍しくありませんが、D体、L体に相当する右手系・左手系の鉱物が天然では同率で存在することです。鉱物はいわばラセミ体です。

たとえば、どこにでもある石英（水晶）も対掌性鉱物[#1]の一つです。右旋性の〝右水晶〟の1個を粉砕して生ずる〝砂〟はd体の光学活性体（ホモキラル）になりますが、海岸の〝砂〟は多数の水晶がもとになっていますから、統計的には〝左水晶〟も同数あってラセミになっています。〝キラルな粘土鉱物〟があっても同じで、天然の場の不斉吸着による自然選択では、有機分子のホモキラリティを説明できないのです。

可能性③　海洋堆積物中の続成作用により高分子化する過程

堆積物中の生物有機分子が地下深くに埋没して加圧・昇温を受け、一部は重合して高分子となってサバイバルする過程を本章で説明しました（6−2、6−3）。圧密・昇温・脱水の過程では、鉱物粒子間のきわめて微細な3次元網状の間隙を水分子と有機分子が、少しずつ、より低圧の上部に押し出されます。分子の大きさや化学的性質によっては、押し出されずに残るものもあるでしょう。その過程で、有機分子は鉱物表面と反応して特定の分子が選別されるとともに滞留し、濃集し、高分子化します。分析手法の液体クロマトグラフィーやペーパークロマトグラフィーと同じ原理です。
鉱物粒子間のきわめて微細な3次元網状間隙の中では、たとえばアミノ酸が重合してポリペプチドになる際、あるいは、なった後のサバイバルに、分子の形状は大きく影響するはずです。アミノ酸の2量体や3量体では、キラルなLL、LLL、DD、DDDと比べて、ラセミの要素が加わったLD、DL、LDL、DLDがより疎水的な性質になることが知られています。[*35] この化学的差異は、当然キラルな分子の自然選択にも影響したはずです。

現時点では、計算や実験による支持がありませんが、単分子のD体とL体のエネルギー差（アラニンでは10^{-17}eV）[*27]が高分子になることによって増幅されて、D体とL体の高分子のどちらかが自然選択される程度の化学的差異が生ずることも考えられます。

また、水溶液中の分子は自由回転できますが、分子サイズと同程度の狭い鉱物粒子間をすり抜ける場合には、有機分子の形状や構造によって、その挙動は大きく制約されます。

＃1　対掌体になる鉱物は、結晶構造の対称性によって決まっています。対称の要素が、①らせん対称操作の3_1と3_2、4_1と4_3、6_1と6_5、6_2と6_4の結晶の組、および②第1種対称操作（1、2、3、4、6）しか含まない結晶の一部、です（原田馨編『左と右の世界』、第3章　結晶の世界（末野重穂、大政正明）、75〜78頁、朝倉書店、1981年）。

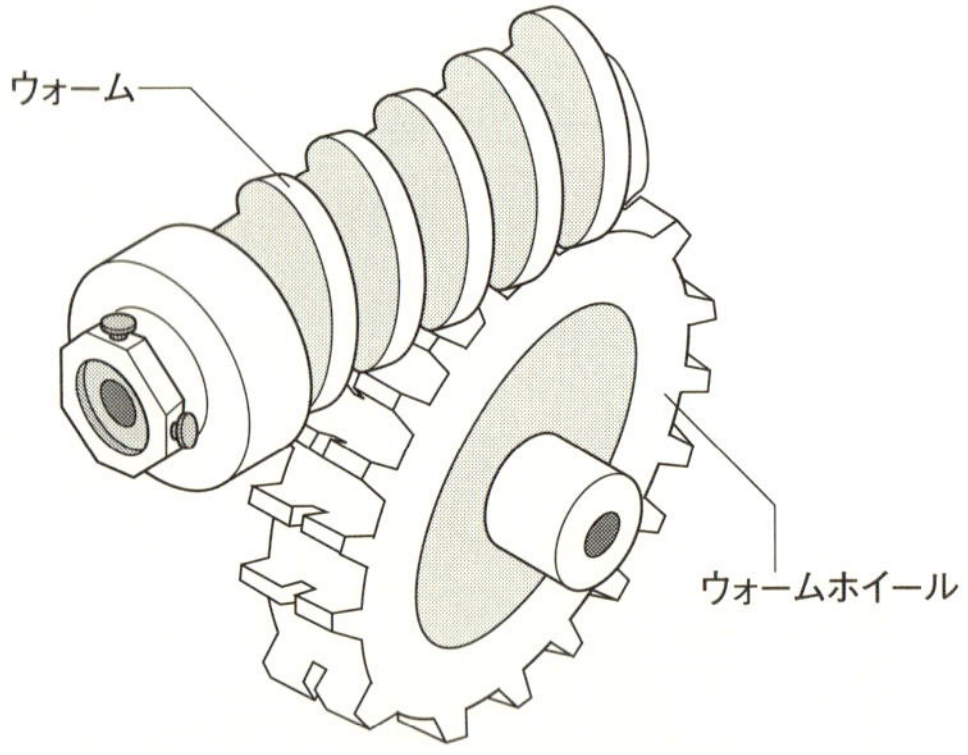

図6-4-4　ウォームとウォームホイールの関係
ウォームホイールを固定してらせん状のウォームを回転すると、ウォームは回転しながら移動する。重合して〝キラル〟な高分子（たとえばL体の）になった生物有機分子が狭い鉱物粒子間をすり抜ける際のイメージである。D/L体混合の高分子はらせんにならないので通過しにくく、逆向きのらせんになった〝キラル〟の高分子も通過しにくい。たとえば、このウォームとウォームホイールの関係の場が、加水分解しやすい環境であれば、容易に通過した〝キラル〟な高分子だけがサバイバルすることで、光学活性の起源が説明できる。〝ウォームホイール〟となる鉱物粒子の組み合わせや形状など、具体的な〝場〟の考察は今後の課題である。

重合がすすんで、一定の大きさになった高分子の挙動は特に制約されるでしょう。

たとえば、アミノ酸のL体やD体だけが重合して一定の大きさの高分子になった場合には、右巻きや左巻きのリボン状になりますが、L体とD体の混合した高分子は一塊の不特定な形状になります。それらが鉱物粒子間を押されて移動する場合には、ちょうどウォーム・ギアのウォームホイールのように、右巻きか左巻きの高分子の、どちらか一方しか容易に通過できない不斉な場がありそうです（図6－4－4およびその解説参照）。らせん状のリボンにならないD／L体混合の高分子はもちろん、通過困難です。その場が加水分解の条件であれば、通過困難な形状の高分子はその場に留められて分解し、容易に通過できるどちらかの高分子だけが逃れて自然選択されることになります。

これはまったくの一例です。計算機シミュレーションによって、タンパク質や核酸の〝片鱗〟（ペプチドやポリヌクレオチド）が、海底の地下のミクロな鉱物粒子間をすり抜ける場を数え上げてその難易度を計算したり、あるいは海洋堆積物の続成作用を模擬した実験の、〝模擬の程度〟を格段に上げることによって、いろいろな可能性が見いだされて、光学活性の起源に迫る研究の手がかりになるのではないか、と著者は考えています。

〝生物有機分子の地下深部進化仮説〟の、これまでより、もっとずっと近似の程度を上げた模擬実験によって、高分子が自然選択されてホモキラルになる機構が明らかにされることを期待します。

第7章 分子進化の最終段階

——個体、代謝、遺伝の発生

ここまで、アミノ酸や糖など生物有機分子が酵素やRNA／DNAの〝片鱗〟のレベルまで進化する過程を、地球化学的考察と高温・高圧実験の結果によって明らかにしてきました。海の出現、隕石の海洋衝突、さらには海洋堆積物の形成やその〝続成作用〟など、地球の熱とエントロピーの低減によって起こるさまざまな地質現象によって、有機分子は自然選択されて進化してきました。

本章では、地下の堆積層の中で酵素やRNA／DNAの〝片鱗〟にまで進化した生物有機分子が、プレートテクトニクスによって移動し、プレート端にいたって遭遇する新たな環境の中で、またいかにサバイバルするかを追尾して生命誕生の現場にもう一歩迫ります。そこには、原始生物の進化にも引き継がれた、単純な化学反応の域を越えた高度な進化のメカニズムがあったと推定されます。

7-1 プレートテクトニクスの開始と付加体

地球の創生から全球熔融時代を経て43億年前頃には海洋が生成し、その海への隕石衝突によって生物有機分子が大量に創出されはじめた40億年前頃、海底ではマントルの表層が冷却されて剛体のプレートが生じ、プレートどうしがせめぎ合うプレートテクトニクスが開始されていたと推定されています。[*1]

プレートテクトニクスついては、第1章で詳しく説明しましたが、現在の状況と大きく異なるのは、当時は大陸がなかったことです。大陸をつくる花崗岩は、海洋プレートがマントルに沈み込んで、マントルの成分の一部が熔融してマグマとなり、その後ゆっくり上昇することで生成します。大陸がないのは、40億年前頃はいまだ大陸をつくる材料の準備段階だったからです。

したがって、ほとんど全地球を覆っていた海洋の底では、海洋プレートが中央海嶺で生産され、隣接するプレートまで滑って衝突していました。プレートが海溝からマントルに沈み込むとき、プレートに載った海洋堆積物の一部は上部のプレートに剝ぎ取られて、島《とう》弧《こ》[#1]に乗り上げる格好で付加します（図7－1－1）。島弧の後ろには将来大陸が形成されますから、いわば大陸付加体[#2]の元祖です。[*2、3、4] ここが生命誕生の場となります。

＃1　島弧：プレートが海溝からマントルに引き込まれ、含まれていた水によってマントルの一部が熔けてマグマとなって上昇し、島をつくる（図7－1－1）。海溝に沿って島が弧状に分布するので、〝島弧〟といわれる。

＃2　付加体：海洋堆積層はプレート端で剝がされて、島弧（将来は大陸の一部）に乗り上げる形で〝付加〟されるので、その部分を〝付加体〟という。

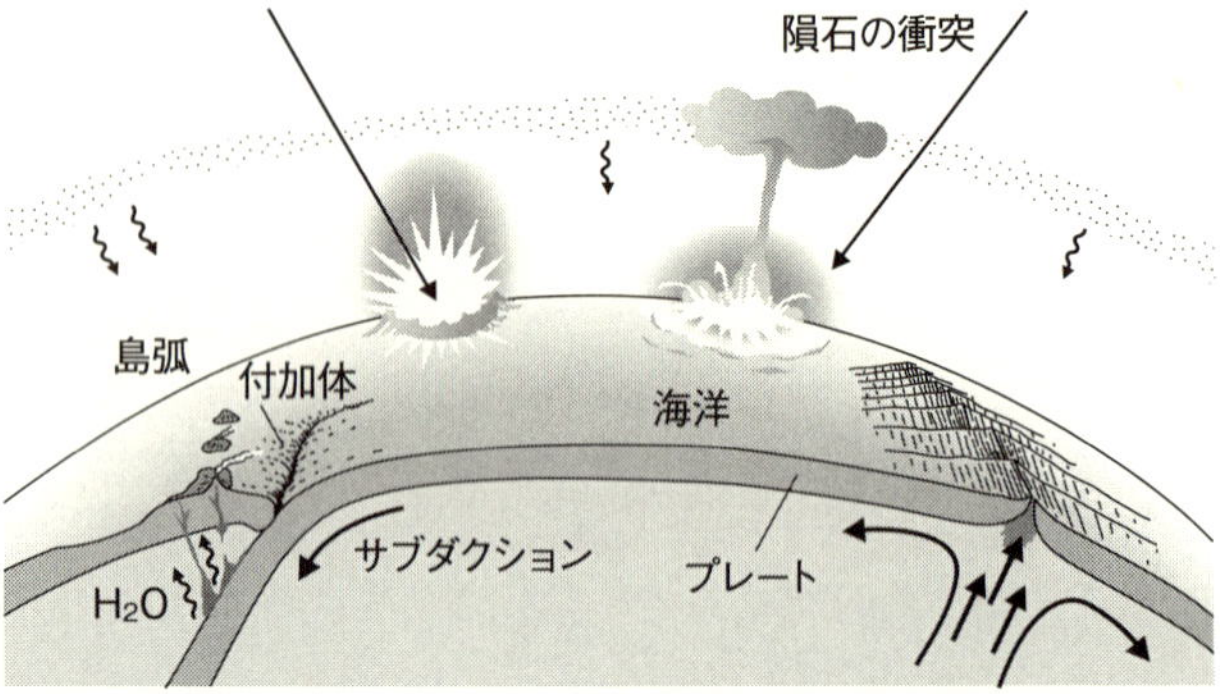

図7-1-1　プレートテクトニクスの開始と大陸の形成
40億～38億年前頃、激しい隕石の海洋衝突があった（隕石の〝後期重爆撃〟、LHB）。この時代にはマントルの表面が冷却されてプレートが生じていたと推定されている。しかし大陸はまだできていない。海洋の底では、中央海嶺で生成された海洋プレートが隣接するプレートまで滑って、海溝からマントルに引き込まれていた。マントルに引き込まれたプレートから脱水した水は、上面のマントルの一部を熔解してマグマを生じ、すぐに上昇したマグマは海底火山を生じ、ゆっくり上昇したマグマは地下で花崗岩となって大陸の元となる。海底火山は発達すると海上に出て島となるが、島は海溝に沿って弧状に配列するので島弧と呼ばれる。

プレートは現在と同じように1年に数cm程度の速度で滑っていたと推定されます。したがってプレート端に着いた時は、中央海嶺で海底が生成され、堆積物を載せ始めてからプレート端にいたるまでの、1億～2億年分の海洋堆積物を載せています。

大陸が発達した後の海洋堆積物の素材は、陸地の岩石が風化されて生じた砂・泥・粘土です。しかし40億年前頃は、風化されるべき大陸がありませんから、堆積するものは海底火山活動の噴出物と、現在の1000

倍以上の頻度で海洋に衝突していた隕石衝突の生成物などです。隕石や海洋プレートの主成分であるカンラン石をはじめ、さまざまな鉱物が蒸発することで生ずる超微粒子や熔融することで生ずるスフェルール、およびそれらの風化物です。その中には生物有機分子やアンモニアおよび堆積層の中で高分子に進化した生物有機分子、すなわち〝酵素やRNA／DNAの片鱗〟も含まれています（第6章）。

7-2 「個体」の成立と小胞融合

プレートに載った堆積層が隣接するプレート端に到着すると、目の前のプレートに阻まれ後方からは押されて、〝板挟み〟になります。その結果、マントルに引き込まれる側のプレートに載った堆積層は、待ち構えていたプレートに剝ぎ取られてその上に乗り上げ、褶《しゅう》曲《きょく》や断層を起こしながら付加体となって島弧に加わります（図7-2-1）。堆積層の中の、褶曲や断層によって破砕された間隙《かんげき》には海水が浸入し、浸入した海水は地下で加熱されて、海水起源の熱水となって地層中を走ります。

他方、沈み込んだプレートの上面では、プレートから脱水した水がマントルの一部を熔

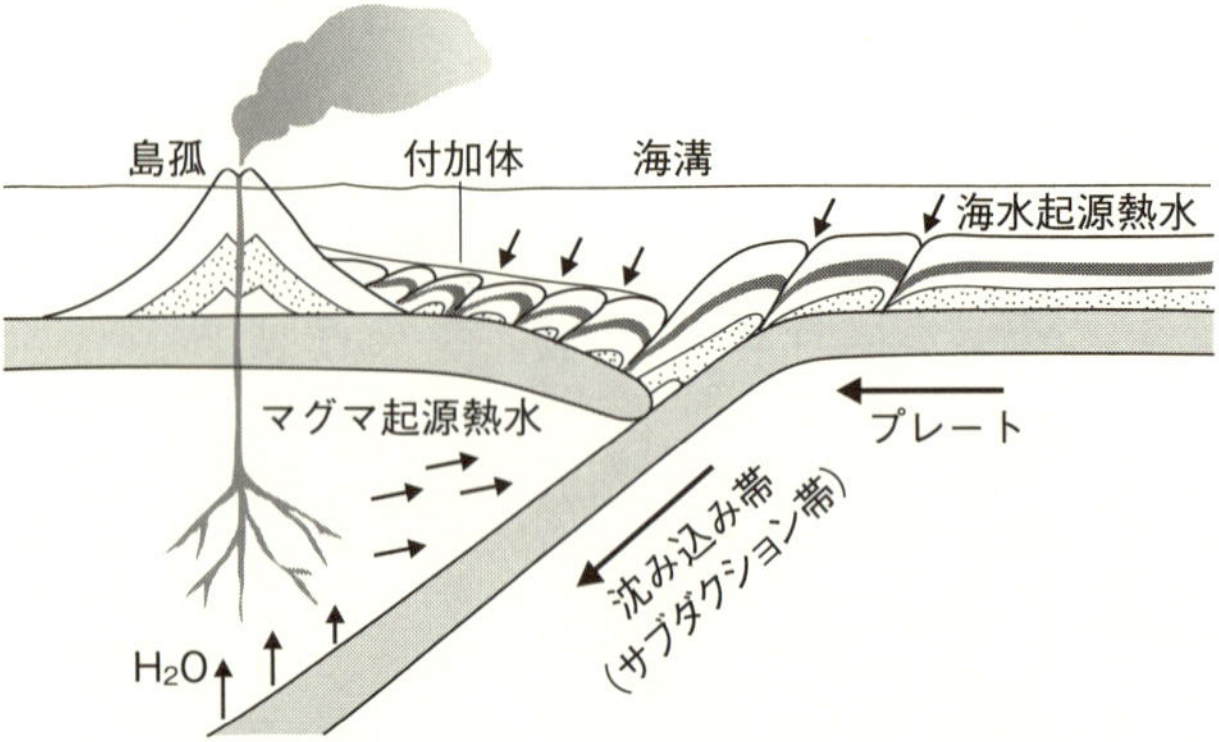

図7-2-1　プレート端で熱水と遭遇する堆積層：生命誕生の場
プレートに載った厚い堆積層は、プレート端にいたって、目の前のプレートに阻まれ後方から押され、〝板挟み〟になる。その結果、プレートどうしの接触によってはぎ取られた堆積層は、褶曲や断層を起こしながら付加体となって島弧に加わる。海中で破砕された間隙には海水が浸入し、浸入した海水は地下で加熱されて〝海水起源の熱水〟となって地層中を走る。他方、沈み込んだプレートが脱水して生ずる水とマントルが反応してマグマを生ずるが、その〝マグマ起源の熱水〟も地層中に浸入する。

融して、島弧をつくるマグマや大陸をつくる花崗岩マグマを生成していますが、それらのマグマも熱水を発生します。このマグマ起源の熱水も、堆積層に浸入します。したがって堆積層の中にある高分子は、プレート端にいたって温度も履歴も異なるさまざまな熱水（履歴が異なると温度や溶解している成分が異なります）と遭遇することになるわけです。

　圧密・脱水の環境で自然に脱水重合した高分子や巨大分子にとって、熱水との遭遇はきわめて危険な環境です。そのまま熱水と接触し続ければ、脱水重合の逆反応で加水分解して再び個々の小さな分子に戻ってしまいます。タンパク質はアミノ酸に、核酸は核酸塩基に、アミノ酸はアンモニアやカルボン酸に分解し、さらには二酸化炭素になって大気に戻ったり、あるいは炭化（脱水素化）して、隕石時代の固体炭素（グラファイト）に戻ってしまうでしょう。元の木阿弥《もくあみ》です。もちろん、そうなった高分子もたくさんあったはずです。

個体の成立、小胞内に退避してサバイバルする〝酵素やRNA／DNAの片鱗〟

しかし、〝酵素やRNA／DNAの片鱗〟の高分子が熱水に直接触れない構造（組織）をつくればサバイバルできます。たとえば、粘土鉱物や疎水性有機分子（堆積層中で生成した）に被覆《ひふく》されれば、内部の高分子は熱水と接触しないで済みます。

粘土鉱物の層間に有機分子が取り込まれて、〝無機・有機複合体〟ができる現象は、古くから知られています。近年の材料研究では、有機分子を鋳型として形状を制御した無機ナノマテリアルをつくる研究が進んでいますが、[*5, 6, 7, 8]その中間体としてさまざまな無機・有機複合体が見いだされています。したがって、熱水を避けるための複合構造もいろいろありそうです。

第3章で、グリーンランドやオーストラリアに残る太古代（40億～25億年前）の堆積岩にチャートと呼ばれる、純度の高いシリカ（石英と同じ組成、SiO_2）の層があって、そこに〝最古の化石〟を探す努力が続けられていることを述べました。そのシリカが、容易に小胞状の組織をつくることが新素材研究の中で報告されています[*9]（図7－2－2）。

この研究は新しい素材を開発するための研究ですから、人工的な還元剤が用いられていますが、ガラス状のシリカをたった75℃の〝熱い湯〟に浸すことで、容易に羽毛状のシリカに囲まれた小胞状の組織ができ、その後溶液をアルカリ性にするなどの処理をすれば、しっかりした小胞になることをしめしています。内部に有機高分子が含まれれば熱水との接触を避けてサバイバルすることができるでしょう。論文の著者らは、この小胞に薬を内包させることで医療利用を企図しています。[#1]

高分子がサバイバルする小胞の素材には、当初は環境中に無限にあった無機の粘土鉱物やシリカが使われるでしょうが、しょせん無機膜ですから、進化の過程ではより親和性の大きい有機膜に徐々に置換され、最終的には生物の細胞膜である脂質二層膜に置き替わったと推定されます。有機膜として機能する疎水性の高分子や脂質などは、アミンやカルボン酸など、もともとあった親水性有機分子を原料として、続成作用の圧密・昇温の進行と

＃1　同様のシリカの小胞が、内部に高分子を保持したままシリカのコロイドに埋まって化石になったとすると、第3章で紹介した〝バクテリアの化石のような組織〟（図3－1－2）の生成も説明できる。

図7-2-2　シリカ（SiO_2）の球胞状組織

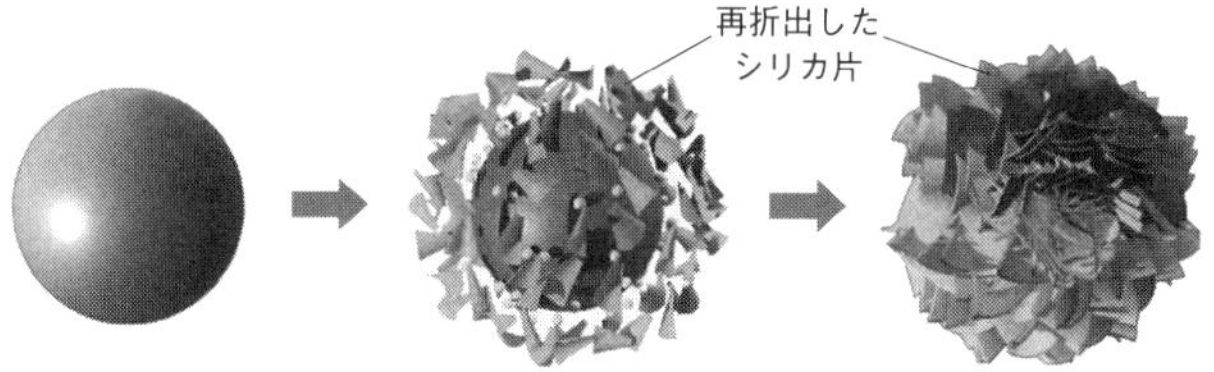

シリカガラス球
（原料）

シリカの加水分解で
生じた含水シリカ片

再折出した含水
シリカ片のカプセル

上図：生成メカニズムを示す模式図。無水のシリカ球が表面から加水分解していったん溶解し、含水シリカ片として周辺に再析出した。無水と含水の溶解度差に起因する。無水シリカが消失するまで反応が続き、周辺に含水シリカ片による球胞ができる。

下図：原料（B）および保持時間による変化を示す走査型電子顕微鏡像

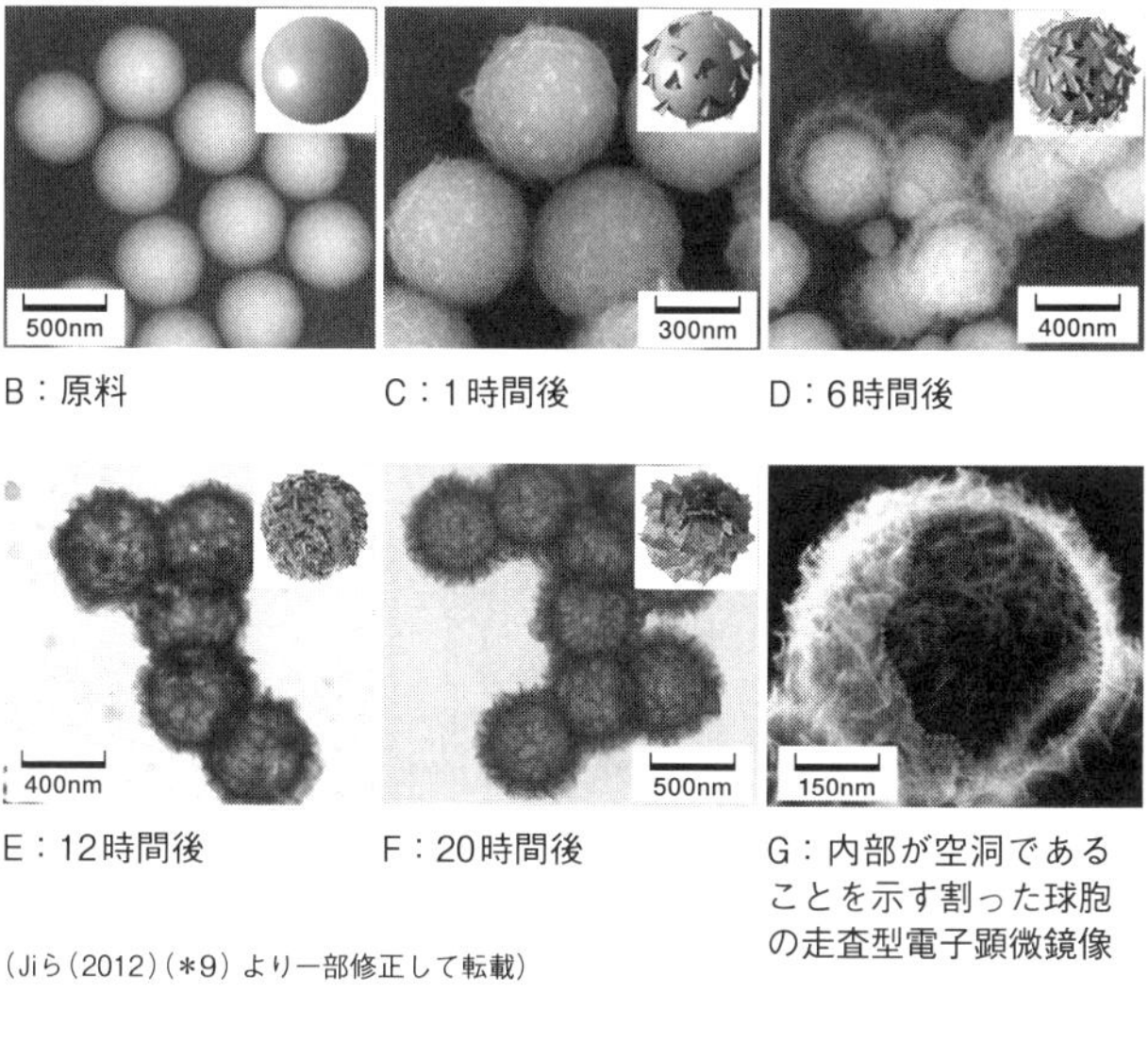

B：原料　C：1時間後　D：6時間後

E：12時間後　F：20時間後　G：内部が空洞であることを示す割った球胞の走査型電子顕微鏡像

（Jiら（2012）（＊9）より一部修正して転載）

ともに生成したでしょう。

そんな最初に使われた無機膜の〝痕跡〟が、現生のバクテリアに見つかっていないのは、「進化速度の速い過程の化石は残らない」という古生物学的理由で説明できます。この点は後ほど7－4で、〝遺伝子の前駆体は粘土鉱物であった〟とする「遺伝的乗っ取り説」を紹介するところで詳述します。

〝酵素やRNA／DNAの片鱗〟まで進化したどのような高分子がどんな膜に囲まれて熱水環境をサバイバルしたのか、現在は実験データが不足していて、そのメカニズムをこれ以上具体的に論ずることはできません。しかし、生物側から見ると、現在知られている最も原始的な生物（原核生物）の構造は〝膜で囲まれた小胞〟ですから、やはり何らかの膜で囲まれた小胞の中に退避できた高分子がサバイバルしたことは確かです。

そうだとすると、いろいろある生命機能のうち、最初に発現したのは、代謝や遺伝機構ではなく、これまであまり注目されていなかった「個体の成立」であったことになります。なぜなら代謝機構を担うタンパク質も、遺伝情報を保持するRNA／DNAも、それらがむき出しの状態では熱水環境で遅かれ早かれ加水分解されてしまうからです。熱水環境をサバイバルするためには、まず〝酵素やRNA／DNAの片鱗〟がサバイバルするための、小胞という閉鎖空間の確立が必要不可欠でした。小胞の形成はすなわち「個体の成立」を意味します。

熱水から隔離できる能力さえあれば小胞の機能を果たし、「個体」となり得るわけですから、原始的な小胞は、膜の質も構造も、あるいは含まれる高分子の質も量もまちまちだったはずです。それらは個性の異なる〝雑多な個体〟の群ですから、生物のような〝種〟はありません。

雑多とはいえ小胞は組織体ですから、生成もしますが、消滅もします。すなわち、小胞は「生死のある個体」です。内部に含まれるのは〝酵素やRNA／DNAの片鱗〟ですから、代謝も遺伝機能もまだなかったでしょう。しかし、生死のあることをもって〝生命〟というなら、この時点で、いわば仮の〝生命の発生〟といえます。

小胞のサイズや形態、あるいは内部に含まれる高分子の種類や量などによって、機能や寿命の異なるさまざまな〝個体〟が、熱水の流路で生成したり、消滅していたと考えられます。小胞に囲まれることは、熱水環境をサバイバルすることでもあり、また〝生物〟の視点から見ると、さまざまな個性のある〝個体〟を創出するメカニズムでもあったのです。

化学反応の域を越えた新しい分子進化のメカニズム：小胞融合

深海潜水艇などで撮影された熱水噴出孔の映像で、熱い海底熱水が勢いよく噴き出す様子を見ると、熱水は地中の太い水道管のような流路を勢いよく流れているものと想像しますが、あれは河川でいえば海に出る直前の河口に相当する部分の映像で、熱水脈全体の姿ではありません。河口から水の流れをさかのぼると、河から川、川から小川、小川の元は広い山林の土壌にいたり、水が砂に沁《し》み込むような鉱物の粒間が水の流路になっています。海底熱水の流路も、もともとはそのような、堆積層を構成する鉱物粒子間の狭い間隙です。この微細な熱水の流路は、海底の地下の広大な3次元空間を覆っています（264頁、図7－2－3）。

　熱水脈に取り込まれた小胞（個体）は、狭い流路をさまざまな鉱物粒子と接触しながら移動します。性質の異なる小胞は周辺鉱物との親和性の程度がそれぞれ異なりますから、流れる速度が異なり、おのずと性質の異なる小胞が追いついたり追い越したり、相互に接触する機会が生じたと推定されます。

　微細な流路がフィルターの役をして、一定のサイズの小胞だけを選択する可能性もあります。流路をつくる鉱物粒子の種類や組み合わせによっては、液体クロマトグラフィーの原理で、特定の性質を有する小胞が濃集する場合もあったでしょう。褶曲や断層など堆積層の構造的変動によってそれらの条件も大きく変動したはずです。

　小胞内に保護されて熱水による分解をサバイバルできた高分子も、あるいは小胞自体も、そのままでは熱力学第二法則にしたがって、いずれ分解してバラバラになる宿命を負っています。

しかし、種々雑多な個体（小胞）は熱水に運ばれて移動する間に破裂したり再形成されて、他の分子を包合することもあります。また、相互に接触して融合・合体することもあります。それらの融合によって、より安定な、熱水による分解を回避する構造に進化したでしょう。逆にいえば、そうできた個体だけが熱力学第二法則に逆らってサバイバルしました。〝小胞融合〟によるサバイバルです。

堆積層の圧密・昇温条件だけで、タンパク質やRNA／DNAなど代謝機能や遺伝機能を果たせるほどの巨大分子になるとは考えられません。しかし、不完全でも触媒能のある酵素の〝片鱗〟を包有した小胞が、他の小胞の〝片鱗〟を取り込んで合体させることで、タンパク質レベルの巨大分子に進化することはあるでしょう。RNAやDNAも〝片鱗〟を接合して巨大化できます。能率のいい巨大分子化のメカニズムです。

見方を変えれば、不完全であってもすでに一定のサイズの高分子に組織化（秩序化）された〝片鱗〟を取り込むことは、小さくなったエントロピーを取り込むことですから、生命機能の根幹である「エントロピー代謝」の始めです。また同時に、他の小胞の〝片鱗〟を取り込む〝小胞融合〟は、化学反応とは異なる次元の分子進化のメカニズムです。

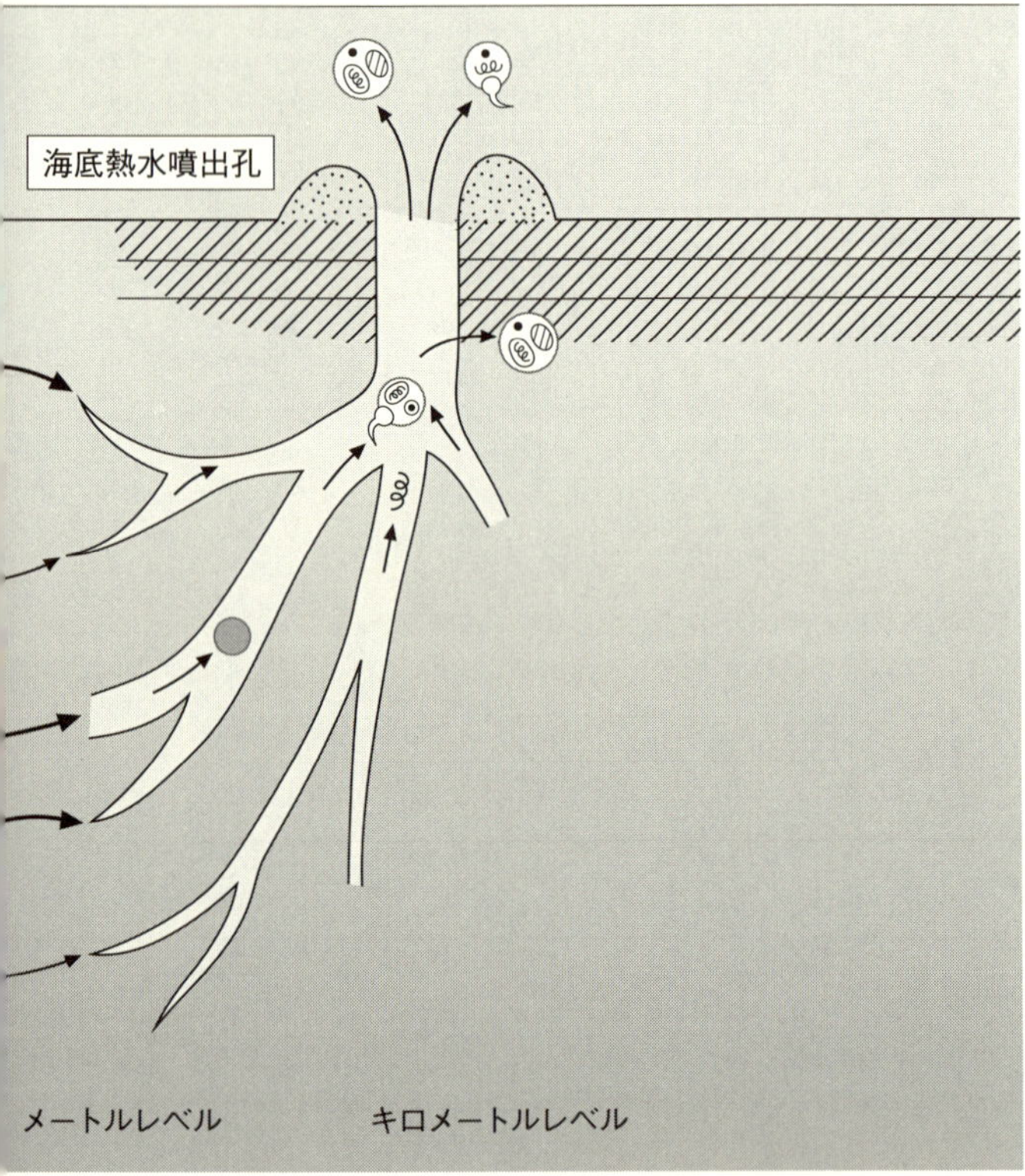

図7-2-3　生命誕生の場：堆積層内の熱水の流路（模式図）

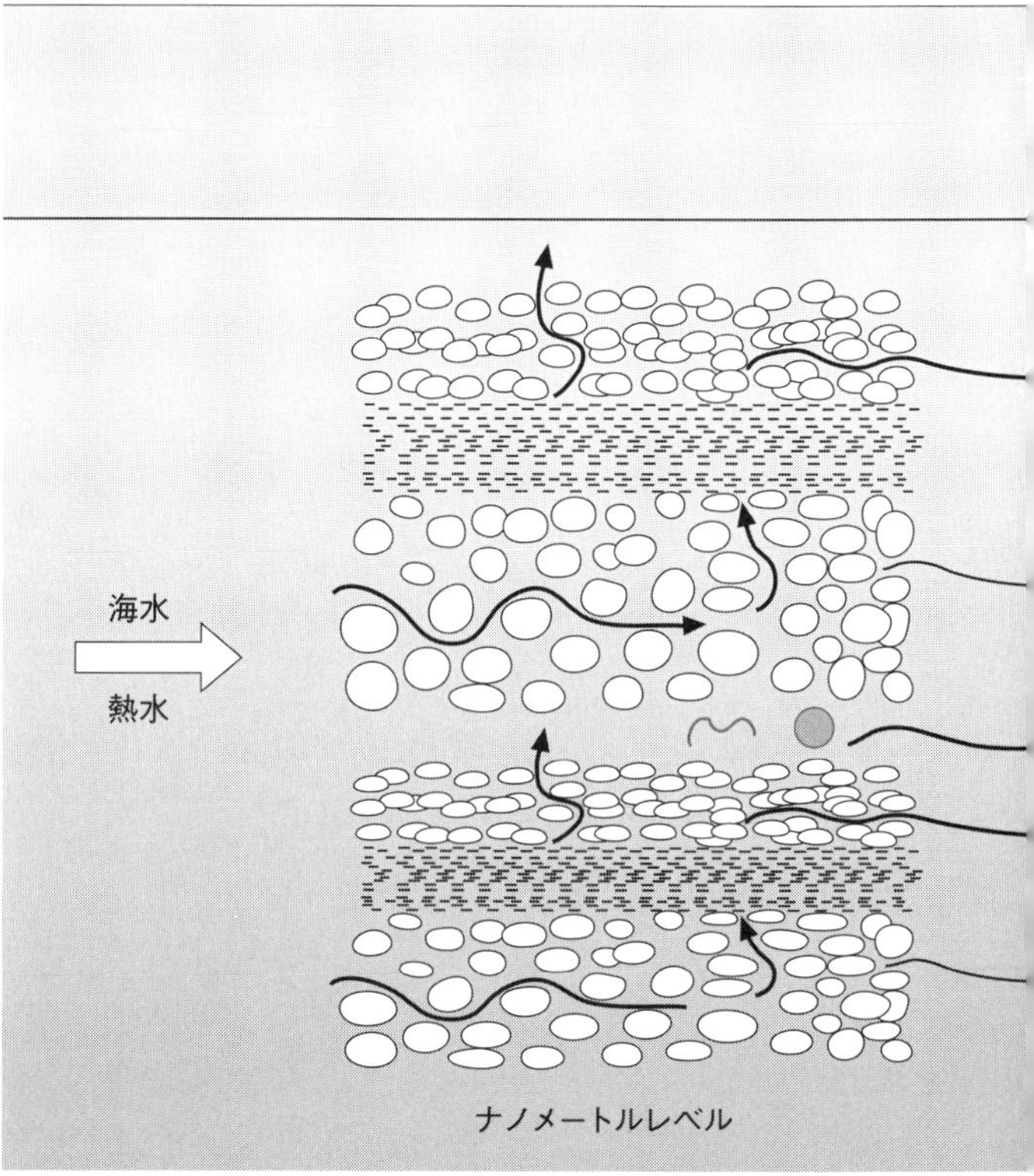

海底熱水の流路のほとんどは、堆積層を構成する鉱物粒子間の狭い間隙である。この微細な熱水の流路は、海底の地下の広い範囲を3次元的に覆っている。微細な熱水の流路は次第に合流し、太い熱水脈となり、最終的には海底熱水噴出孔となって勢いよく、熱水を噴出する。〝酵素やRNA/DNAの片鱗〟のレベルに進化していた生物有機分子は、粘土鉱物などのつくる小胞内に退避して熱水環境をサバイバルするとともに、小胞どうしの合体と融合によって、〝片鱗〟から真の酵素やRNA/DNAに進化した、と推定される。発生した〝生命体〟はそのまま、〝地下生物圏〟をつくって繁栄し、その後熱水噴出口から海底に進出して「適応放散」した（第8章）と推定される。

このメカニズムは、生命発生後の原核生物の進化機構（細胞融合）と同じか、少なくともその原型であるといえます。〝片鱗〟を取り込んで巨大化するＲＮＡやＤＮＡはまさに、〝遺伝子の水平転移〟の原形です。

タンパク質やＲＮＡ／ＤＮＡが、小胞融合の過程で小胞内に取り込まれて合体し、代謝や遺伝の機能が果たせるレベルまで巨大化したと考えると、それらの成立過程が納得できます。「小胞融合によるタンパク質やＲＮＡ／ＤＮＡの生成」は、個体の成立に次ぐ、「生命機能の発現」の第二の段階です。

7-3 生命誕生！

さて前節まで、「生命機能の発現」の〝はじめ〟は個体の成立であり、〝第二の段階〟は小胞融合によって他の小胞の中味を取り込んで、小胞内でタンパク質やＲＮＡ／ＤＮＡレベルの巨大分子をつくったことであると述べました。

生命機能の発現の〝最終段階〟は、生命現象の最も特徴的な代謝機能や遺伝機能の発現です。既往の生命起源論の中では、遺伝が先か代謝が先か？　いわゆる〝鶏卵《けいらん》論争〟がなされています。つくるべきタンパク質（酵素）のアミノ酸配列をしめすRNAがなければタンパク質はできない、RNAがあっても触媒能のあるタンパク質がなければRNAはできない、さてどちらが先か？　という論争です。

RNAの一部に遺伝情報の保持だけではなく、みずからを切り貼りする触媒能のあるRNAが発見されてリボザイムと命名されたことから、RNAが生命の起源であるとする〝RNAワールド説〟が、広く信じられるようになりました。[*10、11、12、13]

しかし、繰り返し述べてきましたように、RNAは高分子としては不安定で、熱水の中にむき出しでいれば容易に分解してしまいます。タンパク質もそのまま熱水に浸っていれば分解してしまいます。RNAワールド説であれタンパク質ワールド説であれ、それらがあれば生命が自然に誕生するといえるほど、生命発生にいたる過程は単純ではありません。

RNAが先か、タンパク質が先か？　の鶏卵論争は、なぜ？　何のために代謝や遺伝機能が出現したか？　それらが機能しなければならない物理的必然性を考察すれば、論争になり得ない当然の順番があったことが容易にわかります。

遺伝よりもエントロピーの代謝機能を獲得することが先決

熱力学第二法則は、エントロピーの小さな物質（複合体や組織体）はエネルギーの出入りのない状態では、結局分解してバラバラになってしまうことをしめしています。かつてシュレーディンガーが〝生きる〟ことの物理的意味を解説したとおりです。

したがって、熱水条件をとりあえずサバイバルした「小胞状の個体」が存在し続けるためには、エントロピーを低く保つための、「エントロピーの代謝機構」をまず獲得しなければなりません。すなわち、エントロピーの小さなものを小胞内に取り込んで、大きなものに変えて排出する機構です。生物が生きる機構と同じです。他の小胞の中味を取り込む〝小胞融合〟がそのはしりであることは前述しました。その先の排出機構を獲得してエントロピーの代謝機能を完成させた小胞だけがサバイバルして、生き永らえたのです。

遺伝機構はなくてもエントロピーの代謝さえできれば、その組織体は存続します。命に限りがある組織体ですから〝生命体〟です。それらは遺伝による自己複製機能を持っていませんので、種々雑多で〝種〟は存在せず、大きさも、代謝機構もさまざまな小胞群であったはずです。遺伝機構の獲得以前に、そんな種を構成しない〝雑多〟な生命体の時代、言い換えれば「無遺伝子生命体群」の時代があったと推定されます。

遺伝機構は巧みに自己複製する機構、すなわち新たに別の組織体をつくるよりはるかに〝効率よく〟もう一つの組織体をつくるメカニズムです。また膜に囲まれた小胞が〝小胞融合〟で大きくなり過ぎると、構造的にも不安定化します。一定サイズを超えた小胞が二つに分裂するのは自然です。したがって、地球軽元素の総エントロピーを効率よく下げるメカニズムとして、〝無遺伝子生命体〟の個体群の中で、さらにRNA／DNAやその〝片鱗〟を使って自己複製を果たす個体が現れたわけです。

そして自己複製により、同じ個性を有する小胞を次々につくり出すことによって、〝種〟が成立します。個体、代謝、遺伝の生物条件を具備した生物の発生、すなわち「**生命誕生！**」です。

このようにまず小胞群が代謝機能を獲得して、続いて自己複製機能（遺伝機能）を獲得した、とするシナリオは合理的で説得力があります。しかしこの逆順、RNAのような遺伝情報を担う巨大分子が先にでき、後に代謝機構を獲得したとするシナリオには、説明不可能なさまざまな問題や矛盾があります。第一にRNAのような巨大分子がなぜできたのか？　できたとしてもなぜ加水分解でバラバラにならなくて済んだか？　それらの理由は説明できません。また、RNAが小胞内に保護されたとしても、小胞がなぜ最初に遺伝情報であるRNAを獲得したのか？　さらにいえば、遺伝情報を獲得した後になぜ代謝機構を獲得したのか？　などの理由もまったく説明できません。代謝機構が先、と考える理由です。

エントロピーの視点から見ると、遺伝（自己複製）機構は生物種を〝進化〟させる機構というより、同種を多量に複製する効率のいい「増殖機構」です。複雑な生命体を多量に複製することで効率よく地球軽元素の総エントロピーを下げたと理解できます。自己複製機能はエントロピーの減少に対応するだけではなく、結果として〝種〟をつくり出しました。

地球の総エントロピーの減少に対応した地球軽元素の組織化が、生命の発生や進化の本質であると理解すると、既知の進化論では説明できなかった鶏卵論争も、遺伝や種の出現も、かように明快に理解できます。

海底の地下の、高圧・高温・脱水条件の中で〝酵素やRNA／DNAの片鱗〟にまで進化した生物有機分子は、プレートテクトニクスの機構でプレート端にいたり、熱水による加水分解の危機に遭遇しました。その過酷な条件をサバイバルして、はじめに生死のある〝個体〟の小胞ができ、それらが熱水脈の中で離合集散しながら共生・融合して代謝機能を獲得して長寿となり、さらに核酸の〝片鱗〟を小胞融合で取り込んでRNA／DNAを獲得し、効率よく組織体をつくる自己複製（遺伝）機能を備えて、生物の機能をそろえ、〝種〟が成立しました。「生命誕生！」です。すべては、原始地球の冷却にともなう地質的な諸現象によって自然選択された有機分子たち、さまざまな過酷な環境をサバイバルした有機分子たちの一つの到達点でした。

隕石の後期重爆撃もプレートテクトニクスも40億年前頃から始まり、プレートが海嶺で発生して隣のプレートに衝突するまでの移動には、1億〜2億年を要したと推定されますので、早ければ38億年前頃、そして厚い堆積層の発達が必要であることも考慮すると、「生命誕生！」はおそらく、37億年前頃のことだったでしょう。

正確な時期は、今後の地球科学的研究の蓄積を待たなければなりません。そして次の大きな地球史的イベントのあった27億年前頃には、地下熱水圏から海洋に出て適応放散し、大気に遊離の酸素を加えるほど爆発的に増殖したと考えられます。

7-4 遺伝的乗っ取り説とFe-Sワールド説

生命誕生はここまで論じてきたように、水があれば、RNAがあれば、あるいは宇宙からアミノ酸がくれば、など特定の物質や事象があっても、それだけで済むわけではなく、地球史に沿って生物有機分子が順を追って多段に自然選択された結果であることは明瞭です。

しかし、これまで唱えられてきた生命起源の諸説は、宇宙起源（パンスペルミア説）は論外としても、たとえばRNAワールド説とかタンパク質ワールド説あるいは隕石に含まれたラセミ体ではないアミノ酸起源説など、特定の物質や事象に注目して、それから自然に生命が発生したものと主張され、しかも、それらのほとんどはア・プリオリに「太古の海は生命の母」、すなわち生命は太古の海で発生したとする前提の上で考察されていました。したがって、地球の全物質と46億年の時空を視野に、生命が発生せざるを得なかった必然性を軸として生命の起源を論じた本書の中では、それらを採用してきませんでした。

しかし諸説の中には、主張をそのまま認めるわけにはいきませんが、多段の自然選択を繰り返す生命起源シナリオの中の一場面としては一理ある仮説もあります。もともと無機界であった地球に生命が発生する際に、無機の鉱物が媒介となったとする諸説です。

「遺伝的乗っ取り」：遺伝機構の鉱物起源説

「(人は)粘土の子ども?」というタイトルで『ネイチャー』誌の書評[*14]に紹介されて世界の注目を集めたのは、A・G・ケアンズ・スミス(A. G. Cairns-Smith)の著書『遺伝的乗っ取り――生命の鉱物起源説』(1982年)でした。[*15、16]

彼は、遺伝現象は何らかの前駆体なしには出現不可能で、現在のDNAよりずっと原始的な「鉱物の遺伝子前駆体」があったはずだと主張しました(図7－4－1)。生命現象固有と考えられる遺伝機構も実は、鉱物などに普通に見られる「結晶成長の際の情報伝達機構」

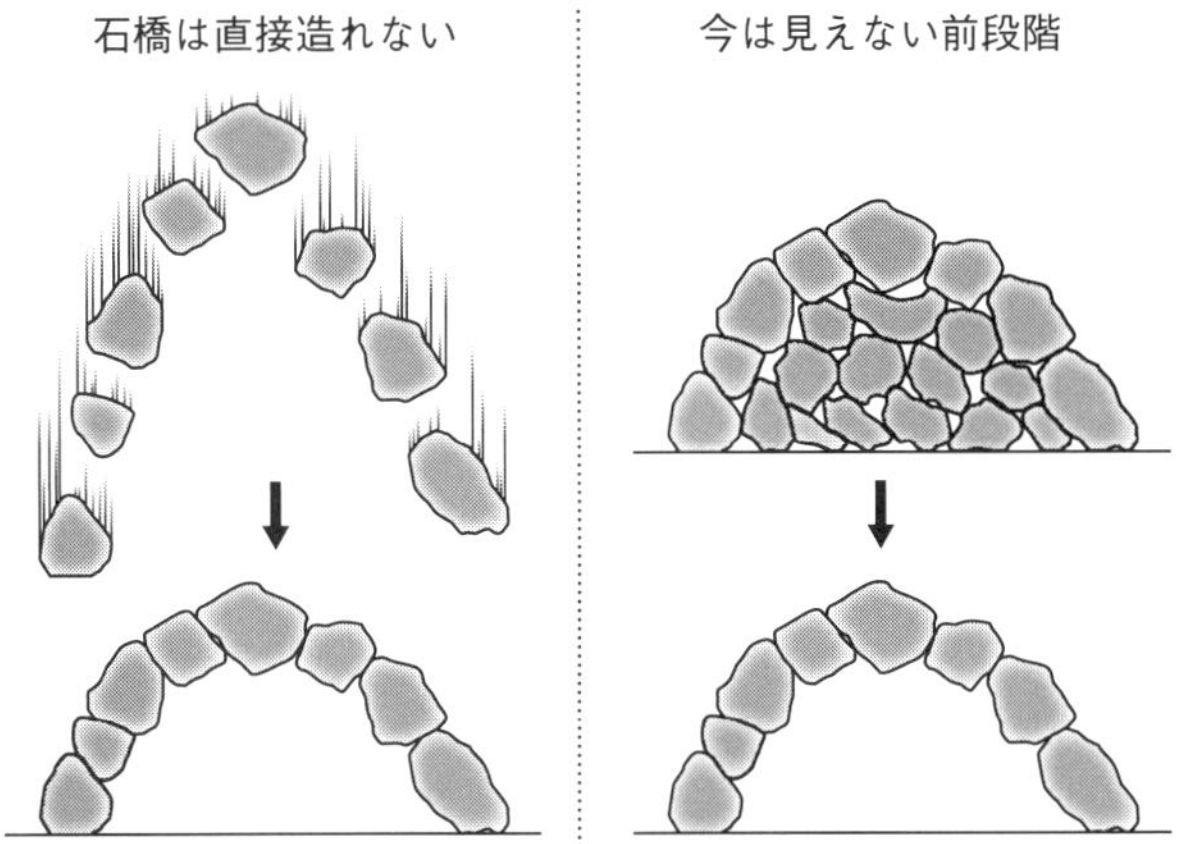

図7-4-1　今は見えない遺伝機構の前段階があり得る
現在の巧みな遺伝機構の前に不完全な遺伝機構があったとするケアンズ・スミスの解説図。アーチの石橋があるとして、左側の図のようにいきなりアーチをつくることはできないが、右側のように下支えする下層の石積みがあれば容易であることをしめす。下積み石は除去されて今は見えない。
（ケアンズ・スミス『遺伝的乗っ取り―生命の鉱物起源説』［1982年］の解説図）

を引き継いだもので、鉱物の何かが遺伝子前駆体であるというのです。最もあり得べき遺伝子結晶は粘土鉱物の結晶であろう、とも示唆しています。そんな〝鉱物の遺伝子前駆体〟は、ちょうど建築現場の足場のように、DNAの遺伝子ができた後では取り払われて痕跡を見いだせなくなっている、というわけです。

一般の常識の意表を衝いた着想で、該博な知識と独特の進化論哲学に則って論じられていますが、英国学派の先輩のJ・D・バナールがすでに「進行の急速な進化は痕跡を残さない」とか、「現代的な生命とでも呼ぶべきものは、実は第二の段階を表しているのであって」「粘土粒子さえもが、今日蛋白質が果たしている働きのうちの全部ではなくても必要なものだけを、非能率的に営んでいたでしょう」[第6章＊2、＊3]と述べていますので、その考えをＤＮＡに適応した改訂版、ともいえます。

遺伝機構に引き継がれたといわれる「結晶成長の情報伝達機構」がどんなものか、何が引き継がれたのか、彼の主張を以下に紹介します。

そもそも〝結晶〟は、中学理科や高校化学の教科書に図示されているように、ダイアモンドであれば炭素原子（C）が、岩塩であればナトリウムイオン（Na^{+}）と塩素イオン（Cl^{-}）が一定の規則で整然と3次元に積み重なった固体です。〝単位胞〟と呼ばれる箱状のまったく同じ構造が、３次元に無限に連なっているのが特徴で、結晶に関する物理・化学のほとんどの現象は、この概念できれいに理解できます。しかし現実の結晶では、きわめてわずかですが原子の一部が欠落したり、異種原子が混入したり、あるいは一定の規則でユニットがいっせいにずれるなど、理想的な3次元の積み重なりが崩れている部分があります。

たとえば、赤いルビーと青いサファイアは色が違うのでまったく異なった結晶のように見えますが、実は両者はもともと同じ無色透明のコランダム（Al_2O_3）という結晶で、たった０・０１％かそれ以下の微量のクロム（Cr^{3+}）がアルミニウム（Al^{3+}）と入れ替わったのがルビー、同様に微量の鉄（Fe^{3+}）とチタン（Ti^{3+}）がアルミニウム（Al^{3+}）と替わったのがサファイアと呼ばれているだけです。

それ以外にも理想結晶からの〝ずれ〟はいろいろありますが総じて、結晶の〝欠陥〟と呼ばれ、欠陥を制御して結晶を製作する技術は、電子素子など現代技術の根幹の一つになっています。欠陥は原子レベルのサイズですから、電子顕微鏡の観察でなければ見えませんが、欠陥の種類や分布は結晶の生い立ちで決まりますので、個々の結晶の個性になっています。ケアンズ・スミスは、これら欠陥を結晶の有する〝情報〟とみなしたのです。（〝情報〟を有する結晶の例の一つとして、著者らが1975年に発表した磁硫鉄鉱〈Fe_7S_8〉の高分解能電子顕微鏡像[*17]がケアンズ・スミスの著作に引用されていました。図7－4－2）。

〝欠陥〟が世代を越えて伝わる例の説明として、紅白2種の薄い餅を、紅紅白とか白白紅とか、一定の規則で積み重ねた〝層状結晶〟を考えます。積み重ねの順番が乱れる〝欠陥〟があれば、その結晶（母）が層に垂直に破砕されたとき、すべての微結晶（子）は同じ乱れを共有します。ひな祭りの菱餅を縦に切り分けると、どこで切っても切断面は同じ紅白の積層になるのと同じことです。この微結晶が種《たね》となって大きく成長すれば、母結晶とおなじ積層の結晶がたくさんできることになりますから、〝欠陥〟も引き継がれます。この過程をケアンズ・スミスは世代交代の情報伝達と見なしたのです（図7－4－3）。

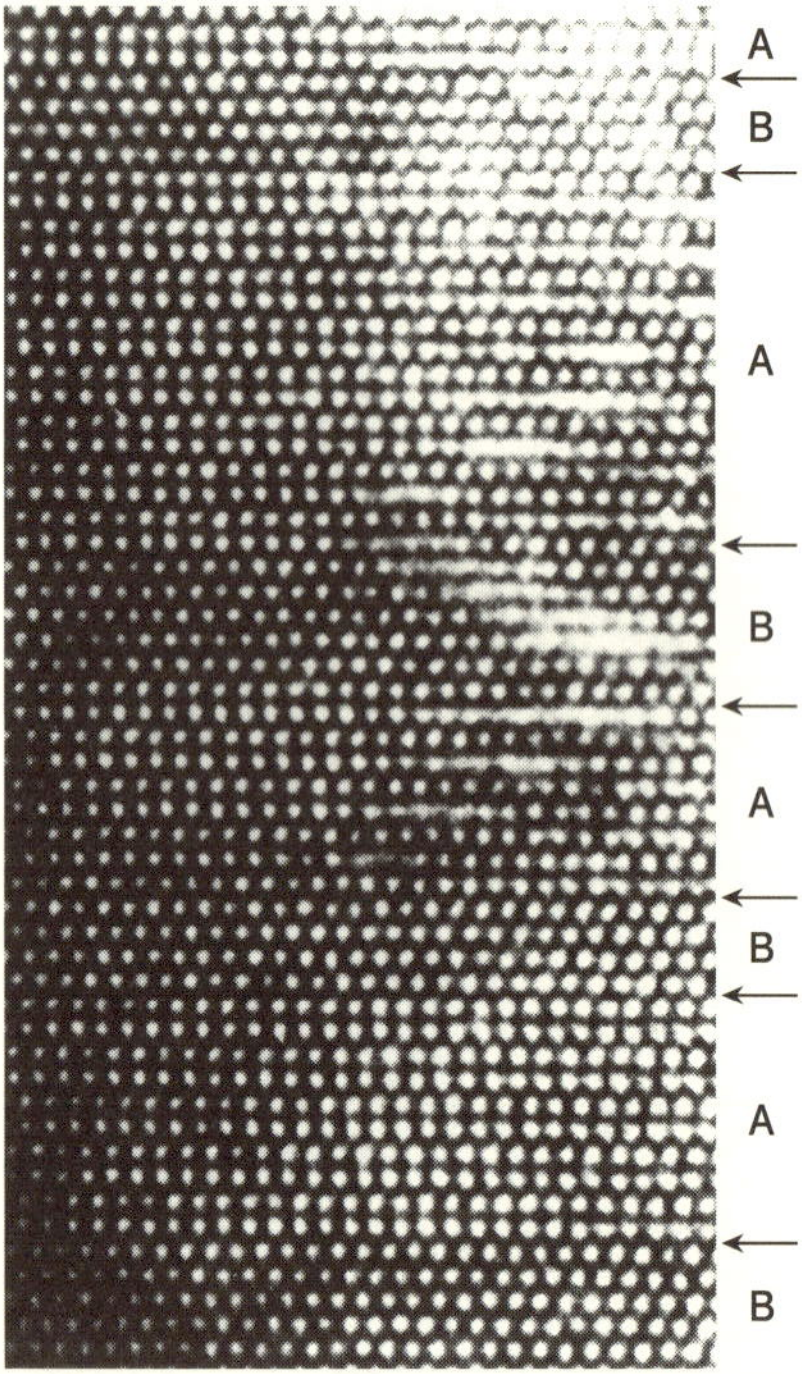

図7-4-2　磁硫鉄鉱（Fe_7S_8）の結晶に見られる〝情報〟、微細な双晶

ケアンズ・スミスの引用した磁硫鉄鉱Fe_7S_8の高分解能電子顕微鏡像（HRTEM）は当時最先端の、原子レベルで結晶構造を観察した事例。FeとSの原子が詰まっている暗い背景の中に、Fe原子の欠落した点が白く浮き出ている。点列の一層の厚さは0.57nm。白い点が「：」のように二つ縦に並んでいる部分（A）と「∴」のように3点が三角形に並んでいる部分（B）がある。それぞれは、同じ磁硫鉄鉱の結晶を120°異なった角度から見た像に相当する。したがって、図の結晶の「：」および「∴」と見える部分は相互に120°回転した関係（双晶関係）にある。矢印は数nmの微細双晶区域に分かれていることをしめしている。ケアンズ・スミスはこの微細な構造を、結晶の持つ〝情報〟であると考えた。

—生命の鉱物起源説』、図7-2d、270頁のHRTEM像を原著（Nakazawaら, 1975）（＊17）より転載。

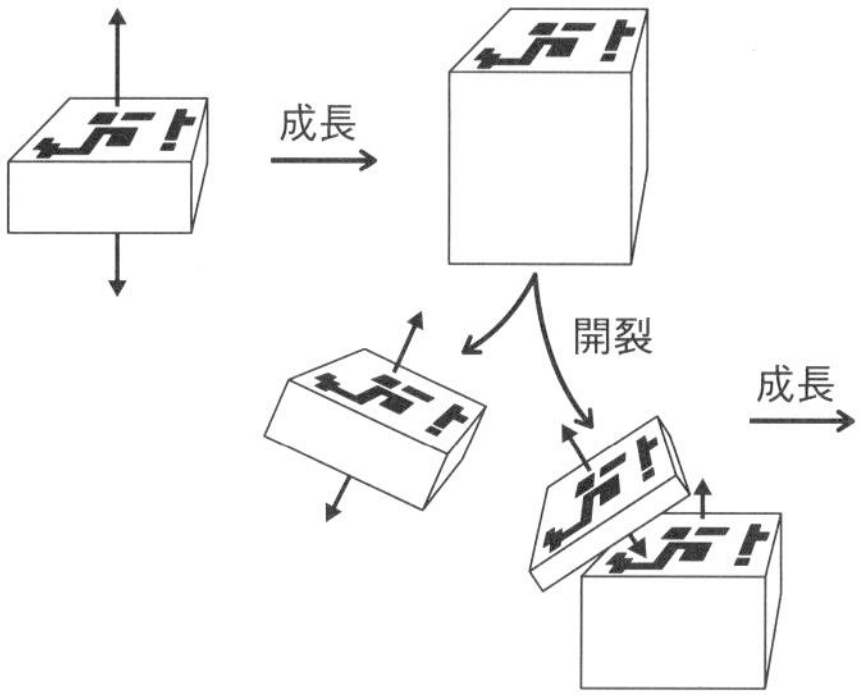

図7-4-3　結晶の〝世代交代〟

〝欠陥〟が世代を越えて伝わる例として、結晶が縦に貫く模様（欠陥）を有する場合を考える。その結晶（母）が横に平行に破砕されたとき、すべての微結晶（子）は同じ模様を共有する。その微結晶が種（たね）となって大きく成長すれば、母結晶とおなじ欠陥を持った〝次世代〟の結晶がたくさんできる。この過程をA. G. ケアンズ・スミスは遺伝子の情報伝達の前駆現象であると見なした。

（『遺伝的乗っ取り—生命の鉱物起源説』158頁、Figure 5.12〈1982〉より転載）

　しかし、これだけでは結晶成長の話であって、遺伝の前駆現象とはいえません。ケアンズ・スミスの主張によれば、結晶（無機）とDNA（有機高分子）の中間に、「無機・有機複合体の時代」があって、情報伝達の機能は無機結晶より有機分子のほうが優れていたので、世代交代を繰り返すうちに徐々に有機分子に加重が移り、結局有機分子の部分がDNAとして残った、と考えるのです（図7-4-4）。

　結晶成長と生物の遺伝機構を、無機・有機複合体の中間体を考えることでつなげたわけです。無機から有機へ、著書のタイトルを「遺伝的乗

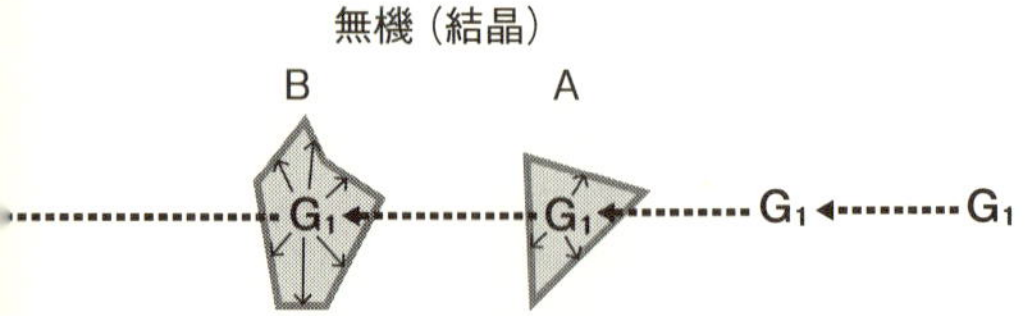

図7-4-4　遺伝的乗っ取りのメカニズム

結晶（無機）とDNA（有機高分子）の中間に、無機・有機複合体の時代があって、無機結晶の情報伝達機能が、世代交代を繰り返すうちに、無機・有機複合体を経て、より機能の優れていた有機分子のほうに徐々に移り、結局有機分子の部分がDNAとして残った、とするケアンズ・スミスの主張。図のG_1は無機結晶の伝える情報をしめし、G_2は有機分子の情報を意味する。

（『遺伝的乗っ取り—生命の鉱物起源説』120頁、Figure 4.1〈1982〉より転載）

っ取り」（Genetic Takeover）としたゆえんです。「現代的な生命とでも呼ぶべきものは、実は第二の段階を表している」とか「進行の急速な進化は痕跡を残さない」とのバナール流の論理（前出）に基づいて、無機や無機・有機複合体の遺伝子は現在の生物に痕跡を残していない、と主張しています。

図7－4－1にしめす石組みのアーチの建築過程のように、現在の遺伝機構があまりに巧みであるので、何らかのより単純な前駆の遺伝機構があったと考えるのです。

無機・有機複合体は、粘土鉱物とさまざまな有機分子の組み合わせで容易に形成されます。ケアンズ・スミスの著書にも図入りで紹介されていますが、モンモリロナイトやサポナイトなどスメクタイト属の粘土鉱物がエチレングリコールやアミン類を層間に入れた複合体はその典型です。アミノ酸や核酸塩基も層間に入

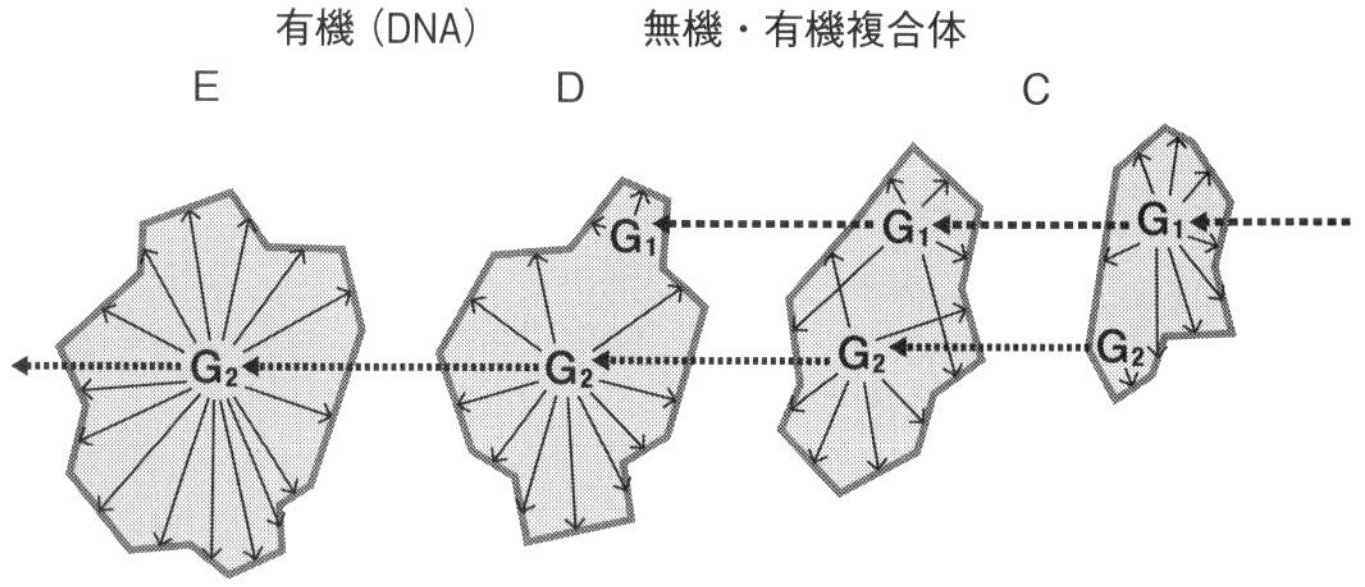

ります。ナノマテリアルとして注目されるシリカ（SiO_2）のナノチューブの製造過程で生ずる界面活性剤とシリカの複合体も同じです（7－2）。

このように無機・有機複合体は普通に存在しますので、ケアンズ・スミスの主張（図7－4－4）も、一見正しそうに見えます。しかし、〝遺伝子の鉱物起源〟説は、話としてはおもしろいのですが、物理としてはいくつもの矛盾があって、あり得ない想像です。

そもそも、結晶であれば破砕した小片が種となって結晶成長して、欠陥構造の情報が次世代に引き継がれることはあり得ますが、無機結晶に有機分子が取り込まれた無機・有機複合体は全体が結晶ではありません。したがって、複合体の破砕物（子）が同じ複合体に〝結晶成長〟することは原理的にあり得ないのです。無機結晶が成長する環境やメカニズムと、無機結晶が有機物を取り込んで複合体を構成する環境やメカニズムとはまったく異なるからです。したがって鉱物の遺伝子前駆体仮説は、現実にはあり得ない〝おもしろい話〟の域を出ません。

にもかかわらず、ここで取り上げた理由は、遺伝子以外の、たとえば膜や酵素で、無機鉱物が前駆体となり、無機・有機複合体の時代を経て現在の生物の一部となることはあり得ると考えたからです。「現代的な生命とでも呼ぶべきものは、実は第二の段階を表している」というバナール流の考え方です。

本書のシナリオの中で「無機から無機・有機複合体を経て有機へ引き継がれる」場面は、高分子が、熱水環境をサバイバルするために無機鉱物の小胞の中に退避した後の経緯です（7－2）。最初は周辺にありふれた無機鉱物の膜でつくられた小胞はその後、有機素材との〝複合〟の時代を経て脂質二層膜の小胞（細胞前駆体）になったと推定することができます。「遺伝子は量子力学の支配する分子でなければならない」のですが、小胞の膜は「古典物理学で記述される物質の集団」でもいいので、無機／有機の比を徐々に変えて脂質二層膜にすることができるからです。

逆のケースは、新素材開発の研究で、有機分子の界面活性剤を鋳型（テンプレート）としてシリカのナノチューブをつくる過程です。両者とも、中間に無機・有機複合体の時代を経て、有機または無機の構造体になります。このように、細胞膜や一部の酵素など、前駆体が無機鉱物であって、無機・有機複合体の時代を経て、現在見られる原核生物の一部に進化したことは充分にあり得そうです。

そして何よりも、こう考えることで、一部ではあっても進化の過程を具体的な実験で確認することが可能になります。「遺伝子の鉱物起源説」は、遺伝子の前駆体としては現実味が乏しいとしても、細胞膜や一部の酵素の成因として示唆に富んだ仮説になります。

代謝機構の鉱物起源説〝Fe-Sワールド説〟

「生命の最初のエネルギー源は黄鉄鉱を形成する反応で得た」との仮説を提案したのは、G・ヴェヒタースホイザー（Günter Wächtershäuser）でした。[*18] 着想のきっかけは、嫌気性古細菌の培養で黄鉄鉱（FeS_2）が沈殿する、との論文[*19]に接したことだったといっています。

たとえば、FeS（硫化鉄）＋H_2S（溶液中の硫化水素）→FeS_2（黄鉄鉱）＋H_2の反応は、常温・常圧で進行して、41・9キロジュール／モルのエネルギーを放出します。しかもこの反応では水素イオン（H^+）と電子（e^-）が同時に放出されますので、環境に二酸化炭素（CO_2）があれば、ホルムアルデヒド（HCOO）やギ酸（HCOOH）のような簡単な有機分子が自動的に生成されます。原始地球の大気は二酸化炭素濃度が高かったと推定したヴェヒタースホイザーは、エネルギーと有機分子の生成を同時に果たすことができるので、この反応が生命の最初の代謝機構であったと主張しました。

この提案以前に、温泉水に棲む硫黄代謝古細菌（たとえば、PyrodictiumやThermoproteus）が、水素と硫黄から硫化水素（H_2S）を発生する際のエネルギー、27・5キロジュール/モルを利用していることはよく知られていましたので、硫化水素生成反応が原始のエネルギー源ではないか、との仮説はすでにありました。[*20] しかし、硫化水素は二酸化炭素を還元できませんので、生命維持に必要な有機物を得るためには（言い換えれば、小さなエントロピーを得るためには）、発生したエネルギーを使って二酸化炭素を還元する反応と組にならなければなりません。その2段階の反応を単純化して表現すれば、次のような反応の組み合わせになります。

①$S + H_2 \rightarrow H_2S$　エネルギー生成

②$CO_2 + 2H_2 \rightarrow CH_2O$（ホルムアルデヒド）$+ H_2O$　エネルギー消費

エネルギーの生成と消費の組み合わせになりますから、使えるエネルギーは減少し、また生成反応と消費反応が水素を奪い合う点でも、代謝機構としては不都合です。

したがって硫化水素と鉄イオン（Fe^{2+}）から黄鉄鉱をつくる反応が代謝機構の前駆現象であるとするヴェヒタースホイザーの仮説は、エネルギー代謝と物質代謝を同時に説明できる仮説としてみごとです。この反応は海底熱水噴出孔をはじめ海底熱水系では普通に観察される現象ですから、現実性もあります。著名な〝RNAワールド説〟に対抗して〝Fe-Sワールド説〟とか〝硫化鉄ワールド説〟という研究者がいるくらいです。[*21]

本書でずっと述べてきましたように、〝RNAがあれば〟、とか〝タンパク質があれば〟すなわち生命が発生したとする〝某ワールド説〟は、生命の発生にいたる過程の多段階の反応や自然選択をすべて無視して短絡していますので、生命の発生を説明するものではありません。ヴェヒタースホイザーの仮説も、生命誕生にいたる複雑で多段階の分子進化の過程を説明するものではありませんが、無機界の原始地球にあり得る代謝の前駆現象としては説得力ある仮説です。

現生のバクテリアの正確な分類の仕方に、代謝のエネルギー源と栄養源で分類する方法があり、前者は光合成か化学合成かの二分、後者は二酸化炭素（独立栄養）か有機物（従属栄養）か、の二分です。ヴェヒタースホイザーの仮説の代謝機構は、周辺の化学的不安定さをエネルギー源とした化学合成であり、栄養源は二酸化炭素ですから、「化学合成独立栄養」のたぐいに分類されます。有機物の乏しい原始地球においては現実的なメカニズムといえるでしょう。現世の微生物の細胞内に鉄硫化物の結晶が見つかるケースも少なくありません。[*22、23、24、25]

したがって、熱水に遭遇した有機高分子が〝個体〟をつくってサバイバルした小胞が、熱水脈の中で〝小胞融合〟を繰り返しながら進化する過程で、ヴェヒタースホイザーの主張する〝Fe-S/H_2S式代謝機能〟を獲得して、原始的な代謝を開始した可能性もあると考えられます。特に、小胞の生まれた当時の堆積層は、隕石海洋衝突による金属鉄や鉄の低酸化物あるいは鉄硫化物の超微粒子を多量に含んでいますから、その堆積層中を走る熱水脈は、還元的でFe^{2+}イオンやH_2Sに富んでいたはずです。本書の「生命地下発生説」とヴェヒタースホイザーの仮説は整合的であるといえます。実験的にFe^{2+}イオンを含む小胞とH_2Sを溶解した熱水系をつくって代謝機能を確かめることは次の課題であり、生命の起源の謎に接近する機会になりそうです。

硫化鉄（Fe-S）膜の小胞（？）

前述の鉄硫化物（Fe-S）を含み、硫化鉄が膜となった小胞が生命体の前駆体であるとの仮説もあります。[*26] 英国のM・J・ラッセル（M. J. Russell）とA・J・ホール（A. J. Hall）は、隕石の〝後期重爆撃〟（LHB）以前の43億〜40億年前の〝熱い海〟で生命が発生したと仮定して以下の仮説をたてました。

すなわち、当時の海はまだ高温で、酸性で、鉄イオン（Fe^{2+}）やニッケルイオン（Ni^{2+}）に富み、その海底には高温でアルカリ性の硫化水素（H_2S）に富む還元的な熱水が噴き出していたと推定しました。噴出孔付近で両者が混合する海底では、硫化水素と金属イオンが急速に反応して、鉄ニッケル硫化物を析出します。そこで生ずる鉄硫化物の〝泡〟が、生物細胞の前駆体になったであろう、という仮説です。

鉄硫化物の〝泡〟の膜が、外側の酸性の海洋と内側のアルカリ性内容物を自然に仕切ることになり、内外の酸性とアルカリ性の差を中和させる物質移動が代謝機構の成立につながったと主張しています。

この仮説は43億年という海ができて間もない〝熱い海〟を想定していますが、他の生命起源説同様、「太古の海は生命の母」とア・プリオリに考えていますので、このまま納得できるものではありません。

しかし、酸化的で酸性の海水と還元的でアルカリ性の熱水の混合で〝Fe-S膜〟が形成されるメカニズムは、海中ではなく地下で酸性とアルカリ性の2種類の熱水が遭遇する場では生じそうです。堆積層の中を走る熱水の成分は多様であるからです。本書では有機高分子が熱水に遭遇して小胞をつくってサバイバルする場面で、〝無限にある粘土鉱物やシリカ〟を材料として小胞をつくることが想定されていますが、〝Fe-S膜〟も候補に加えられます。

ラッセルとホールの仮説は、本書の主張する「生命の地下発生説」と整合的ですが、彼らの仮説が正しいかどうか、その現実性は実験によって確かめられなければなりません。

第8章

生命は地下で発生して、海洋に出て適応放散した！

「なぜ生命が発生し、生物は進化するのか？」から論を起こし、無機界の地球に有機分子が出現して地下の熱水圏に生命が宿るまでを、物理的および地球史的必然性にしたがって論じてきました。そして「生命誕生！」は、早ければ〃後期重爆撃〃終了直後の38億年前頃、おそらくは37億年前以降であろうと推定しました。

発生した生物はそのまま海底の地下に「地下生物圏」を形成し、27億年前頃の地球大変動とともに浅海に出て〃適応放散〃し、地球の大気に酸素を加えたことが化石の証拠から明らかになっています。最近の、「地下で生存中の原核生物」の発見（大西洋海底下1626m、および太平洋海底下842m）[*1、2]、および「原核生物の3分の2は海底下にいるであろう」との推計[*3]などは、当時の地下生物圏が今になお継続していることを示唆しているようです。

8－1　地球軽元素進化系統樹——〃根のある〃生物進化系統樹

本書で解読した「生命誕生」のシナリオは、1枚の「地球軽元素進化系統樹」に凝縮して表現することができます（図8－1－1）。〃根のある〃生物進化系統樹です。

同図では、生命誕生が地球史的必然であることを表すために、〃原始地球史上の事件〃（中央）と、そのとき有機分子が受ける〝環境圧力〟（左端）、そして〝自然選択〟の結果、すなわち〝環境適者〟（右端）を重ねて表記しました。自然選択を何回か生き延びて進化しても、次の段階でサバイバルできなかった有機分子の経路は、同図の中では煩雑を避けるために省かれています。そんな分子や高分子や小胞はたくさんあったはずです。脱水素化してグラファイトになったり、マントルに引き込まれてダイアモンドになった有機分子たちはその例です。

〝原始地球史上の事件〟のそれぞれが〝いつ〟であったかは、地球科学の最近の成果で明らかにされていますから、地球史上の事件によって進行した分子進化の〝いつ〟はおおよそわかります。

以下は「地球軽元素進化系統樹の説明、すなわち、「生命誕生」の壮大なドラマの〝あらすじ〟です。

46億年前：微惑星の集積によって地球が創生され、その凝集エネルギーで全地球はいったん熔融し、表面はマグマの海（マグマオーシャン）になりました。その高温で大気は水素を失い、酸化的大気（窒素と水と二酸化炭素）となります。

43億年前：微惑星の集積が終焉すると、地球は熱を宇宙に放射し、温度が下がって水蒸

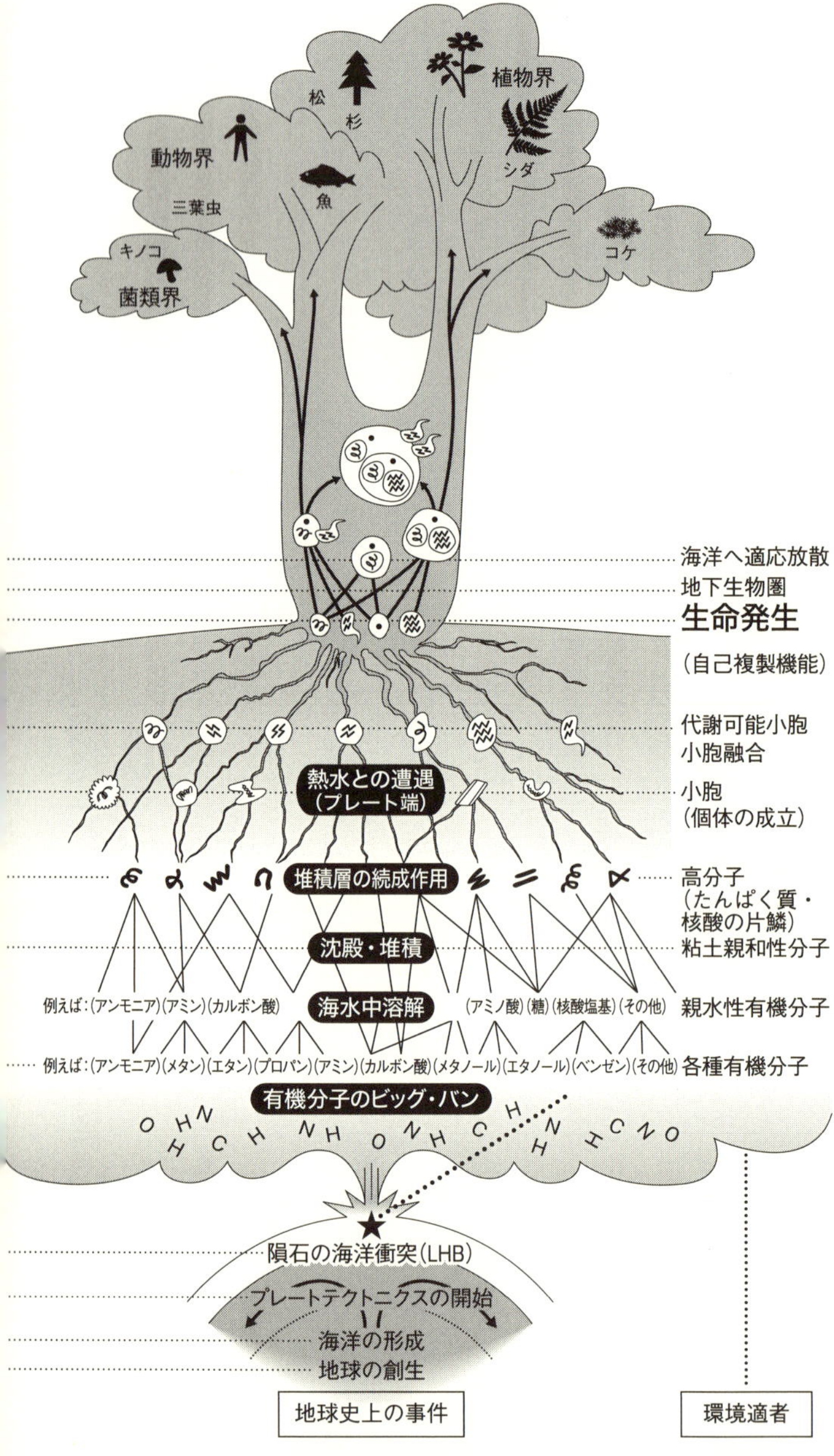

植物界
松
杉
シダ
動物界
魚
三葉虫
キノコ
菌類界
コケ
海洋へ適応放散
地下生物圏
生命発生
(自己複製機能)
代謝可能小胞
小胞融合
熱水との遭遇
(プレート端)
小胞
(個体の成立)
堆積層の続成作用
高分子
(たんぱく質・
核酸の片鱗)
沈殿・堆積
粘土親和性分子
例えば:(アンモニア)(アミン)(カルボン酸)
海水中溶解
(アミノ酸)(糖)(核酸塩基)(その他)
親水性有機分子
例えば:(アンモニア)(メタン)(エタン)(プロパン)(アミン)(カルボン酸)(メタノール)(エタノール)(ベンゼン)(その他)
各種有機分子
有機分子のビッグ・バン
OHN HCH NH ONHCH NH HCNO
隕石の海洋衝突(LHB)
プレートテクトニクスの開始
海洋の形成
地球の創生
地球史上の事件
環境適者

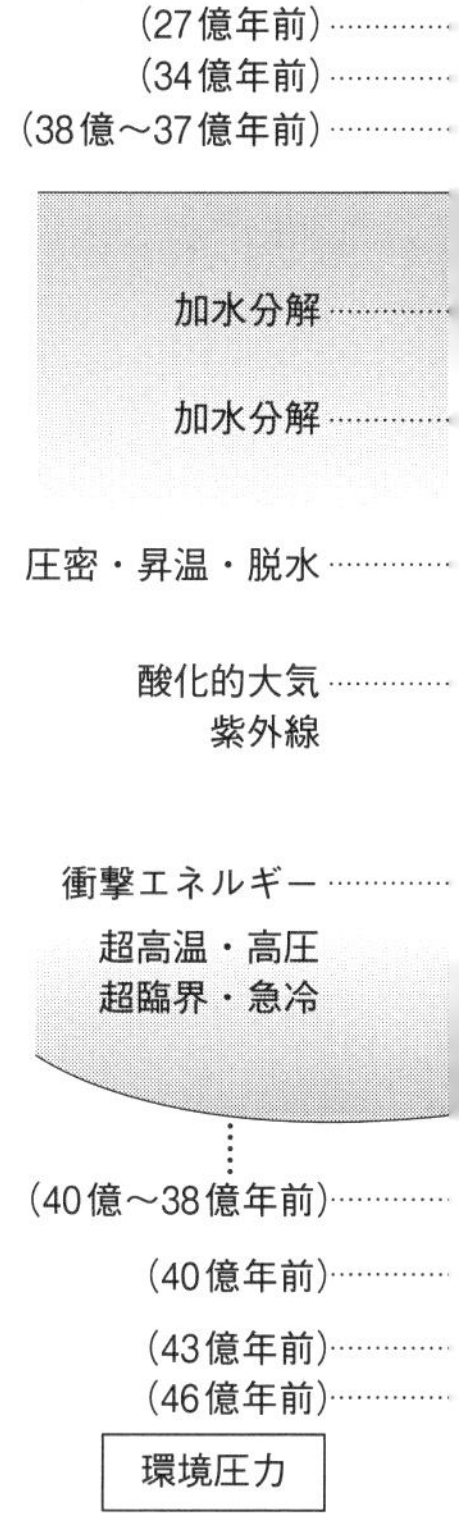

図8-1-1　地球〝軽元素〟進化系統樹
（分子と生物の統一進化系統樹）

本書の全容を図式化した。分子の自然選択による〝生命誕生〟を表すために、〝原始地球史上の事件〟（中央）と、そのとき有機分子が受ける〝環境圧力〟（左端）、そして〝自然選択〟の結果、すなわち〝環境適者〟（右端）を重ねて表記した。サバイバルできずにグラファイトやダイアモンドになった有機分子の経路は省かれている。

気が凝集し、全地球を覆う海洋が出現しました。エントロピーの低減による地球秩序化の一環です。

40億年前：地球の熱放出の一環であるマントル対流によって、新たな海底が海嶺で発生して海溝からマントルに沈み込む、プレートテクトニクスが機能し始めました。地球内部の熱を表面に運ぶと同時に、地球の構造をより複雑に〝秩序化〟する機構です。

40億〜38億年前：太陽系の軌道に乱れが生じ、軌道をはずれた小惑星やその破砕物が隕石となって頻繁に地球に衝突しました（後期重爆撃、ＬＨＢ）。地球にはまだ大陸がなく、表面はほとんど海洋で覆われていましたので、それら隕石は海洋に衝突し、地球の水および大気と激しい化学反応を生じました。

隕石の海洋衝突で生じた超高温の衝撃後蒸気流が冷却する中で、多種多量の〝有機分子〟が創成されました。（有機分子のビッグ・バン）

上空で生成した有機分子は雨に含まれていったん海洋に回帰し、揮発性有機分子と非水溶性有機分子は、海面上に出て酸化的大気と強い紫外線に曝され、酸化・分解しました。そして有機分子のうちの海洋に溶解できる親水性の〝生物有機分子〟だけがサバイバルし、さらにそれらが粘土鉱物に吸着、沈殿して海洋堆積物中に埋没されることで「自然選択」されました。

海洋堆積層中に埋没した生物有機分子は、その後の堆積物の〝続成作用〟によって圧密・昇温環境にさらされ、脱水重合して高分子化することでサバイバルしました。

40億〜38億年前頃：海洋堆積層はプレートテクトニクスによって移動し、プレート端にいたって一部は褶曲・断層などを生じつつ島弧の付加体となり、ほかはサブダクション帯（図7－2－1）を経て再びマントル内部に沈み込みます。

その堆積層に含まれていた高分子は、多量に発生した海水起源の熱水やマグマ起源の熱水に遭遇して加水分解する危機に直面します。そのまま熱水中にあれば分解消失してしまいますが、小胞を形成して内部に退避した高分子はサバイバルできました。

小胞は生成もしますが消滅もします。すなわち生死のある〝個体〟の成立です。（雑多な個体の時代）

〝個体〟は小胞どうしの融合によって他の高分子を取り込み、エントロピーを小さく保つとともに小胞内にすでに取り込んだタンパク質の〝片鱗〟の触媒作用で重合し、巨大分子化を果たしました。そしてタンパク質を形成し、〝代謝機能〟を獲得した〝個体〟は、熱力

学第二法則の制約をのがれて熱水環境を生き永らえることができました。(「無遺伝子生命体」の時代)

38億〜37億年前頃:〝無遺伝子生命体〟が、小胞融合によって核酸塩基や核酸の〝片鱗〟を取り込み、RNA／DNAを形成して〝自己複製(遺伝)機能〟を獲得し、同種を増殖して〝種〟を創出しました。

代謝機能と自己複製機能を備えた〝個体〟の生成は、すなわち、〝生命誕生〟であり、その個体の増殖は熱水環境における〝地下生物圏〟の成立です。(生命発生および地下生物圏の時代)

27億年前:全マントルの熱対流が開始され、地球磁場の強度が増大されたことを契機に、シアノバクテリアが浅海環境に進出して増殖し、生物の海洋での〝適応放散〟の端緒を拓きました。彼らの放出する遊離の酸素により、地球大気は酸素を含むこととなります。(海洋への適応放散の時代)

地球軽元素は、みずから生物となるまで、分子のときは〝結合〟、高分子のときは〝複合化〟、そして小胞となっては〝融合〟など、いずれも結合や合体や融合することで、それぞれの環境をサバイバルし、同時に軽元素のエントロピーを下げて地球冷却の要請に応えてきました。

生命が発生した後、モネラ界（原核生物）の時代に、しばらくは〝細胞内共生〟や〝細胞融合〟といわれる、無生物時代の〝合体・融合システム〟を引き継いだ機構で進化し、その後は生物固有の、自己複製の際に〝遺伝子の誤り〟を持ち込む〝遺伝子多様化システム〟によって、環境の変化に応じてサバイバルしました。そして、より高度に組織化された生物と生物界を創出することによって、地球軽元素の総エントロピーを下げる要請にも応えてきたのです。


以上、「地球軽元素進化系統樹」の歩みを駆け足で説明しました。

この「地球軽元素進化系統樹」は、ヘッケル以来の生物進化系統樹とは概念の肝心なところが異なります。なぜなら、従来の系統樹は〝究極の祖先〟という1個の特別な〝生物〟があって、それから多様化してすべての生物種が出現したとの考えを図式化したものだからです。〝生物ありき〟から始まる〝根の無い〟生物進化系統樹です。

一方、本書の「地球軽元素進化系統樹」は〝根のある〟生物進化系統樹です。根の部分の分子の進化も幹や枝葉の部分の生物の進化も一連で、地球の一部である〝軽元素〟の進化であると考え、そう考えることによってはじめて、生物の発生とその進化の本質を理解することができることを示しています。

たとえば、遺伝子解析による〝究極の祖先〟探し（第3章）が混乱している理由は、もともと〝唯一の祖先〟を探そうとすること自体に無理があるからだ、と理解することができます。分子系統学の到達点の「網目状系統樹」（図3－2－4a）や「生命の環」（図3－2－4b）では、生物だけを考えたために〝究極の祖先〟が架空の（バーチャルな）「全ゲノムの集合体」になっています。しかし現実は「地球軽元素進化系統樹」（図8－1－1）がしめすように、祖先を追及すると多数の原核生物を経て、無数の前生物的〝小胞状の個体〟に拡散し、さらに高分子から水素やアンモニアの分子にまで拡散します。

生物だけを考える進化系統樹では、「細胞融合」で進化する原核生物およびその祖先は全部一括せざるを得ず、したがってバーチャルな「生命の環」になってしまうわけです。〝唯一の祖先細菌〟をア・プリオリに想定した専門書には、いかにも辻褄《つじつま》合わせで不自然な系統樹が掲載されています。*4

生物だけを見ると、原核生物の「細胞内共生」や「細胞融合」あるいは「遺伝子の水平転移」は、より高度な真核生物が世代交代にともなうDNAの誤りと自然選択で進化する機構とはまったく異なりますので〝異様〟に思われますが、「〝地球軽元素〟進化系統樹」では当然のメカニズムであることがよく理解できます。生物進化の初期には分子進化の

〝最後の段階〟のプロセスを継承しているのです。

「地球軽元素進化系統樹」によって、これまでア・プリオリに信じていたことに疑念が生じたり、あるいは見方が変わる例は他にもあります。たとえば、「個体発生は系統発生の短縮された反復である」という、「反復説」がそれです（第3章3－2節）。

哺乳類の胚の発育が魚類や両生類の形態を経由したり、尿酸を排泄する鳥類が胚の段階では、魚類や両生類と同じアンモニアや尿素を排泄するなど不思議な経過は、「個体発生が系統発生をなぞる」と考えることによって理解できます。ヘッケルの唱えた反復説はいろいろの立場から批判の対象となってきましたが、一定の妥当性があることは確かです。

しかし反復説は、「個体発生は系統発生をなぞる」と言いながら、個体発生は1個の受精卵から始まるものと、ア・プリオリに考えています。[*5] 生物は〝唯一の祖先細菌〟から始まる、と考える従来の、生物進化系統樹と同じ発想です。どちらもヘッケルが最初に提唱したものですから当然でしょうが、〝最初の生命体〟は完成された生物の1個体と考えているのです。したがって、受精卵より先に存在する卵子や精子、あるいは受精という現象の存在は、無視されています。

「地球軽元素進化系統樹」の視点からすると、個体発生の起点が受精卵であるのは不自然です。受精卵は多細胞生物の始めであり、〝受精〟がその前の時代の〝細胞融合〟や、もっと前の前生物的〝小胞融合〟をなぞっていることが明らかだからです。精子は運動機能のある小胞（あるいは運動機能のある原核生物）、そして卵子は他の小胞を呑み込んで同化する大型の小胞（あるいは母細胞）に相当します。ゾウリムシや酵母の生殖では、卵子や精子のような歴然とした雌雄の違いがなく、同じ大きさの二細胞が融合しますから、それらは、前生物的〝小胞融合〟にさらに近い関係です。*6

多細胞生物の受精では、卵子の側に同種の精子だけしか受け付けない、合体する相手を識別する機能が備わっていますので、もちろん前生物的〝小胞融合〟よりずっと進化した高度な融合の仕方です。そうではあっても、受精卵となる以前の、卵子と精子および両者の融合が、多細胞生物に進化する前の、前生物的〝小胞融合〟から原核生物の〝細胞融合〟のどこかの時代の〝融合〟をなぞっていることは確かでしょう。少なくとも、反映していることは確かです。

〝根のある〟生物進化系統樹である「地球軽元素進化系統樹」の視点に立つと、卵子や精子および受精現象も含めることで、「反復説」がこれまで以上に妥当に見えてきます。

「地球軽元素進化系統樹」は、「生命誕生」が地球史的必然であることをしめす図です。分子進化は、その生成から生命誕生に至るまで、地球軽元素が逐次、環境変化に応じて〝結合〟・〝融合〟してサバイバルした結果でした。そして〝生物〟になると、全生物は〝セントラル・ドグマ〟と呼ばれる同じメカニズム、すなわち「DNA→(複製)→DNA→(転写)→RNA→(翻訳)→タンパク質」によって自己複製を果たし、世代交代における遺伝情報の伝達誤りという方法で環境に適応しつつ、生物界を多様化しています。

生物界だけを見ると〝ドグマ〟といわれるほど確固とした原理ですが、広く分子進化の過程まで視野に入れると、そのDNAも最初から一つの生命体の全情報を担えるほど完成された巨大分子であったわけではありませんし、複製・転写・翻訳の完全なシステムが最初からあったとも考えられません。分子進化の〝最終段階〟から原核生物の時代にかけて、このシステムがいかに確立していったか、その過程には、本書でまだ考察し切れていない多段階の自然選択があったはずです。エントロピー低減を背景として、どんな自然選択の過程で〝セントラル・ドグマ〟が成立したか、は今後の課題です。

「地球軽元素進化系統樹」の根の部分の理解もいまだ不充分です。今後の進展に期待せざるを得ませんが、「地球軽元素進化系統樹」の地上部(生物進化部)で、それぞれの分枝点や枝先の一葉一葉に生物種の名前が記述されると同じように、将来は〝地下部〟の、根の結節点(あるいは分岐点)の個々に、たとえば熱水時代であれば〝小胞〟の固有の形態や、含まれる〝RNA／DNAの片鱗〟や、あるいは〝酵素〟の名前などが記述され、さらにさかのぼって堆積物の続成作用時代であれば、種々のペプチドや固有の高分子の名前が記述されて完成されるでしょう。その意味で、同図はまだまだ未完です。

8-2 生命を生んだ「水の惑星」——地球

本書の中でたびたび、ア・プリオリに「太古の海は生命の母」と考えることへの批判や、「水があれば生物がいる、あるいはいたかもしれない」と考えることの愚を指摘しました。水がなければ生物体ができないことも、生きられないことも確かですが、だからといって、ただ水があっても生物が生まれるわけではないと、くどいほど繰り返しました。ここでいう〝水〟は、海や川や池の水、穏やかな液体、時には熱水のことです。

しかし、同時に「地球軽元素進化系統樹」（図8-1-1）は、地球が「水の惑星」であって、「水の存在」が生命の発生とその進化にとって、つねに不可欠であったこともしめしています。ただし、水はH_2Oであって液体とは限りません。

そもそも有機分子は主として炭素（C）と水素（H）が共有結合でつながってつくる分子

ですが、その炭素は小惑星帯からの隕石や地球大気の二酸化炭素がもたらし、水素は超臨界水や超高温の気体となった〝地球の海の水（H_2O）〟が隕石に含まれる金属鉄によって還元・分解されたものでした（第４章）。同図がしめすように、隕石の〝後期重爆撃〟（ＬＨＢ、40億〜38億年前）以前の43億年前に海ができていて、〝後期重爆撃〟時には地球が海洋で覆われていたので水素を調達できたのです。

さらにその後、有機分子の中でも水溶性の生物有機分子だけがサバイバルできたのは、海水があったからでした（第５章）。そして海底下の堆積層の続成作用によって、生物有機分子が高分子化する際には一方の分子からは水素（−H）を取り、他方から水酸基（−OH）を取って〝水をつくって〟サバイバルしました（第６章）。その水は結局海に戻ります。最後に、高分子が個体をつくり代謝や遺伝機能を獲得したのは〝熱水との遭遇〟であり、その後、地下生物圏をつくった原核生物が〝適応放散〟したのはもちろん海洋でした。

超臨界水や超高温の〝気体の水〟の存在、あるいは海底下の圧密・昇温による〝脱水〟、そして最後には熱水や海水など、温度や圧力に応じてさまざまな状態に変化する水の存在が、分子および生物進化のすべての過程で不可欠です。水は液体とは限りませんが生命は「水の惑星」にしか誕生しなかったことを、「地球軽元素進化系統樹」はしめしています。

「生命の誕生とその進化」は全地球46億年の時空にまたがる壮大なドラマで、そのシナリオを描いたのも演じたのも、創生期に得た熱エネルギーを放出し続ける「水の惑星」、〝地球〟自身でした。熱の放出はエントロピーの低減をともない、地球を構成するすべての物質（〝ミクロな粒子〟）は、より複雑に自ら秩序化しなければならなかったのです。地球はしかし、そのシナリオの詳細をいまだ完全には開示してくれていません。本書では、全地球、46億年の時空を見渡し、物理的必然性と地球史的合理性の視点から〝生命誕生〟にいたる経緯を論じました。曰く、「有機分子のビッグ・バン」であり、「生物有機分子の自然選択」であり、そして「生命は地下で発生して海に出て適応放散した！」です。

既往の生命起源論とは大きく異なりますが、その分、目から鱗と納得していただけたものと思います。しかし、本書も、高分子が組織化して生命が宿る最後の瞬間のシナリオは、筋書きだけで、「何が」「いかに」という問いに充分答えられていません。それらは次の世代の生命起源論が明らかにするでしょう。前説を修正し、あるいは覆して新たな視界を拓くのが科学です。これまでも科学はそうやって人間の既知の領域を広げてきました。「人智の包絡線の外側」が未知の世界です。本書に納得した読者が、あるいは逆に本書に異議を感じた読者が、さらに一歩、生命起源の未知領域に踏み込むであろうことを信じて、筆を置きます。

あとがき

青年期の自学自習の中で、生命の起源と粘土鉱物に関する3冊の著書に出会って青春の夢を見た、と8年前に刊行した拙著の「あとがき」で振り返りました。幸い、大学や研究所に職を得て、小さくても〝人智の包絡線の外側〟に挑戦し続けることができましたが、生命起源の謎に正面から向き合ったのは研究者人生の終わり頃になってからでした。〝人生は志と運〟だと信じていながら、取り掛かるのが遅きに失した、と思うこの頃です。「刹那覚えずといへども（エントロピー代謝の）終ふる期たちまちに至る」、兼好法師のいうことが腑に落ちる年齢になったからかもしれません。

旧著で自説を世に問うた後、新進の共同研究者諸兄の実験によって仮説のいくつかが実証され、それらの発表は世界の衆目を集めました。またその間に、関連する広い科学の分野で、画期的な新しい知見がいくつも得られました。本書は、それらの成果を踏まえて、改めて物理的、地球史的必然性に立脚した生命起源を論じたものです。既往の生命起源論とは大きく異なりますので読者には、〝異説〟と映ったかもしれませんが、本論がむしろ正論であると信じています。読者による今後の立証や修正や反論の契機になり、そして何よりも、今青春の夢を見ている世代の糧に少しでもなることを念じています。

本書の執筆にあたり、旧著以降の研究を共同で進めた古川善博東北大学大学院理学研究科助教をはじめ、大原祥平米国カーネギー地球物理研究所日本学術振興会特別研究員、大竹翼北海道大学大学院工学研究科准教授、大庭雅寛東北大学大学院理学研究科助教、および同僚の掛川武東北大学大学院理学研究科教授、関根利守広島大学大学院理学研究科教授、そして御協力頂いた谷口尚物質・材料研究機構超高圧グループリーダー、小林敬道同主幹研究員、宮川仁同強相関物質探索グループ主任研究員の諸学兄に、お名前を記して謝意を表します。

また、講談社の高月順一現代新書出版部次長は、著者らの研究発表に着目して執筆を勧められ、本書の出版に至りました。本文の推敲に貴重な御助言を頂いたことと共に、記して御礼申し上げます。

2014年3月3日　つくば／土浦にて

中沢弘基

参考文献

はじめに

＊1 Oparin, A. I., Proiskhozhdenie Zhizny, Moscow Izd. Moskovskii Rabochii (1924); The Origin of Life, Macmillan, London (1938)

＊2 Gribbin, J., In Search of the Double Helix: Quantum Physics and Life, McGraw Hill (1985), 松浦俊輔訳『進化の化学―ダーウィンからDNAへ』p.67, 青土社 (1989)

＊3 天声人語、朝日新聞, 2012年6月29日版

＊4 柴谷篤弘、長野敬、養老孟司編『講座 進化』全7巻、東京大学出版会 (1991)

第 1 章

＊1 Nisbet, E., The realms of Archaean life, Nature 405, 625-626 (2000)

＊2 Schrödinger, E., What is Life? The Physical Aspect of the Living Cell, Cambridge Univ. Press, London (1944), 岡小天、鎮目恭夫訳『生命とは何か―物理的にみた生細胞』岩波新書72, (1951)

＊3 Wegener, A., Die Entstehung der Kontinente und Ozeane (1915), 都城秋穂・紫藤文子訳『大陸と海洋の起源』上・下巻、岩波文庫 (1981)

＊4 同上、上巻第一章歴史的序論p.15 (1981)

＊5 上田誠也『地球・海と陸のダイナミズム』p.34, 日本放送出版協会 (1998)

＊6 Wegener, A., Die Entstehung der Kontinente und Ozeane, 都城秋穂・紫藤文子訳『大陸と海洋の起源』下巻、訳者解説p.210, 岩波文庫 (1981)

＊7 同上、上巻、第一章歴史的序論p.19 (1981)

＊8 同上、上巻、第4版序文p.13 (1981)

＊9 同上、下巻、訳者解説p.203 (1981)

＊10 坪井忠二、宮地政司、坂本峻雄編『現代の自然観2 地球の構成』岩波書店 (1961)

＊11 中沢弘基『生命の起源、地球が書いたシナリオ』新日本出版社 (2006)

＊12 菊池寛「『小学生全集』について」文藝春秋昭和2年5月号 (1927)

＊13 手塚治虫『ジャングル大帝』手塚治虫漫画全集第1巻p.102 (1977) および第3巻p.158, 講談社 (1977)

＊14 手塚治虫「失われたロマンを求めて」『手塚治虫講演集』手塚治虫漫画全集別巻18、pp.28-45, 講談社 (1997)

＊15 泊次郎「大陸移動説は生きていた―1950年代以前の日本の地球科学界」地球惑星科学合同大会2010、幕張、講演要旨集CD-ROM, 講演番号GHE030-06 (2010)

＊16 Clegg, J. A., Almond, M. and Stubbs, P. H. S., The remanent magnetism of some sedimentary rocks in Britain, Phil. Mag. 45, 583-598 (1954)

＊17 Frankel, H. R., The Continental Drift Controversy：Paleomagnetism and Confirmation of Drift, Volume 2, Cambridge University Press（2012）

＊18 Runcorn, S. K., The sampling of rocks for palaeomagnetic comparisons between the continents, Adv. Phys. 6, 169-176（1957）

＊19 Matuyama, M., On the direction of magnetization of basalt in Japan, Tyosen and Manchuria, Proc. Imp. Acad. Japan 5, 203-205（1929）

＊20 上田誠也『地球・海と陸のダイナミズム』p.73, 日本放送出版協会（1998）

＊21 竹内均、上田誠也『地球の科学大陸は移動する』p.140, 日本放送出版協会（1964）

＊22 Runcorn, S. K., Continental Drift, Academic Press, New York & London（1962）

＊23 Irving, E., Paleomagnetism and Its Application to Geological and Geophysical Problems, Wiley, New York（1964）

＊24 上田誠也『プレートテクトニクス』岩波書店（1989）

＊25 Hess, H. H., History of Ocean Basins, pp.599-620 in Petrologic Studies, a Volume to Honor A. F. Buddington, Geological Society of America（1962）

＊26 Dietz, R. S., Continent and ocean basin evolution by spreading of the sea floor, Nature 190, 845-857（1961）

＊27 Vine, F. J. and D. H. Matthews, Magnetic anomalies over oceanic ridges, Nature 199, 947-949（1963）

＊28 Wilson, J. T., A new class of foults and their bearing on continental drift, Nature 207, 343-347（1965）

＊29 Le Pichon, X., Sea-Floor spreading and continental drift, Jour. Geophys. Res. 73, 3661-3697（1968）

＊30 McKenzie, D. P. and Parker, R. L., The North Pacific：an example of tectonics on a sphere, Nature 216, 1276-1280（1967）

＊31 Morgan, W. J., Rises, trenches, great faults and crustal blocks, Jour. Geophys. Res. 73, 1959-1982（1968）

＊32 上田誠也『新しい地球観』岩波新書779（1971）

＊33 平朝彦『日本列島の誕生』岩波新書148（1990）

＊34 Aki, K., Christoffersson, A., and E. Husebye, Determination of the three-dimensional seismic structure of the lithosphere, Jour. Geophys. Res. 82, 277-296（1977）

＊35 Aki, K. and Lee, W. H. K., Determination of three-dimensional velocity anomalies under a seismic array using first P arrival times from local earthquakes, Jour. Geophys. Res. 81, 4381-4399（1976）

＊36 Fukao, Y., Seismic tomogram of the Earth's mantle：Geodynamic implications, Science 258, 625-630（1992）

＊37 Fukao, Y., Obayashi, M., Inoue, H. and M. Nenbai, Subducting slabs stagnant in the mantle transition zone, Jour. Geophys. Res. 97, 4809-4822（1992）

＊38 Maruyama, S., Plume tectonics, Jour. Geol. Soc. Japan 100, 24-49 (1994)

＊39 Kumazawa, M. and S. Maruyama, Whole earth tectonics, Jour. Geol. Soc. Japan 100, 81-102 (1994)

＊40 Fukao, Y., Maruyama, S., Obayashi, M. and Inoue, H., Geologic implication of the whole mantle P-wave tomography, Jour. Geol. Soc. Japan 100, 4-23 (1994)

第２章

＊1 井尻正二『化石』、pp.66-79, 岩波新書673 (1968)

＊2 Schrödinger, E., What is Life? The Physical Aspect of the Living Cell, Cambridge University Press (1944), 岡小天、鎮目恭夫訳『生命とは何か―物理的にみた生細胞』岩波新書 72 (1951)

＊3 田近栄一「第2章地球の構成」松井・田近・柳川・阿部著『岩波講座地球惑星科学Ⅰ 地球惑星科学入門』p.92およびp.96, 岩波書店 (1996)

＊4 The KamLAND Collaboration, Partial radiogenic heat model for Earth revealed by geoneutrino measurements, Nature Geoscience, Online Publication, 17.July, 2011

＊5 Nomura, R., Hirose, K., Uesugi, K., Ohishi, Y., Tsuchiyama, A., Miyake, A., Ueno, Y., Low Core-Mantle Boundary Temperature Inferred from the Solidus of Pyrolite, Science 343, 522-525 (2014)

＊6 井田茂『異形の惑星―系外惑星形成理論から』p.227, 日本放送出版協会 (2003)

第３章

＊1 Cloud, P., Significance of the Gunflint (Precambrian) microflora, Science 148, 27-45 (1965)

＊2 Barghoorn, E. S. and S. A. Tyler, Microorganisms from the Gunflint chert, Science 147, 563-575 (1965)

＊3 Moreau, J. W. and T. G. Sharp, A transmission electron microscopy study of silica and kerogen biosignatures in ～1.9 Ga Gunflint microfossils. Astrobiology 4, 196-210 (2004)

＊4 Wacey, D., Kilburn, M. R., Saunders, M., Cliff, J. and M. D. Brasier, Microfossils of sulphur-metabolizing cells in 3.4-billion-year-old rocks of Western Australia, Nature Geoscience 4, 698–702 (2011)

＊5 Walter, M. R., Buick, R. and J. S. R. Dunlop, Stromatolites 3,400-3,500 Myr old from the North Pole area, Western Australia, Nature 284, 443-445 (1980)

＊6 Lowe, D. R., Stromatolites 3,400-Myr old from the Archaean of Western Australia. Nature 284,441-443 (1980)

＊7 Lowe, D. R., Abiological origin of described stromatolites older than 3.2 Ga. Geology 22, 387-390 (1994)

＊8 Lepot, K., Benzerara, K., Brown, G. E, and P, Philippot, Microbially influenced formation of 2,724-million-year-old stromatolites, Nature Geosci. 1, 118-121 (2008)

＊9 JAMSTEC, Close Up,「約27億年前、大気中に酸素が増え始めた直接的な証拠を発見」、Blue Earth 21, 1 (2009)

＊10 Schopf, J. W. and B. M. Packer, Early Archean (3.3-billion to 3.5-billion-year-old) microfossils from Warrawoona Group, Australia, Science 237, 70-73 (1987)

＊11 Dalton, R., Microfossils: Squaring up over ancient life, Nature 417, 782-784 (2002)

＊12 Schopf, J. W., Microfossils of the early Archean Apex chert: new evidence of the antiquity of life, Science 260, 640-646 (1993)

＊13 Brasier, M. D., Green, O. R., Jephcoat, A. P., Kleppe, A. K., Van Kranendonk, M. J., Lindsay, J. F., Steele, A. and N. V. Grassineau, Questioning the evidence for Earth's oldest fossils, Nature 416, 76-81 (2002)

＊14 Garcia-Ruiz, J. M., Hyde, S. T., Carnerup, A. M., Christy, A. G., Van Kranendonk, M. J. and N. J. Welham, Self-assembled silica-carbonate structures and detection of ancient microfossils, Science 302, 1194-1197 (2003)

＊15 Ueno, Y., Isozaki, Y. and K. J. McNamara, Coccoid-like microstructures in a 3.0 Ga chert from Western Australia, Intern. Geol. Review 48, 78-88 (2006)

＊16 House, C. H., Oehler, D. Z., Sugitani, K. and K. Mimura, Carbon isotopic analyses of ca. 3.0 Ga microstructures imply planktonic autotrophs inhabited Earth's early oceans. Geology, 電子版 4 April 2013 doi: 10.1130/G34055.1 (2013)

＊17 Shen, Y., Buick, R. and D. E. Canfield, Isotopic evidence for microbial sulphate reduction in the early Archaean era, Nature 410, 77-81 (2001)

＊18 Philippot, P., Van Zuilen, M., Lepot, K., Thomazo, C., Farquhar, J. and M. J. Van Kranendonk, Early Archaean microorganisms preferred elemental sulfur, not sulfate, Science 317, 1534-1537 (2007)

＊19 Ueno, Y., Ono, S., Rumble, D. and S. Maruyama, Quadruple sulfur isotope analysis of ca. 3.5 Ga Dresser Formation: New evidence for microbial sulfate reduction in the early Archean, Geochim. Cosmochim. Acta 72, 5675-5691 (2008)

＊20 Shen, Y., Farquhar, J., Masterson, A., Kaufman, A. J. and R. Buick, Evaluating the role of microbial sulfate reduction in the early Archean using quadruple isotope systematics, Earth Planet. Sci. Lett. 279, 383-391 (2009)

＊21 Wacey, D., McLoughlin, N., Whitehouse, M. J. and M. R. Kilburn, Two coexisting sulfur metabolisms in a ca. 3400 Ma sandstone, Geology 38, 1115-1118 (2010)

＊22 Mojzsis, S. J., Arrhenius, G., McKeegan, K. D., Harrison, T. M., Nutman, A. P. and C. R. L. Friend, Evidence for life on Earth before 3,800 million years ago, Nature 384, 55-59 (1996)

＊23 Rosing, M. T., ^{13}C-depleted carbon microparticles in >3,700-Ma sea-floor sedimentary rocks from West Greenland, Science 283, 674-676 (1999)

＊24 Fedo, C. M. and M. J. Whitehouse, Metasomatic origin of quartz-pyroxene rock, Akilia, Greenland, and implications for Earth's earliest life, Science 296, 1448-1452 (2002)

＊25 Ueno, Y., Yurimoto, H., Yoshioka, H., Komiya, T. and S. Maruyama, Ion microprobe analysis of graphite from ca. 3.8 Ga metasediments, Isua supracrustal belt, West Greenland: Relationship between metamorphism and carbon isotopic composition, Geochim. Cosmochim. Acta 66, 1257-1268 (2002)

＊26 Ohtomo, Y., Kakegawa, T., Ishida, A., Nagase, T. and M. T. Rosing, Evidence for biogenic graphite in early Archaean Isua metasedimentary rocks, Nature Geosci. 7, 25-28 (2014)

＊27 環境省「第3章生物多様性の危機と私達の暮らし」『環境白書（平成22年版）：循環型社会白書／生物多様性白書』PDF版 p.68, www.env.go.jp/policy/hakusho/h22/pdf.html (2010)

＊28 池田清彦「構造主義科学論からみた進化論史」柴谷・長野・養老編『講座 進化1 進化論とは』p.104, 東京大学出版会 (1991)

＊29 井尻正二『人体の矛盾』pp.120-128 (1968)

＊30 長野敬「生命の起原と生物の進化」『講座 進化5 生命の誕生』p.11, 東京大学出版会 (1991)

＊31 Woese, C. R., Bacterial evolution, Microbiol. Rev. 51, 221-271 (1987)

＊32 Woese, C. R., Kandler, O. and M. L. Wheelis, Towards a natural system of organisms: Proposal for the domains Archaea, Bacteria, and Eucarya, Proc. Natl Acad. Sci. USA 87, 4576-4579 (1990)

＊33 大島泰郎『生命は熱水から始まった』東京化学同人 (1995)

＊34 Yamagishi, A., Kon, T., Takahashi, G. and T. Oshima, From the common ancestor of all living organisms to protoeukaryotic cell, in Thermophiles: The keys to molecular evolution and the origin of life?, Wiegel, J. and Adams, M. W. W. eds, 287-295, Taylor and Francis Ltd., London (1998)

＊35 山岸明彦「細胞の起源と諸問題」Biological Science in Space 19, 268-275 (2005)

＊36 山本啓之「分子化石が示す微生物の系統と進化」熊澤峰夫、伊藤孝士、吉田茂生編『全地球史解読』p.428, 東京大学出版会 (2002)

＊37 掛川武、海保邦夫『地球と生命—地球環境と生物圏進化』p.140, 共立出版 (2011)

＊38 Miller, S. L. and A. Lazcano, The origin of life-Did it occur at high temperatures?, Jour. Mol. Evol. 41, 689-692 (1995)

＊39 Iwabe, N., Kuma, K., Hasegawa, M., Osawa, S. and T. Miyata, Evolutionary relationship of archaebacteria, eubacteria, and eukaryotes inferred from phylogenetic trees of duplicated genes, Proc. Natl. Acad. Sci. USA 86, 9355-9359 (1989)

＊40 黒岩常祥『ミトコンドリアはどこからきたか—生命40億年を遡る』日本放送出版協会（2000）

＊41 宮田隆編『分子進化—解析の技法とその応用』共立出版（1998）

＊42 Margulis, L., Origin of Eukaryotic Cells, Yale University Press, New Haven（1970）

＊43 Margulis, L., Symbiosis in Cell Evolution:Life and Its Environment on the Early Earth, Freeman, San Francisco（1981）

＊44 Margulis, L. and Sagan, D., Microcosmos:Four Billion Years of Microbial Evoluiton, Summit Books, New York（1986）;田宮信雄訳『ミクロコスモス—生命と進化』東京化学同人（1989）

＊45 Okamoto, N. and I. Inouye, A secondary symbiosis in progress?, Science 310, 287（2005）

＊46 Doolittle, W. F., Phylogenetic classification and the universal tree, Science 284, 2124-2128（1999）

＊47 Rivera, M. C. and J. A. Lake, The ring of life provides evidence for a genome fusion origin of eukaryotes, Nature 431, 152-155（2004）

＊48 Wolfe-Simon, F., Blum, J. S., Kulp, T. R., Gordon, G. W., Hoeft, S. E., Pett-Ridge, J., Stolz, J. F., Webb, S. M., Weber, P. K., Dacies, P. C. W., Anbar, A. D. and R. S. Oremland, A bacterium that can grow by using arsenic instead of phosphorus, Science 332, 1163-1166（2011）, Online publication Dec. 2, 2010

＊49 日本経済新聞、2010年12月3日版

＊50 読売新聞、2010年12月4日版

＊51 朝日新聞、2010年12月10日版

＊52 Erb, T. J., Kiefer, P., Hattendorf, B., Günther, D. and J. A. Vorholt, GFA-1 is an arsenate-resistant, phosphate-dependent organism, Science 337, 467-470（2012）

＊53 Reaves, M. L., Sinha, S., Rabinowitz, J. D., Kruglyak, L. and R. J. Redfield, Absence of detectable arsenate in DNA from arsenate-grown GFAJ-1 cells, Science 337, 470-473（2012）

第４章

＊1 Oparin, A. I., The Origin of Life, Proiskhozhdenie Zhizny, Moscow Izd. Moskovskii Rabochii（1924）;Macmillan, London（1938）

＊2 Oparin, A. I., The Origin of Life on the Earth, Oliver & Boyd, Edinburgh（1957）

＊3 Oparin, A. I., The Origin of Life on the Earth, Academic Press, New York（1957）

＊4 オパーリン・A・I、江上不二夫編『生命の起原と生化学』p.24, 岩波新書231（1956）

＊5 オパーリン・A・I、石本真訳『地球上の生命の起原』岩波書店（1958）

＊6 オパーリン・A・I、石本真訳『生命の起原—生命の生成と初期の発展』岩波

書店（1969）

＊7　エンゲルス、田辺振太郎訳『自然の弁証法』上・下巻、岩波文庫（1956）

＊8　Miller, S. L., A production of amino acids under possible primitive Earth condition, Science 117, 528-529（1953）

＊9　Urey, H. C., The Planets: Their Origin and Development, Yale University Press, New Haven（1952）

＊10 Shimoyama, A., Blair, N. and Ponnamperuma, C., Synthesis of amino acids under primitive Earth conditions in the presence of clay, in Origin of Life, Noda H. ed., 95-99, Center Acad. Publ., Tokyo（1978）

＊11 原田馨『生命の起源―化学進化からのアプローチ』pp.86-95, 東京大学出版会（1977）

＊12 Kobayashi, K., Tsuchiya, M., Oshima, T. and H. Yanagawa, Abiotic synthesis of amino acids and imidazole by proton irradiation of simulated primitive Earth atmospheres, Origins Life Evol. Biosphere 20, 99-109（1990）

＊13 Miller, S. L. and Orgel, L. E., The Origins of Life on the Earth, Prentice-Hall Inc., Englewood Cliffs, New Jersey（1974）

＊14 Engel, M. H. and Nagy, B., Distribution and enantiomeric composition of amino acids in the Murchison meteorite, Nature 296, 837-840（1982）

＊15 Engel, M. H. and Macko, S. A., Isotopic evidence for extraterrestrial non-racemic amino acids in the Murchison meteorite, Nature 389, 265-268（1997）

＊16 国立天文台編『理科年表』p.167, 丸善（2001）

＊17 Brandes, J. A., Boctor, N. Z., Cody, G. D., Cooper, B. A., Hazen, R. M. and H. S. Yoder Jr., Abiotic nitrogen reduction on the early Earth, Nature 395, 365-367（1998）

＊18 Dörr, M., Käßbohrer, J., Grunert, R., Kreisel, G., Brand, W. A., Werner, R. A., Geilmann, H., Apfel, C., Robl, C. and W. Weigand, A possible prebiotic formation of ammonia from dinitrogen on iron sulfide surfaces, Angew. Chem. Int. Ed., 42, 1540-1543（2003）

＊19 井田茂『異形の惑星―系外惑星形成理論から』日本放送出版協会（2003）

＊20 阿部豊「地球惑星システムの誕生」東京大学地球惑星システム科学講座編『進化する地球惑星システム』東京大学出版会（2004）

＊21 Yin, Q., Jacobson, S. B., Yamashita, K., Blichert-Toft, J., Telout, P. and F. Albarede, A short time scale for terrestrial planet formation from Hf-W chronometry of meteorites, Nature 418, 949-955（2002）

＊22 井田茂、小久保英一郎『一億個の地球―星くずからの誕生』岩波書店（1999）

＊23 Matsui, T. and Y. Abe, Evolution of an impact-induced atmosphere and magma ocean on the accreting Earth, Nature 319, 303-305（1986）

＊24 松井孝典「第3章　分化」松井・田近・高橋・柳川・阿部著『岩波講座地球惑星科学1　地球惑星科学入門』pp.101-106、岩波書店（1996）

＊25 Wetherill, G. W., Occurrence of giant impacts during the growth of the terrestrial planets, Science 228, 877-879 (1985)

＊26 Wilde, S. A., Valley, J. W., Peck W. H. and C. M. Graham, Evidence from detrital zircons for the existence of continental crust and oceans on the Earth 4.4 Gyr ago, Nature 409, 175–178 (2001)

＊27 Mojzsis, S. J., Harrison, T. M. and R. T. Pidgeon, Oxygen-isotope evidence from ancient zircons for liquid water at the Earth's surface 4,300 Myr ago, Nature 409, 178-181 (2001)

＊28 Hartmann, W. K., Ryder, G., Dones, L. and D. Grinspoon, The time-dependent intense bombardment of the primordial Earth/Moon System, in Origin of the Earth and Moon, Canup, R. M., and K. Righter eds., University of Arizona Press, Tucson, 493-512 (2000)

＊29 Culler, T. S., Becker, T. A. Muller, R. A., and P. R. Renne, Lunar impact history from $^{40}Ar/^{39}Ar$ dating of glass spherules, Science 287, 1785-1788 (2000)

＊30 Tera, F., Papanastassiou, D. A. and G. J. Wasserburg, A lunar cataclysm at～3.95 AE and the structure of the lunar crust, Lunar Science IV, The Lunar Science Inst., Houston, Texas, 723-725 (1973)

＊31 Cohen, B. A., Swindle, T. D. and D. A. Kring, Support for the Lunar cataclysm hypothesis from Lunar meteorite impact melt ages, Science 290, 1754-1755 (2000)

＊32 Valley, J. W., Peck, W. H., King, E. M., and S. A. Wilde, A cool early Earth, Geology 30, 351-354 (2002)

＊33 Gomes, R., Levison, H. F., Tsigamism, K. and A. Morbidelli, Origin of the cataclysmic Late Heavy Bombardment period of the terrestrial planets, Nature 435, 466-469 (2005)

＊34 Strom, R. G., Malhotra, R., Ito, T., Yoshida, F. and D. A. Kring, The origin of planetary impactors in the inner solar system, Science 309, 1847-1850 (2005)

＊35 Bottke, W. F., Vokrouhlický, D., Minton, D., Nesvorný, D., Morbidelli, A., Brasser, R., Simonson, B. and H. F. Levison, An Archaean heavy bombardment from a destabilized extension of the asteroid belt, Nature 485, 78-81 (2012)

＊36 Johnson, B. C. and H. J. Melosh, Impact spherules as a record of an ancient heavy bombardment of Earth, Nature 485, 75-77 (2012)

＊37 Schoenberg, R., Kamber, B. S., Collerson, K. D. and S. Moorbath, Tungsten isotope evidence from approximately 3.8-Gyr metamorphosed sediments for early meteorite bombardment of the Earth, Nature 418, 403-405 (2002)

＊38 Frei, R. and M. T. Rosing, Search for traces of the late heavy bombardment on Earth-Results from high precision chromium isotopes, Earth and Planet. Sci. Let 236, 28-40 (2005)

＊39 Kasting, J. F., Bolide Impacts and the Oxidation State of Carbon in the Earth's Early Atmosphere, Orig. Life Evol. Biosph. 20, 199-231 (1990)

＊40 丸山茂徳、磯崎行雄『生命と地球の歴史』pp.20-21, 岩波新書543（1998）

＊41 Sleep, N. H., Zahnle, K. J., Kasting, J. F. and H. J. Morowitz, Annihilation of ecosystems by large asteroid impacts on the early Earth. Nature 342, 139-142（1989）

＊42 Pierazzo, E. and H. J. Melosh, Hydrocode modeling of Chicxulub as an oblique impact event, Earth Planet. Sci. Lett. 165, 163-176（1999）

＊43 Norton, O. R., Summary of meteorites by classification, The Cambridge Encyclopedia of Meteorites, Cambridge Univ. Press, Cambridge, pp.331-340（2002）

＊44 大谷栄治、掛川武『地球・生命—その起源と進化』pp.22-33, 共立出版（2005）

＊45 Kimoto, K. Kamiya, Y., Nonoyama, M. and R. Uyeda, An electron microscope study on fine metal particles prepared by evaporation in argon gas at low pressure, Jpn. Appl. Phys. 2, 702-713（1963）

＊46 Osaka, T. and H. Nakazawa, Cementite structure for iron sulfide, Fe_3S, Nature 259, 109-110（1976）

＊47 Fei, Y., Li, J., Bertka, C. M. and C. T. Prewitt, Structure type and bulk modulus of Fe_3S, a new iron-sulfur compound, Amer. Mineral. 85, 1830-1833（2000）

＊48 Furukawa, Y., Nakazawa, H., Sekine, T. and T. Kakegawa, Formation of ultrafine particles from impact generated supercritical water, Earth Planet. Sci. Lett. 258, 543-549（2007）

＊49 Furukawa, Y., Sekine, T., Kakegawa, T. and H. Nakazawa, Impact-induced phyllosilicate formation from olivine and water, Geochim. Cosmohim. Acta 75, 6461-6472（2011）

＊50 Honma, H., High ammonium contents in the 3800 Ma Isua supracrustal rocks, central West Greenland, Geochim. Cosmochim. Acta 60, 2173-2178（1996）

＊51 Nakazawa, H., Sekine, T., Kakegawa, T. and S. Nakazawa, High yield shock synthesis of ammonia from iron, water and nitrogen available on the early Earth, Earth Planet. Sci. Lett. 235, 356-360（2005）

第５章

＊1 小沼直樹『宇宙化学—コンドライトから見た原始太陽系』pp.15-26, サイエンスハウス（1987）

＊2 Norton, O. R., Summary of meteorites by classification, The Cambridge Encyclopedia of Meteorites, Cambridge Univ. Press, Cambridge, pp.331-340（2002）

＊3 Chareonpanich, M., Takeda, T., Yamashita, H. and A. Tomita, Catalytic hydrocracking reaction of nascent coal volatile matter under high pressure, Fuel 73, 666-670（1994）

＊4 Chareonpanich, M., Zhang, Z. C., Nishijima, A. and A. Tomita, Effect of catalysts on yields of monocyclic aromatic hydrocarbons in hydrocracking of coal volatiles matter, Fuel 74, 1636-1640 (1995)

＊5 Furukawa, Y., Sekine, T., Oba, M., Kakegawa, T. and H. Nakazawa, Biomolecule formation by oceanic impacts on early Earth, Nature Geoscience 2, 62-66 (2009)

＊6 Brack, A., Impacts and origins of life, Nature Geosceiece 2, 8-9 (2009)

＊7 Vergano, D., Life from asteroid collisions? Study suggests violent impacts brewed the 'pre-biotic soup', USA TODAY 2008/12/08

＊8 古川善博、関根利守、大庭雅寛、掛川武、中沢弘基「隕石衝突による有機物生成の初期地球への影響」日本地球化学会年会（2010年9月）、講演要旨集（2010）

＊9 Ehrenfreund, P., Bernstein, M. P., Dworkin, J. P., Sandford, S. A. and L. J. Allamandola, The photostability of amino acids in space, Astrophys. J. 550, 95-99 (2001)

＊10 Pilling, S., Andrade, D. P. P., do Nascimento, E. M., Marinho, R. R. T, Boechat-Roberty, H. M., de Coutinho, L. H., de Souza, G. G. B., de Castilho, R. B., Cavasso-Filho, R. L., Lago, A. F. and A. N. de Brito, Photostability of gas- and solid-phase biomolecules within dense molecular clouds due to soft X-rays, Mon. Not. R. Astron. Soc. 411, 2214-2222 (2011)

第6章

＊1 柳川弘志「7 生命の初期進化とRNA」柴谷・長野・養老編『講座 進化5 生命の誕生』p.153およびp.185, 東京大学出版（1991）

＊2 Bernal, J. D., The Physical Basis of Life, Routledge and Kegan Paul Ltd., London (1949)

＊3 J. D. バナール、山口清三郎、鎮目恭夫訳『生命の起原―その物理学的基礎』岩波新書119（1952）

＊4 オパーリン著、江上不二夫編『生命の起原と生化学』pp.56-59, 岩波新書231（1956）

＊5 Peacht-Horowitz, M., Berger, J. and A. Katchalsky, Prebiotic synthesis of polypeptides by heterogeneous polycondensation of amino-acid adenylates, Nature 228, 636-639 (1970)

＊6 Peacht-Horowitz, M., Micelles and Solid Surfaces as Amino Acid Polymerization Propagators, in The Origin of Life and Evolutionary Biochemistry, K. Dose, S. W. Fox, G. A. Deborin, T. E. Pavlovskaya Ed., Plenum Press, New York, p.373-385 (1974)

＊7 Itoh, T., Yamada, T., Kodera, Y., Matsushima, A., Hiroto, M., Sakurai, K., Nishimura, H. and Y. Inada, Hemin (Fe^{3+}) - and Heme (Fe^{2+}) -smectite conjugates as a model of hemoprotain based on spectrophotometry, Bioconjugate Chemistry 12, 3-6 (2001)

＊8 Sasaki, M. and T. Fukuhara, Spectroscopic mimicry for the protonated retinal

Schiff base in vivo with modified amphiphilic clay interlayers as a possible model of opsin environment, Photochem. Photobio. 66, 716-718 (1997)

＊9 Kandori, H., Rhodopsin chromophore in proteins and clay interlayers: mechanism of color tuning and photoisomerization, Clay Science 12, supplement 1, 47-51 (2005)

＊10 Kaneko, Y., Two-step exhumation model of the Himalayan metamorphic belt, central Nepal, Jour. Geol. Soc. Japan 103, 203-226 (1997)

＊11 Alargov, D. K., Deguchi, S., Tsuji, K. and K. Horikoshi, Reaction behaviors of glycine under super- and subcritical water conditions, Origins Life Evol. Biosph. 32, 1-12 (2002)

＊12 Islam, M. N., Kaneko, T. and K. Kobayashi, Reaction of amino acids in a supercritical water-flow reactor simulating submarine hydrothermal systems, Bull. Chem. Soc. Jpn 76, 1171-1178 (2003)

＊13 Cleaves, H. J., Aubrey, A. D. and J. L. Bada, An evaluation of the critical parameters for abiotic peptide synthesis in submarine hydrothermal systems, Orig. Life Evol. Biosph. 39,109–126 (2009)

＊14 Miller, S. L. and J. L. Bada, Submarine hot springs and the origin of life, Nature 334, 609-611 (1988)

＊15 Lemke K. H., Rosenbauer R. J. and D. K. Bird, Peptide synthesis in early Earth hydrothermal systems, Astrobiology 9, 141-146 (2009)

＊16 丸山茂徳「地球史概説」熊澤峰夫、伊藤孝士、吉田茂生編『全地球史解読』pp.38-41, 東京大学出版会 (2002)

＊17 Deines, P., The carbon isotopic composition of diamonds: relationship to diamond shape, color, occurrence and vapor composition, Geochim. Cosmochim. Acta 44, 943-961 (1980)

＊18 Galimov, E. M., Isotope fractionation related to kimberlite magmatism and diamondformation, Geochim. Cosmochim. Acta 55, 1697-1708 (1991)

＊19 Nemchin, A. A., Whitehouse, M. J., Menneken, M., Geisler, T., Pidgeon, R. T. and S. A. Wilde, A light carbon reservoir recorded in zircon-hosted diamond from the Jack Hills, Nature 454, 92-95 (2008)

＊20 中沢弘基、山田裕久、橋爪秀夫「初期地球プレートテクトニクスに同期した化学進化—生命の地殻胚胎仮説」、Viva Origino 21, 213-222 (1993)

＊21 中沢弘基「生命は地殻で準備された？」、SUT Bulletin 5 (東京理科大誌)、14-20 (1997)

＊22「生命は地球内部で誕生」日本経済新聞1994年4月18日版 (1994)

＊23 Ohara, S., Kakegawa, T. and H. Nakazawa, Pressure effects on the abiotic polymerization of glycine, Orig. Life Evol. Biosph. 37, 215-223 (2007)

＊24 Honda, S., Yamasaki, K., Sawada, Y. and H. Morii, 10-residue folded peptide designed by segment statistics, Structure 12, 1507-1518 (2004)

＊25 Otake, T., Taniguchi, T., Furukawa, Y., Kawamura, F., Nakazawa, H. and T.

Kakegawa, Stability of amino acids and their oligomerization under high-pressure conditions: Implications for prebiotic chemistry, Astrobiology 11, 799-813 (2011)

＊26 Furukawa, Y., Otake, T., Ishiguro, T., Nakazawa, H. and T. Kakegawa, Abiotic formation of valine peptides under conditions of high temperature and high pressure, Orig. Life Evol. Biosph. 42, 519-531 (2012)

＊27 湯淺精二、赤星光彦「6 生物界の光学活性体の起原」柴谷・長野・養老編『講座進化5 生命の誕生』東京大学出版会 pp.123-150 (1991)

＊28 Vester, F., Ulbricht, T. L. V. and H. Krauch, Optische Aktivität und die Paritätsverletzung im β-Zerfall, Naturwiss 46, p.68 (1959)

＊29 原田馨「化学進化 (3) ―光学活性の起原と進化」『化学総説No.30, 物質の進化』pp.145-153, 日本化学会編, 学会出版センター (1980)

＊30 Bailey, J., Chrysostomou, A., Hough, J. H., Gledhill, T. M., McCall, A., Clark, S., Menard, F. and M. Tamura, Circular Polarization in Star-Formation Regions: Implications for Biomolecular Homochirality, Science 281, 672-674 (1998)

＊31 Engel, M. H. and B. Nagy, Distribution and enantiomeric composition of amino acids in the Murchison meteorite, Nature 296, 837-840 (1982)

＊32 Engel, M. H. and S. A. Macko, Isotopic evidence for extraterrestrial non-racemic amino acids in the Murchison meteorite, Nature 389, 265-268 (1997)

＊33 Pizzarello, S. and J. R. Cronin, Non-racemic amino acids in Murray and Murchison meteorites, Geochim. Cosmochim. Acta 64, 329-338 (2000)

＊34 Drits, V. A., McCarty, D. K. and B. B. Zviagina, Crystal-chemical factors responsible for the distribution of octahedral cations over trans- and cis-sites in dioctahedral 2:1 layer silicates, Clays and Clay Miner. 54, 131-152 (2006)

＊35 Munegumi, T. and A. Shimoyama, Development of homochiral peptides in the chemical evolutionary process: Separation of homochiral and heterochiral oligopeptides, Chirality 15, 108-115 (2003)

粘土鉱物の参考書

＊1 粘土鉱物の、無機界と有機界をつなぐ性質に関する解説：
中沢弘基『生命の起源・地球が書いたシナリオ』第4章、新日本出版社 (2006)

＊2 粘土鉱物全般の読み物的解説：
日本粘土学会編『粘土の世界』KDDクリエイティブ (1997)

＊3 粘土鉱物の専門書：
須藤俊男『粘土鉱物学』岩波書店 (1974)
白水晴雄『粘土鉱物学』朝倉書店 (1988)
日本粘土学会編『粘土ハンドブック』第一版、技報堂出版 (1967)
日本粘土学会編『粘土ハンドブック』第二版、技報堂出版 (1987)
日本粘土学会編『粘土ハンドブック』第三版、技報堂出版 (2009)

第7章

＊1 丸山茂徳「1.2 地球史概説」熊澤・伊藤・吉田編『全地球史解読』p.38, 東京大学出版会（2002）

＊2 丸山茂徳『46億年地球は何をしてきたか？』p.138, 岩波書店（1993）

＊3 丸山茂徳、深尾良夫、大林政行「プリュームテクトニクス—ポストプレートテクトニクスの新しいパラダイムに向けて」、科学63, 373-386（1993）

＊4 丸山茂徳、磯﨑行雄『生命と地球の歴史』岩波新書543（1998）

＊5 Yanagisawa, T., Shimizu, T., Kuroda, K. and C. Kato, The preparation of alkyltrimethylammonium-kanemite complexes and their conversion to microporous materials, Chem. Soc. Jpn. 63, 988-992（1990）

＊6 Kresge, C. T., Leonowicz, M. E., Roth, W. J., Vartuli, J. C. and J. S. Beck, Ordered mesoporous molecular sieves synthesized by a liquid-crystal template mechanism, Nature 359, 710-712（1992）

＊7 Beck, J. S., Vartuli, J. C., Roth, W. J., Leonowicz, M. E., Kresge, C. T., Schmitt, K. D., Chu, C. T-W., Olson, D. H., Sheppard, E. W., McCullen, S. B., Higgins, J. B. and J. L. Schlenker, A new family of mesoporous molecular sieves prepared with liquid crystal templates, Jour. Amer. Chem. Soc. 114, 10834-10843（1992）

＊8 Inagaki, S., Fukushima, Y. and K. Kuroda, Synthesis of highly ordered mesoporous materials from a layered polysilicate, Jour. Chem. Soc. Chem. Commun. 680-682（1993）

＊9 Ji, Q., Guo, C., Yu, X., Ochs, C. J., Hill, J. P., Caruso, F., Nakazawa, H. and K. Ariga, Flake-shell capsules: Adjustable inorganic structures, Small 8, 2345-2346（2012）

＊10 Cech, T. R., Zaug, A. J. and P. J. Grabowski, In vitro splicing of the ribosomal RNA precursor of Tetrahymena: involvement of a guanosine nucleotide in the excision of the intervening sequence, Cell 27, 487-496（1981）

＊11 Cech, T. R., A model for the RNA-catalyzed replication of RNA, Proc. Natl. Acad. Sci. USA 83, 4360-4363（1986）

＊12 Cech, T. R., The Chemistry of self-splicing RNA and RNA enzymes, Science 236, 1532-1539（1987）

＊13 Johnston, W. K., Unrau, P. J., Lawrence, M. S., Glasner, M. E. and D. P. Bartel, RNA-catalyzed RNA polymerization: Accurate and general RNA-templated primer extension, Science 292, 1319-1325（2001）

＊14 Pirie, N. W., Children of clay? Nature 300, 127（1982）

＊15 Cains-Smith, A. G., Genetic Takeover and the Mineral Origin of Life, Cambridge Univ. Press, Cambridge（1982）

＊16 A. G. ケアンズ=スミス、野田春彦、川口啓明訳『遺伝的乗っ取り—生命の鉱物起源説』紀伊国屋書店（1988）

＊17 Nakazawa, H., Morimoto, N. and E. Watanabe, Direct observation of metal vacancies by high resolution electron microscopy, Part 1: 4C type pyrrhotite（Fe_7S_8）, Amer. Mineral., 60, 359-366,（1975）

＊18 Wächtershaüser, G., Pyrite formantion, the first energy source for life:a hypothesis, System. Appl. Microbiol. 10, 207-210 (1988)

＊19 Stetter, K. O., König, H. and E. Stackebrandt, Pyrodictium gen. nov., a new genus of submarine disc-shaped sulphur reducing archaebacteria growing optimally at 105℃, System. Appl. Microbiol. 4, 535-551 (1983)

＊20 Fischer, F., Zillig, W., Stetter, K. O. and G. Schreiber, Chemolithoautotrophic metabolism of anerobic extremely thermophilic archaebacteria, Nature 301, 511-513 (1983)

＊21 Cody, G. D., Geochemical connections to primitive metabolism, Elements 1, 139-143 (2005)

＊22 Williams, R. J. P., Iron and the origin of life, Nature 343, 213-214 (1990)

＊23 Fassbinder, J. W. E., Stanjekt, H. and H. Vali, Occurrence of magnetic bacteria in soil, Nature 343, 161-163 (1990)

＊24 Farina, M., Esquivel, D. M. S. and H. G. P. L. de Barros, Magnetic iron-sulphur crystals from a magnetotactic microorganism, Nature 343, 256-258 (1990)

＊25 Mann, S., Sparks, N. H. C., Frankel, R. B., Bazylinski, D. A. and H. W. Jannasch, Biomineralization of ferrimagnetic greigite (Fe_3S_4) and iron pyrite (FeS_2) in a magnetotactic bacterium, Nature 343, 258-261 (1990)

＊26 Russell, M. J. and A. J. Hall, The emergence of life from iron monosulphide bubbles at a submarine hydrothermal redox and pH front, Jour. Geol. Soc. London 154, 377-402 (1997)

第８章

＊1 Roussel, E. G., Bonavita, M-A. C., Querellou, J., Cragg, B. A., Webster, G., Prieur, D. and R. J. Parkes, Extending the sub-sea-floor biosphere, Science 320, 1046 (2008)

＊2 Parkes, R. J., Cragg, B. A., Bale, S. J., Getlifff, J. M., Goodman, K., Rochelle, P. A., Fry, J. C., Weightman, A. J. and S. M. Harvey, Deep bacterial biosphere in Pacific ocean sediments, Nature 371, 410-413 (1994)

＊3 Whitman, W. B., Coleman, D. C. and W. J. Wiebe, Prokaryotes:The unseen majority, Proc. Natl. Acad. Sci. U.S.A. 95, 6578-6583 (1998)

＊4 山本啓之「6.2 分子化石が示す微生物の系統と進化」熊澤・伊藤・吉田編『全地球史解読』pp.423-435, 図6.2.3, 東京大学出版会 (2002)

＊5 山元皓二「4 生物と階層構造」柴谷・長野・養老編『講座 進化1 進化論とは』pp.121-160, 東京大学出版会 (1991)

＊6 巌佐庸「4 進化における性の役割」柴谷・長野・養老編『講座 進化7 生態学からみた進化』pp.125-126, 東京大学出版会 (1992)

N.D.C.461　318p　18cm
ISBN978-4-06-288262-0

講談社現代新書　2262

生命《せいめい》誕生《たんじょう》——地球史《ちきゅうし》から読《よ》み解《と》く新《あたら》しい生命像《せいめいぞう》

二〇一四年五月二〇日第一刷発行　二〇二二年三月二二日第五刷発行

著者　中沢弘基《なかざわひろもと》

発行者　鈴木章一
発行所　株式会社講談社
東京都文京区音羽二丁目一二―二一　郵便番号一一二―八〇〇一
電話　〇三―五三九五―三五二一　編集（現代新書）
〇三―五三九五―四四一五　販売
〇三―五三九五―三六一五　業務
装幀者　中島英樹
印刷所　豊国印刷株式会社
製本所　株式会社国宝社
定価はカバーに表示してあります　Printed in Japan

「講談社現代新書」の刊行にあたって

教養は万人が身をもって養い創造すべきものであって、一部の専門家の占有物として、ただ一方的に人々の手もとに配布され伝達されうるものではありません。

しかし、不幸にしてわが国の現状では、教養の重要な養いとなるべき書物は、ほとんど講壇からの天下りや単なる解説に終始し、知識技術を真剣に希求する青少年・学生・一般民衆の根本的な疑問や興味は、けっして十分に答えられ、解きほぐされ、手引きされることがありません。万人の内奥から発した真正の教養への芽ばえが、こうして放置され、むなしく滅びさる運命にゆだねられているのです。

このことは、中・高校だけで教育をおわる人々の成長をはばんでいるだけでなく、大学に進んだり、インテリと目されたりする人々の精神力の健康さえもむしばみ、わが国の文化の実質をまことに脆弱なものにしています。単なる博識以上の根強い思索力・判断力、および確かな技術にささえられた教養を必要とする日本の将来にとって、これは真剣に憂慮されなければならない事態であるといわなければなりません。

わたしたちの「講談社現代新書」は、この事態の克服を意図して計画されたものです。これによってわたしたちは、講壇からの天下りでもなく、単なる解説書でもない、もっぱら万人の魂に生ずる初発的かつ根本的な問題をとらえ、掘り起こし、手引きし、しかも最新の知識への展望を万人に確立させる書物を、新しく世の中に送り出したいと念願しています。

わたしたちは、創業以来民衆を対象とする啓蒙の仕事に専心してきた講談社にとって、これこそもっともふさわしい課題であり、伝統ある出版社としての義務でもあると考えているのです。

一九六四年四月　野間省一